新版
土壌肥料用語事典

第2版

藤原俊六郎、安西徹郎、小川吉雄、加藤哲郎 編

土壌編、植物栄養編、土壌改良・施肥編、
肥料・用土編、土壌微生物編、環境保全編、情報編

農文協

まえがき

　今や，環境や食糧の問題は世界的に最大の関心事となっています。地球環境の保全や食糧の安定生産には，植物を育む「土壌」や「肥料」が大きく影響しています。とりわけこれからの循環を基礎とする「低炭素時代」においては土壌やその上に生育する植物（作物）の役割に大きな期待が集まっています。

　今後の環境や食糧問題を考えるうえで，土壌とその機能，地力や肥料による作物生産力に関わる土壌肥料・植物栄養の研究はこれからますます重要になっていきますが，意外とその内容が知られていないのも現実です。原因の一つには，専門家にしか理解されないような難解な用語が多く使われていることがあげられます。

　土壌肥料関連の仕事に携わっている方々は，大学などの研究者だけでなく，都道府県やJAの普及員や指導員，さらには農業資材を扱う人など非常に多くの方がおられます。それらの方々にも理解できるような本をと，1983年に，現場での使いやすさを主眼にした『土壌肥料用語事典』が編集・刊行され，現場の指導者だけでなく農家や研究者にまで大きな評価を得てきました。

　その後，本書は1995年に一度改訂されましたが，時代の変化は著しく，土壌肥料分野は環境問題により大きく関わるようになり，また，関連法律が変わり肥料など資材の扱いにも変化が見られました。そこで，前回の編者4名で，改めて時代に則した内容に改訂・増補することになりました。

　改訂にあたっては，次の点に留意しました。

　第一に，これまでの「土壌肥料用語事典」の思想である，①現場の用語を大切にする，②用語の意味と現場での関わりを明らかにする，③生産現場に近い研究者が執筆する，の三点を守る。

　第二に，現場での使いやすさを優先し，用語は厳選する。用語の選択にあたり，環境保全や情報関連などの新しい用語はできるだけ取り入れ，

今ではあまり使われない古い用語は除外する。しかし、古い用語であっても、土壌肥料の基本になる用語は残す。

なお、窒素の表記はアンモニアと硝酸については「硝酸性窒素」、「硝酸態窒素」のようによく「性」と「態」が混同して使われているが、本書では、肥料は「性」、土壌中では「態」として区分して記述する。

第三に、用語は学術的な意味での使用と、生産現場での使用とが異なることがある。単位も学会ではSI単位、現場ではCGS単位が使われている。このため、基本は生産現場で使用されている表現を重視しながらも、適宜、学術的な表現を用い、両者の関係をわかりやすくする。

第四に、インターネットの普及した今日においても現場に容易に持ち込めるサイズの本は需要が大きいと考えられ、豊富な内容とともにできるだけコンパクトにする。

土壌肥料の内容は多様化しており、内容的には不十分な部分があると思いますが、執筆担当者のご努力により、予期した内容に近くなっていると自負しています。この事典を土壌肥料に関連した現場指導者の方々や営農者の方々に利用していただき、持続可能な農業生産力の維持・増進に役立つことを期待しています。また、一般の方々にも使っていただき、土壌肥料に関連した用語の理解とともに、いかに土壌や肥料が環境保全と関わり、私たちの食糧生産に役立っているかを理解していただければ望外の喜びです。

最後に、本事典の発行にあたり、執筆者の方々、図表などを引用させていただいた方々、編集・出版にご尽力いただいた農文協の方々に、心から感謝いたします。

　　　　　　　　　　　　平成22年3月　　　　　編者一同

目　　次

土　壌　編

▶土壌の生成

土壌生成 …………………… 2
母材・母岩 ………………… 3
堆積様式 …………………… 3
花崗岩質土壌 ……………… 4
安山岩質土壌 ……………… 4
玄武岩質土壌 ……………… 5
火山灰土壌 ………………… 5
グライ土壌 ………………… 5
黒泥土壌 …………………… 5
泥炭土壌 …………………… 6
古生層土壌 ………………… 6
中生層土壌 ………………… 6
第三紀層土壌 ……………… 6
洪積層土壌 ………………… 6
沖積層土壌 ………………… 7

▶土壌の分類

土壌の分類 ………………… 7
施肥改善土壌分類 ………… 7
農耕地土壌分類第2次案 …… 8
農耕地土壌分類第3次案 …… 10
林野土壌の分類 …………… 11
世界の土壌分類 …………… 12
土地分類基本調査 ………… 14

▶特殊な土壌

アルカリ土壌 ……………… 14

酸性硫酸塩土壌 …………… 15
干拓地土壌 ………………… 15
重粘土壌 …………………… 15
鉱質土壌 …………………… 16
礫質土壌 …………………… 16
黒ボク ……………………… 16
ローム ……………………… 16
みそ土 ……………………… 16
ニガ土 ……………………… 16
シラス ……………………… 17
ボ　ラ ……………………… 17
マ　サ ……………………… 17
コ　ラ ……………………… 17
オンジ ……………………… 17
アカホヤ …………………… 17
まつち ……………………… 17
マージ ……………………… 18
ジャーガル ………………… 18
ヘドロ(底泥) ……………… 18
ポドゾル …………………… 18
ラテライト ………………… 18
チェルノーゼム …………… 19

▶土壌調査

土壌調査 …………………… 19
試坑調査 …………………… 20
土壌断面 …………………… 20
地　形 ……………………… 21
土壌図 ……………………… 21

土壌統 ……………………… 21	土 色 ……………………… 31
ボーリングステッキ ……… 22	土色帖 ……………………… 32
採土管 ……………………… 22	
硬度計 ……………………… 22	▶粘 土
貫入式土壌硬度計 ………… 22	粘土鉱物 …………………… 32
ち密度 ……………………… 23	一次鉱物 …………………… 33
貫入抵抗 …………………… 23	二次鉱物 …………………… 33
コンシステンシー ………… 23	混合層鉱物 ………………… 34
塑 性 ……………………… 24	中間鉱物 …………………… 34
有効根群域 ………………… 24	膠質粘土(コロイド) ……… 34
キュータン ………………… 24	有機膠質物 ………………… 34
モノリス …………………… 25	カオリナイト ……………… 35
	ハロイサイト ……………… 35
▶土 層	イライト …………………… 35
土壌層位 …………………… 25	バーミキュライト ………… 35
集積層 ……………………… 26	モンモリロナイト ………… 35
溶脱層 ……………………… 26	クロライト(緑泥石) ……… 36
グライ層 …………………… 26	アロフェン ………………… 36
腐植層 ……………………… 27	イモゴライト ……………… 36
埋没層 ……………………… 27	ギブサイト ………………… 36
砂礫層 ……………………… 27	バン土性 …………………… 37
漸移層 ……………………… 28	ケイバン比 ………………… 37
有効土層 …………………… 28	活性アルミニウム ………… 37
作土層 ……………………… 28	
心土層 ……………………… 28	▶土 性
すき床層 …………………… 28	粒径組成 …………………… 37
盤 層 ……………………… 29	土 性 ……………………… 37
ち密層 ……………………… 29	シルト ……………………… 38
	重埴土 ……………………… 38
▶土壌診断	埴 土 ……………………… 39
土壌診断 …………………… 29	埴壌土 ……………………… 39
リアルタイム土壌診断 …… 30	壌 土 ……………………… 39
SPAD ……………………… 31	砂壌土 ……………………… 39
簡易検定器 ………………… 31	砂 土 ……………………… 39
土壌反応試験 ……………… 31	礫 土 ……………………… 40

目次 〈5〉

腐植土 …………………… 40

▶土壌三相

三相分布 …………………… 40
固 相 …………………… 41
液 相 …………………… 41
気 相 …………………… 41
実容積 …………………… 42
孔 隙 …………………… 42
容気度 …………………… 44
土壌空気 …………………… 44
容積重 …………………… 44
真比重 …………………… 45
仮比重 …………………… 45

▶土壌構造

土壌構造 …………………… 45
単粒構造 …………………… 45
団粒構造 …………………… 46
耐水性団粒 …………………… 46
柱状構造 …………………… 46
塊状構造 …………………… 46
板状構造 …………………… 47
粒状構造 …………………… 47
かべ状構造 …………………… 47
クラスト …………………… 47

▶土壌水分

土壌水分 …………………… 47
水ポテンシャル …………………… 48
水分恒数 …………………… 49
蒸発散量 …………………… 49
最大容水量 …………………… 50
圃場容水量 …………………… 50
水分当量 …………………… 50

毛管連絡切断点 …………………… 50
初期しおれ点 …………………… 50
永久しおれ点 …………………… 50
灌水開始点 …………………… 51
pF …………………… 51
水分張力 …………………… 52
テンシオメーター …………………… 52
パスカル …………………… 53
地下水位 …………………… 53
重力水 …………………… 53
有効水 …………………… 53
毛管水 …………………… 55
無効水 …………………… 55
結合水 …………………… 55
易効性有効水 …………………… 55
吸湿水 …………………… 55
膨潤水 …………………… 55

▶水分保持

水分保持力 …………………… 55
保水性 …………………… 56
含水量 …………………… 56
含水率 …………………… 57
飽水度 …………………… 57
含水比 …………………… 57
水分率 …………………… 57
透水性 …………………… 57
透水係数 …………………… 58
インテクレート …………………… 58
減水深 …………………… 59
浸透水 …………………… 60
ライシメーター …………………… 60
畑地灌がい …………………… 60

▶土壌のイオン

塩　基 …………………… 61
イオン …………………… 61
荷　電 …………………… 61
陽イオン ………………… 61
陰イオン ………………… 62
イオン交換 ……………… 62
交換性陽イオン ………… 62
交換性陰イオン ………… 63
CEC ……………………… 63
AEC ……………………… 63
陽イオン飽和度 ………… 63
石灰飽和度 ……………… 64
塩基バランス …………… 64
ミリグラム当量 ………… 64
土壌溶液 ………………… 65
塩類集積 ………………… 65
EC ………………………… 66

▶土壌酸性

酸　性 …………………… 66
アルカリ性 ……………… 68
酸　度 …………………… 68
pH ………………………… 69
全酸度 …………………… 69
滴定酸度 ………………… 70
潜酸性 …………………… 70
活酸性 …………………… 70
酸性きょう正 …………… 70
中和石灰量 ……………… 70
緩衝曲線 ………………… 71
作物好適pH ……………… 72

▶酸化還元

酸化還元 ………………… 73
Eh ………………………… 74
異常還元 ………………… 74
有機酸 …………………… 74
硫酸根 …………………… 75
硫化水素 ………………… 75
遊離酸化鉄 ……………… 75
二価鉄 …………………… 75
三価鉄 …………………… 75
斑　紋 …………………… 75
結　核 …………………… 76
斑　鉄 …………………… 76

▶地　力

地　力 …………………… 77
自然肥沃度 ……………… 81
土壌肥沃度 ……………… 82
天然供給量 ……………… 82
地力窒素 ………………… 82
乾土効果 ………………… 83
地温上昇効果 …………… 83
アルカリ効果 …………… 83
有機態窒素の有効化 …… 83
窒素の無機化 …………… 84
窒素の循環 ……………… 84
窒素収支 ………………… 84
窒素の形態変化 ………… 86
アンモニア化成作用 …… 86
アンモニアの固定 ……… 87
硝酸化成作用 …………… 87
脱　窒 …………………… 87
リン酸の循環 …………… 87
リン酸収支 ……………… 88

目　次　〈7〉

リン酸の形態 ………………… 88
可給態リン酸 ………………… 88
リン酸の固定 ………………… 89
リン酸吸収係数 ……………… 89
カリウムの形態 ……………… 89
カリウムの固定 ……………… 89
拮抗作用 ……………………… 90
溶　脱 ………………………… 90
連作障害 ……………………… 91
いや地 ………………………… 91

▶土壌有機物

土壌有機物 …………………… 91
粗大有機物 …………………… 92
新鮮有機物 …………………… 92
易分解性有機物 ……………… 92
C/N比（炭素率） …………… 93
腐　植 ………………………… 93
栄養腐植 ……………………… 95

耐久腐植 ……………………… 95
腐朽物質 ……………………… 95
フルボ酸 ……………………… 95
ヒューミン …………………… 95
腐植酸 ………………………… 95
真正腐植酸 …………………… 96
粘土腐植複合体 ……………… 96
キレート ……………………… 96
キレート鉄 …………………… 96
有機物施用 …………………… 96

▶土壌侵食

土壌侵食 ……………………… 98
水　食 ………………………… 98
風　食 ………………………… 99
等高線栽培 …………………… 99
山成工法 ……………………… 99
テラス工法 …………………… 100

植 物 栄 養 編

▶要　素

必須元素 ……………………… 102
多量要素 ……………………… 102
微量要素 ……………………… 103
窒　素 ………………………… 104
リ　ン ………………………… 104
カリウム ……………………… 104
カルシウム …………………… 104
マグネシウム ………………… 104
硫　黄 ………………………… 105
鉄 ……………………………… 105
マンガン ……………………… 105

塩　素 ………………………… 105
ホウ素 ………………………… 105
モリブデン …………………… 106
亜　鉛 ………………………… 106
銅 ……………………………… 106
ケイ素 ………………………… 106
アルミニウム ………………… 106
ニッケル ……………………… 107
レアメタル（希土類元素） …… 107
同位元素 ……………………… 107

▶養分吸収・同化

養分吸収 ……………………… 107

養分輸送	108
無機イオン吸収	108
有機物吸収	109
積極的吸収	109
選択吸収	109
ぜいたく吸収	110
水分ストレス	110
蒸散抑制剤	110
浸透圧	110
移行率	110
拮抗作用	111
吸収阻害	111
葉面吸収	111
抗酸化物質	112
窒素代謝	112
窒素同化産物	112
タンパク質	113
糖質(炭水化物)	113
有機酸	113
TCAサイクル(有機酸サイクル,クレブスサイクル)	113
ATP	114
光合成(明反応, 暗反応)	114
C_3植物	115
C_4植物	116
クロロフィル	116

▶養分の欠乏と過剰

養分の欠乏と過剰	117
窒素欠乏症	117
窒素過剰症	118
リン欠乏症	118
リン過剰症	118
カリウム欠乏症	118
カリウム過剰症	118
カルシウム欠乏症	119
カルシウム過剰症	119
マグネシウム欠乏症	119
マグネシウム過剰症	120
マンガン欠乏症	120
マンガン過剰症	120
ホウ素欠乏症	120
ホウ素過剰症	120
鉄欠乏症	121
鉄過剰症	121
亜鉛欠乏症	121
亜鉛過剰症	121
硫黄欠乏症	121
塩素欠乏症	121
塩素過剰症	122
モリブデン欠乏症	122
銅欠乏症	122

▶生理障害

塩害	122
耐塩性	123
耐酸性(耐アルミ性)	123
耐乾性	124
根の活力	124
根の酸化力	124
根の交換容量	124
グラステタニー	125
硝酸塩中毒	125
クロロシス	125
ネクロシス	126
黄化現象	126
ガス障害	126
根腐れ	127
赤枯れ	127
青枯れ	127

目 次 〈9〉

異常穂 ……………… 128

▶植物生理

ケイ酸植物 ……………… 128
石灰植物 ……………… 128
好酸性植物 ……………… 129
好硝酸性植物 ……………… 129
好アンモニア性植物 ……… 129
耐肥性 ……………… 129
指標植物 ……………… 129
植物ホルモン ……………… 130
生長調整剤 ……………… 130
アレロパシー ……………… 131

▶作物栄養診断

作物栄養診断 ……………… 131
葉色診断 ……………… 132
葉色板 ……………… 132

葉緑素計 ……………… 133
生育量 ……………… 133
汁液診断 ……………… 133

▶品　質

農産物の品質 ……………… 134
ビタミン ……………… 134
食物繊維 ……………… 135
糖 ……………… 136
タンパク質・アミノ酸 ……… 136
アミロース ……………… 136
脂肪酸 ……………… 136
硝　酸 ……………… 137
シュウ酸 ……………… 137
植物色素 ……………… 137
食味計 ……………… 137
食味試験 ……………… 137
機能性成分 ……………… 138

土壌改良・施肥編

▶水　田

水田土壌 ……………… 140
秋落ち水田 ……………… 141
老朽化水田 ……………… 141
黒ボク水田 ……………… 141
黒泥水田 ……………… 141
泥炭水田 ……………… 141
漏水過多田 ……………… 142
谷津田（谷地田） ………… 142
棚　田 ……………… 142
天水田 ……………… 142
乾　田 ……………… 142
湿　田 ……………… 143

不耕起水田 ……………… 143

▶水田の改良

土地改良 ……………… 144
土壌改良 ……………… 144
基盤整備 ……………… 144
大区画水田 ……………… 145
客　土 ……………… 145
深　耕 ……………… 145
不透水層 ……………… 145
排　水 ……………… 145
暗渠排水 ……………… 146
フォアス（FOEAS） ……… 147
干拓地除塩 ……………… 147

▶水田の管理

有機物施用 …………… 147
代かき ………………… 148
直播栽培 ……………… 148
水田転換畑 …………… 149
田畑輪換 ……………… 149
休耕田 ………………… 150
中干し ………………… 150
秋　耕 ………………… 151
レンゲ栽培 …………… 151

▶水田の施肥

天然養分供給量 ……… 151
水田の施肥法 ………… 152
全面全層施肥 ………… 152
表層施肥 ……………… 153
局所施肥 ……………… 153
深層施肥 ……………… 153
側条施肥 ……………… 153
二段施肥 ……………… 153
植え代施肥 …………… 153
流入施肥 ……………… 153
V字型施肥 …………… 154
全量基肥 ……………… 154
苗箱施肥 ……………… 154
稲わら施用 …………… 155

▶畑・樹園地の改良と管理

有機物施用 …………… 155
酸性改良 ……………… 155
熟畑化 ………………… 156
土層改良 ……………… 156
盛　土 ………………… 156
天地返し ……………… 156
超深耕 ………………… 157
耕盤破砕 ……………… 157
混層耕 ………………… 157
マルチング（マルチ） … 157
敷わら ………………… 157
全面マルチ栽培 ……… 157
草生栽培 ……………… 158
清耕栽培 ……………… 158
畑地灌がい …………… 158
作付け体系 …………… 158
輪　作 ………………… 158
地力増進作物 ………… 159
混作・混植 …………… 159

▶畑・樹園地の施肥

全面全層施肥 ………… 159
局所施肥 ……………… 160
条施肥 ………………… 160
溝施肥 ………………… 160
置き肥 ………………… 160
二段施肥 ……………… 161
注入施肥 ……………… 161
畦内施肥 ……………… 161
根域制御栽培（根域制限栽培） … 161
寒肥（冬肥） …………… 161
芽出し肥（春肥） ……… 161
玉肥（実肥，夏肥） …… 161
礼肥（秋肥） …………… 162

▶施設の施肥と管理

施設土壌 ……………… 162
床　土 ………………… 163
鉢　土 ………………… 163
隔離床栽培 …………… 163
養液栽培 ……………… 163

養液土耕栽培 ……………… 165
ロックウール ……………… 165
遮根シート ………………… 165
礫耕栽培 …………………… 166
節水栽培 …………………… 166
塩類除去 …………………… 166
灌水処理 …………………… 167
クリーニングクロップ ……… 167
液肥灌水 …………………… 167
高設栽培 …………………… 167

肥料・用土編

▶施肥の原理

最少養分律 ………………… 170
収量漸減の法則 …………… 170
肥料利用率 ………………… 171
施肥残効 …………………… 171
施肥位置 …………………… 171

▶肥料の種類

肥料の分類 ………………… 172
普通肥料 …………………… 173
特殊肥料 …………………… 173
有害成分規制 ……………… 173
保証成分 …………………… 174
副成分 ……………………… 175
単　肥 ……………………… 175
複合肥料 …………………… 175
被覆肥料 …………………… 176
肥効調節型肥料 …………… 176
速効性肥料 ………………… 176
遅効性肥料 ………………… 177
緩効性肥料 ………………… 177
硝酸化成抑制材 …………… 177
化成肥料 …………………… 178
普通化成 …………………… 178
有機化成 …………………… 178
高度化成 …………………… 178
配合肥料 …………………… 179
BB肥料(バルクブレンディング肥料) ……………………… 179
固形肥料 …………………… 180
液　肥 ……………………… 180
ペースト肥料 ……………… 180
葉面散布肥料 ……………… 180
二成分化成肥料 …………… 181
農薬入り肥料 ……………… 181
微量要素入り肥料 ………… 181
自給肥料, 販売肥料 ……… 181
機能性肥料 ………………… 181

▶肥料の主成分

窒素質肥料 ………………… 182
アンモニア性窒素 ………… 182
硝酸性窒素 ………………… 182
シアナミド性窒素 ………… 183
リン酸質肥料 ……………… 183
グアノ ……………………… 183
MAP ………………………… 184
く溶性リン酸 ……………… 184
可溶性リン酸 ……………… 184
水溶性リン酸 ……………… 184
リン酸資源の枯欠 ………… 184
カリ質肥料 ………………… 185
苦土質肥料 ………………… 185

⟨12⟩

ケイ酸質肥料	185
鉱さい	186
含鉄資材	186
微量要素肥料	186
微粉炭燃焼灰	186

▶特性と使い方

硫安（硫酸アンモニア：$(NH_4)_2SO_4$） ……… 187
塩安（塩化アンモニア：NH_4Cl） ……… 187
硝安（硝酸アンモニア：NH_4NO_3） ……… 187
尿素（$(NH_2)_2CO$） ……… 187
石灰窒素 ……… 188
硝酸石灰（$Ca(NO_3)_2・4H_2O$） ……… 188
硝酸ソーダ（$NaNO_3$） ……… 188
硝酸カリ（KNO_3） ……… 188
腐植酸アンモニア ……… 189
IB窒素（イソブチルアルデヒド縮合尿素） ……… 189
CDU尿素（アセトアルデヒド縮合尿素） ……… 189
ウラホルム窒素（ホルムアルデヒド加工尿素） ……… 189
GUP尿素（リン酸グアニル尿素） ……… 189
オキサミド ……… 190
被覆窒素肥料 ……… 190
LP肥料 ……… 190
過石（過リン酸石灰） ……… 190
重過リン酸石灰 ……… 191
熔リン（熔成リン肥） ……… 191
重焼リン ……… 192
熔過リン ……… 192
腐植リン ……… 192
塩加（塩化カリ：KCl） ……… 192
硫加（硫酸カリ：K_2SO_4） ……… 193
硫酸苦土カリ ……… 193
腐植酸カリ ……… 193
ケイ酸カリ ……… 193
灰　類 ……… 193
水マグ（水酸化マグネシウム：$Mg(OH)_2$） ……… 194
硫マグ（硫酸苦土：$MgSO_4・nH_2O$） ……… 194
熔成ホウ素肥料 ……… 194
FTE ……… 194

▶肥料の性質

無硫酸根肥料・硫酸根肥料 … 194
酸性肥料 ……… 195
中性肥料 ……… 195
アルカリ性肥料（塩基性肥料）… 195
生理的酸性肥料 ……… 195
生理的中性肥料 ……… 195
生理的アルカリ性肥料 ……… 195
アルカリ度 ……… 196
加水分解 ……… 196
吸湿性 ……… 196
潮解性 ……… 196

▶有機質肥料

有機質肥料 ……… 196
動物質肥料 ……… 197
魚かす ……… 197
骨　粉 ……… 197
肉かす ……… 197
植物質肥料 ……… 197

目　次　〈13〉

米ぬか ……………… 198
油かす類 …………… 198
乾燥菌体肥料 ……… 198
加工家きんふん肥料 …… 198
ミミズふん肥料 …………… 198
汚泥肥料 …………… 199

▶有機質資材

堆肥化資材 ………… 199
堆肥（コンポスト） …… 199
堆きゅう肥 ………… 200
わら堆肥 …………… 200
牛ふん堆肥 ………… 200
豚ぷん堆肥 ………… 200
鶏ふん堆肥 ………… 201
馬ふん堆肥 ………… 201
速成堆肥 …………… 201
木質混合堆肥 ……… 201
バーク堆肥 ………… 202
剪定くず堆肥 ……… 202
生ごみ類 …………… 203
食品かす …………… 203
メタン発酵消化液 …… 203
炭化物 ……………… 203
木酢液 ……………… 204
泥炭・草炭加工物 …… 204
ペレット堆肥（成型堆肥） …… 204
成分調整堆肥 ……… 204
融合堆肥 …………… 205
ボカシ肥 …………… 205

▶土壌改良資材

土壌改良資材 ……… 205
有機物系・動植物土壌改良資材
　………………… 205
無機物系・鉱物質土壌改良資材
　………………… 206
合成高分子系土壌改良資材 … 206
腐植酸質資材 ……… 206
ニトロフミン酸 …… 206
貝殻粉末 …………… 206
貝化石 ……………… 206
カニ殻 ……………… 207
鉱物質土壌改良資材 … 207
ベントナイト ……… 207
ゼオライト ………… 207
高分子系土壌改良資材 … 207
石灰質肥料 ………… 208
石こう ……………… 208
肥料取締法 ………… 208
地力増進法 ………… 209
泥炭（ピート） …… 209

▶用　土

基本用土 …………… 211
黒　土 ……………… 211
赤　土 ……………… 211
赤玉土 ……………… 211
田土（荒木田土） …… 212
鹿沼土 ……………… 212
有機系用土 ………… 212
腐葉土 ……………… 212
ピートモス ………… 213
ミズゴケ …………… 213
けと土 ……………… 213
モミ殻 ……………… 213
モミ殻くん炭 ……… 214
バーク ……………… 214
ヤシ殻 ……………… 214
ココピート ………… 214

ヘゴ ………………………… 215
砂礫性用土 ………………… 215
軽石 ………………………… 215
川砂 ………………………… 215
火山砂礫 …………………… 215
人工用土 …………………… 216
バーミキュライト ………… 216
パーライト ………………… 216
焼赤玉土 …………………… 216
ロックウール ……………… 217
人工ミズゴケ ……………… 217
発泡煉石 …………………… 217
培養土 ……………………… 217

土壌微生物編

▶土壌生物の種類

土壌動物 …………………… 220
土壌微生物 ………………… 220
根圏微生物 ………………… 220
ミミズ ……………………… 221
線虫（センチュウ，ネマトーダ）… 221
細菌（バクテリア） ………… 222
糸状菌（カビ） ……………… 222
放線菌 ……………………… 222
好気性菌 …………………… 223
嫌気性菌 …………………… 223
内生菌 ……………………… 223
共生菌 ……………………… 223
グラム陰性菌 ……………… 224
グラム陽性菌 ……………… 224
従属栄養細菌（ヘテロトロフ）… 224
独立栄養細菌（オートトロフ）… 224
光合成細菌 ………………… 224
藻類 ………………………… 225
ラン藻（藍藻） ……………… 225
アンモニア化成菌 ………… 225
硝化菌 ……………………… 225
アンモニア酸化細菌
　（亜硝酸化成菌） ………… 225
亜硝酸酸化細菌（硝酸化成菌）… 226
脱窒菌 ……………………… 226
窒素固定菌 ………………… 226
根粒菌 ……………………… 227
AM菌（アーバスキュラー菌根
　菌，AM菌根菌） ………… 227
リン溶解菌 ………………… 228
リグニン分解菌 …………… 228
硫酸還元菌 ………………… 229
硫黄細菌 …………………… 229
鉄酸化菌 …………………… 229
鉄還元菌 …………………… 229
大腸菌群 …………………… 229
乳酸菌 ……………………… 229

▶微生物の作用

発酵と分解 ………………… 230
有機物の分解 ……………… 230
窒素飢餓 …………………… 231
好気的分解・嫌気的分解 …… 231
共生 ………………………… 232
寄生 ………………………… 232
バイオマス ………………… 232
B/F値 ……………………… 233
土壌糖 ……………………… 233

目 次 〈15〉

土壌酵素 …………………… 233
微生物資材 ………………… 233
PGPR（植物生育促進根圏細菌）
　　　　 ……………………… 234
バイオレメディエーション…… 234
拮抗作用 …………………… 234
静菌作用 …………………… 235
溶菌作用 …………………… 235
微生物群集構造 …………… 235

▶生物的防除

土壌病害 …………………… 236

生物的防除 ………………… 237
耕種的防除 ………………… 237
生態的防除 ………………… 237
土壌消毒 …………………… 238
土壌還元消毒 ……………… 238
熱水土壌消毒 ……………… 238
太陽熱消毒 ………………… 239
クリーニングクロップ ……… 239
コンパニオンプランツ（共栄作物）
　　　　 ……………………… 239
発病抑止型土壌 …………… 240

環境保全編

▶環境の保全

自然生態系 ………………… 242
ビオトープ ………………… 242
生物多様性 ………………… 243
冬水田んぼ（冬季湛水水田） … 243
地形連鎖 …………………… 243
物質循環 …………………… 243
食物連鎖 …………………… 243
生物濃縮 …………………… 244
バイオマス・ニッポン総合戦略
　　　　 ……………………… 244
多面的機能（農業・農村の持つ）
　　　　 ……………………… 244
農業環境三法 ……………… 245
環境保全型農業 …………… 245
有機農業 …………………… 246
粗放化農業 ………………… 247
代替農業 …………………… 247
アグロフォレストリー ……… 248

環境ホルモン（外因性内分泌
　かく乱化学物質）………… 248
農業環境規範 ……………… 248
GAP（適正農業規範，農業生産
　工程管理）………………… 248
CODEX（コーデックス委員会）… 248
産業廃棄物 ………………… 249
有機性廃棄物 ……………… 249
炭素貯留 …………………… 249
カーボンニュートラル ……… 249
農薬使用基準 ……………… 250
残留農薬 …………………… 250
ポジティブリスト ………… 250
環境基準 …………………… 250
環境指標 …………………… 250
指標生物 …………………… 251
総量規制 …………………… 251
環境容量 …………………… 251
環境アセスメント（環境影響評価）
　　　　 ……………………… 251

⟨16⟩

環境汚染 ………………… 251
ライフサイクル・アセスメント
　（LCA） ……………… 252

▶地球環境問題

異常気象 ………………… 252
IPCC（気候変動に関する政府
　間パネル） ……………… 252
地球温暖化 ……………… 252
温室効果ガス …………… 253
二酸化炭素 ……………… 253
メタン …………………… 253
一酸化二窒素（亜酸化窒素） … 254
ハロカーボン類 ………… 254
オゾン層破壊 …………… 254
フロン …………………… 255
臭化メチル ……………… 255
熱帯雨林破壊 …………… 255
砂漠化 …………………… 255
酸性雨 …………………… 255

▶土壌汚染

土壌汚染 ………………… 256
カドミウム汚染 ………… 257
ヒ素汚染 ………………… 257
鉛汚染 …………………… 257
銅汚染 …………………… 259
亜鉛汚染 ………………… 259
クロム汚染 ……………… 259
鉱毒害 …………………… 259
水　銀 …………………… 259
環境修復（土壌修復） …… 260
ファイトレメディエーション
　（植物浄化） ……………… 260

▶水質汚濁

水質基準 ………………… 260
pH ……………………… 261
EC（電気伝導度） ………… 261
SS（懸濁物質，浮遊物質） … 261
BOD（生物化学的酸素要求量） … 262
COD（化学的酸素要求量） … 262
DO（溶存酸素） …………… 262
大腸菌群数 ……………… 262
n-ヘキサン抽出物 ……… 262
湖沼水質保全特別措置法（湖沼法）
………………………… 263
富栄養化 ………………… 263
赤潮（青潮） ……………… 263
TOC（全有機炭素） ……… 264
クロロフィル濃度 ……… 264
透明度 …………………… 264
面源負荷 ………………… 264
集水域 …………………… 264
汚濁負荷量 ……………… 265
流出率（流達率） ………… 265
自浄作用 ………………… 266
バイオジオフィルター … 266
排水基準 ………………… 266
排水原単位 ……………… 266
農業（水稲）用水基準 …… 266
地下水汚染 ……………… 267
硝酸汚染 ………………… 267
窒素安定同位体比（$\delta^{15}N$値） … 268
トリハロメタン ………… 268
農薬汚染 ………………… 268
炭酸物質 ………………… 269

▶大気汚染

大気汚染 ………………………… 269
大気汚染物質 …………………… 269
二酸化硫黄（亜硫酸ガス） …… 269
フッ化水素 ……………………… 270
光化学オキシダント ………… 270
オゾン …………………………… 270
浮遊粉じん ……………………… 270
降下ばいじん …………………… 270
窒素酸化物 ……………………… 271
ダイオキシン類 ……………… 271

情　報　編

▶農地情報

地理情報システム ……………… 274
国土数値情報 …………………… 274
デジタル土壌図 ………………… 275
GPS ……………………………… 275
リモートセンシング ………… 275
精密農業 ………………………… 276

▶診断システム

土壌診断システム ……………… 277
施肥設計システム ……………… 277
堆肥施用システム ……………… 278
栄養診断システム ……………… 278

本書で使われている単位について………………………………………… 280

索　引……………………………………………………………………… 283

土壌編

土壌の生成

土壌生成

土壌 広辞苑（2008）によれば「①陸地の表面にあって，光・温度・降水など外囲の条件が整えば植物の生育を支えることができるもの。岩石の風化物やそれが水や風により運ばれ堆積したものを母材とし，気候・生物（人為を含む）・地形などの因子とのある時間にわたる相互作用によって生成される。生態系の要にあり，植物を初めとする陸上生物を養うとともに，落葉や動物の遺体などを分解して元素の正常な生物地球化学的循環を司る。大気・水とともに環境構成要素の一つ。つち。②比喩的に，物事を生ずる環境・条件。」とある。

新漢和辞典（2002）では，「土」は地表と地中を意味する2本の横線から草木のもえ出る様子，または土地の神を祭るため柱状に固めた土の形を示し，「壌」は耕作に適する柔らかな地味の肥えた土地を表わすとある。また字訓（2005）には「土」は天に対する地でそこにひそむ地霊をまつるところ，そして塊を「壌（つちくれ）」という，との記載がある。

自然の土壌では長い時間のなかで岩石が風化し，そのなかでさまざまな微生物，昆虫，小動物が食物連鎖を繰り広げ，植物も根を土壌中に広げて養分を吸収する。これらすべての生物は死んでは分解されて土に帰り，生態系の車輪は回り続ける。このような生態系を支える土台として土壌は重要な位置を占めるが，土壌自身もまた自然環境のなかで生成し変化する一つの生き物のようにみることができる。

岩石の風化 土壌の骨格である砂，シルト，粘土は岩石が風化してできたものである。岩石は鉱物よりなり，温度の変化，凍結融解，乾燥や雨，植物根や動物などによって砕かれ，砂やシルトなどの細かい粒子になる。これが物理的風化である。岩石の砕けた粒子はさらに空気中の酸素による酸化，水による溶解・加水分解・再結晶などの化学的風化を受け二次鉱物である粘土へと変化する。

土壌生成因子 土壌の生成，変化に影響を及ぼす母材，気候，生物，地形，時間の5つの因子をいう。人間活動の影響は近年これら自然因子と比べて無視できなくなっており，人為を新たな因子として加える場合もある。土壌はこれらの相互作用により生成し変化する。

土層の分化 岩石の風化物に生物が作用し遺体である有機物が表面にたまったり，雨で表層の物質が溶け下層に移動して集積したりすると，土の表面に平行ないくつかの層ができる。これを土層の分化という。どのように分化するかは母材の性質，気候，植生，地形の違い，時間経過など土壌生成因子の組み合わせによっ

母材・母岩

土壌のもとになる風化岩石や有機物を母材といい，風化を受ける前の岩石を母岩という。母岩は成因によって火成岩，堆積岩，変成岩に区分される。また風で運ばれるレス(黄砂)や火山灰，水で運ばれる粘土や砂などの固まっていない非固結岩も含まれる。

ケイ酸含量による火成岩の区分

	酸性岩	中性岩	塩基性岩
SiO_2含量%	＞66%	66～52%	52%＞
火山岩 半深成岩 深成岩	流紋岩 石英斑岩 花崗岩	安山岩 閃緑斑岩 閃緑岩	玄武岩 輝緑岩 はんれい岩
主要鉱物	石英，正長石 斜長石，雲母 角閃石	斜長石，雲母 角閃石，輝石	斜長石 輝石 かんらん石
有色鉱物 塩基含量	少 少	中 中	多 多

母材の区分 全国の都道府県農試が行なった地力保全基本調査(1959～1978年)の土壌分類では，母材をつぎのように区分している。

①非固結火成岩：火山灰，火山砂，火山砕屑(せつ)物，軽石，シラス，泥流などの火山噴出物で固まっていないもの。
②固結火成岩：マグマが固まったもの。ケイ酸含量と固結深により流紋岩～玄武岩，花崗岩～はんれい岩などに区分される(表)。
③非固結堆積岩：礫，砂，泥，崖錐(がいすい)堆積物，土石流やレスなどが，第四紀に水や風で運ばれ堆積したもの。
④固結堆積岩：第三紀より古い時代の固い堆積岩で礫岩，砂岩，泥岩，粘板岩，頁(けつ)岩，凝灰岩，チャート，石灰岩などが含まれる。ただしハンマーで軽くたたいて崩れる程度のものは半固結堆積岩と呼ぶ。
⑤変成岩：堆積岩や火成岩が地下の深い場所で温度，圧力，化学作用を受け，鉱物の種類や組織が変化した岩石で，片麻岩，結晶片岩，千枚岩，ホルンフェルス，大理石，蛇紋岩などが含まれる。

また泥炭層や黒泥層を形成する植物遺体は有機質母材である。[→**堆積様式**を参照]

堆積様式

母材がどう堆積して土に変わるかを示す項目でつぎのように区分される。

残積 固結火成岩，堆積岩，変成岩などの古い母岩が地表に露出し，その場で風化して土に変わることを残積という。元の母岩やその風化した層が下に見られることが多い。岩屑(せつ)土，褐色森林土，赤色土，黄色土の多くが残積に区分されている。

洪積世堆積 洪積世（更新世と同じ，今から1万年前から180万年前）に堆積した母材をいう。古い火山灰（非固結火成岩）などが含まれ，褐色森林土から黄色土まで多く見られる。

崩積 斜面上の母材が崩れて下部に堆積することを崩積といい，沖積世（完新世と同じ，今から1万年前まで）にそのようにしてできた土を崩積土という。各種の母材が混合するため粒径は不均一になる。褐色森林土にこの堆積様式が多い。

水積 河川上流の母材が水で流され下流に運ばれて堆積することを水積という。母材は土砂などの非固結堆積岩のほかに，水で運ばれ再堆積した火山灰などの非固結火成岩もある。年代は沖積世で，河川氾濫原やデルタ地帯の灰色低地土，褐色低地土，グライ土などがある。

風積 母材が風に運ばれて堆積することを風積といい，火山性と非火山性のものがある。火山性は火山灰や軽石で，黒ボク土，多湿黒ボク土，黒ボクグライ土になる。非火山性は砂土と大陸から飛んでくるレス（黄砂）があり，砂土は主として砂丘未熟土となる。

集積 湿地で植物遺体が堆積してできる堆積様式を集積といい，泥炭土と黒泥土がある。泥炭土は植物組織が肉眼で識別できるが，黒泥土は分解が進んで識別できない。泥炭土は水分環境により植物の種類が異なり，以下のような3種類に区分される。[→**黒泥土壌，泥炭土壌**を参照]
①高位泥炭：ミズゴケ，ツルコケモモ群
②中間泥炭：ヌマガヤ，ワタスゲ，ホロムイスゲ，エゾマツ群
③低位泥炭：ヨシ，ハンノキ，ヤチダモ，イワノガリヤス群

人為堆積 人間による堆積様式で，日本の分類では農地造成の盛土や農地整備の客土で35cm以上堆積した場合を造成土とした。世界の分類では歴史的に有機物を入れ続けてできた肥沃で厚い耕土層も人為堆積土壌としている。

花崗岩質土壌

酸性で造岩鉱物の結晶が大きい深成岩である花崗岩が風化してできた土壌で本州に分布が広い。風化抵抗性が高い石英と弱い長石・黒雲母・角閃石は風化するとゴマ状になり，マサ土ともいわれる。砂壌土が多く粗粒質で透水性はよいが水食を受けやすく，傾斜地では水食対策が不可欠となる。土壌分類では黄色土に属するものが多く，色は淡い。一般に腐植や粘土含量が低く陽イオン交換容量（CEC）や養分含量がきわめて小さいため，堆肥や養分の補給が必要である。

安山岩質土壌

中性の火山岩である安山岩が風化してできた土壌で全国に広く分布する。色は褐色，土性は壌土から埴壌土が多く，腐植含量は低い。苦土や鉄含量は花崗岩質土壌より多い。下層がち密で透水性が不良であり，傾斜地では水食が起こりやす

い。このため心土破砕で排水と同時に根系拡大を図り，堆肥と養分補給で肥沃度を高める対策がとられる。

▌玄武岩質土壌

塩基性の火山岩である玄武岩が風化してできた土壌で北九州や山陰に分布する。色は黄色〜暗赤色の粘質な土壌が多く，腐植は少ないが陽イオン交換容量（CEC）は大きい。ケイ酸は少ないが鉄や苦土に富み酸性は弱い。表土は保水力が小さく下層土は透水性不良の場合が多いため，心土破砕，堆肥施用などで土の物理性を改善する必要がある。

▌火山灰土壌

火山からの噴出物，主に火山灰を母材とする土壌。火山灰は流紋岩から玄武岩まであり酸性の岩質ほどケイ酸が多く塩基が少ない。また粒径が小さく表面積が大きいため風化を受けやすい。かつてバンド性といわれた活性アルミニウムが多くリン酸を多量に吸収する特性がある。アルミニウムはまた土壌有機物と結合し微生物による有機物分解を妨げ，多量の腐植が表層に蓄積する。そして黒ボク土の語源である黒くてボクボクという軽くきめの粗い物理性となる。しかし1万年以上になるとアルミニウムは結晶化して活性を失い，有機物が分解されて色が淡い淡色黒ボク土になる。黒ボク土のリン酸吸収係数は1,500以上と高く，その10％（150kg/10a以上）のリン酸大量投入が行なわれてきた。その結果，最近では作土の可給態リン酸が過剰でリン酸不用と判断される耕地も多くなってきた。だがリン酸は土壌中で移動しにくいため下層は依然低リン酸のままであることが多い。

▌グライ土壌

水田のように水がたまった湛水状態が続くと，土壌有機物の分解に酸素が消費される。このため酸素不足の状態になり土壌中の鉄は褐色の三価鉄Fe^{3+}から還元されて青灰色の二価鉄Fe^{2+}に変化する。このような青灰色の土層をグライ層と呼び，これが全層もしくは作土直下から出現する土を強グライ土壌，30〜80cmから出現する土をグライ土壌という。前者は湿田，後者は半湿田である。稲わらや堆肥は湿田では有機酸を生じ水稲に害となるが，排水により乾田化すると逆に水稲生育を促進する。

▌黒泥土壌

黒泥とは泥炭の分解が進んで黒褐色になった有機物が無機物と混合したもので，原植物の組織は認められない。腐植や色など黒ボク土と似ているためリン酸吸収係数が1,200以下の場合を黒泥土と判断する。低湿地にできるため水田単作地帯が多い。泥炭よりも分解が進んで無機物も多いため養分は多いが，地耐力が小さく異常還元にもなりやすい。排水や窒素減肥，無硫酸根肥料の施用等の対策

がとられる。

泥炭土壌

　湿地には最初ヨシ・ハンノキなどが進入して繁殖するが，植物遺体が重なるとつぎにヌマガヤやワタスゲなどが入る。さらに植物遺体の層が厚くなるとミズゴケが入る。この順に低位，中位，高位泥炭と呼ぶ。これらの植物遺体を母材としてできた土壌を泥炭土壌といい，原植物の組織は肉眼で判別できる。色は黄褐色もしくは赤褐色で黒泥よりも淡い。農耕地土壌分類では腐植含量20％以上の植物遺体層を泥炭層といい，表層50cm以内に20cm（3次案では25cm）以上の厚さを持つ場合を泥炭土としている。北海道に多く，大規模排水工事により低位泥炭は水田，高位泥炭は畑地に利用されている。黒泥土よりも還元が進みやすく地力窒素も多いため，水稲過繁茂やイモチ病発生の危険がある。一方リン酸や塩基は少なく地耐力も小さい。したがって排水・客土とともに，窒素の減肥と，リン酸，カリ，苦土，水田ではケイ酸増施などの対策がとられる。[→集積を参照]

古生層土壌

　カンブリア紀からペルム紀までの古生代に堆積した岩石が母材とみられる残積性や崩積性土壌を慣習的にいう。急傾斜の山地に分布し表層が常に侵食を受けるため土層の浅い未熟土が多い。果樹や茶園利用が多いが植物被覆や透水性向上など傾斜地での侵食防止対策が必要である。

中生層土壌

　三畳紀から白亜紀までの中生代に堆積した岩石が母材とみられる残積性や崩積性土壌を慣習的にいう。古生層土壌と同じく母材による区分であり中生代にできた土壌ではない。急傾斜の山地に分布し土層は浅く礫を含む。古生層土壌と同様の対策が必要である。

第三紀層土壌

　新生代第三紀に堆積した岩石を母材として生成した残積性や崩積性土壌で，古生層や中生層土壌より傾斜のゆるやかな丘陵に分布する。一般に排水不良な重粘土で養分が乏しいため排水，酸性改良，有機物投入対策が必要となる。新規造成地では硫黄を含む第三紀層が露出し酸化されて硫酸になる場合がある。これを酸性硫酸塩土壌といい，改良にはt/10a単位の石灰投入が必要となる。[→**酸性硫酸塩土壌**を参照]

洪積層土壌

　新生代第四紀更新世（以前洪積世といった）の地層を母材として生成した土壌を指し，一般に段丘上に分布する。平坦面が多いため1万年以上も前に降下した火山灰が風化し，黒色が薄れた淡色黒ボク土の一部も含まれる。一般に重粘で透水性が不良な酸性の低肥沃土壌が多いため，排水や塩基，リン酸，堆肥投入など

沖積層土壌

1万年という地質的に最も新しい新生代第四紀完新世（以前沖積世といった）の地層を母材として生成した土壌をいう。大部分は現在の河川氾濫原で上流から水で運ばれた軟らかい水積堆積物が母材となるが，氾濫物が堆積する際の地形の影響が大きく，川に近いほど粒子が粗く遠いほど細かくなる。土層が自然に分化するだけの時間が経過していないため，土壌断面内に見られる土層分化は代かきや湛水などの人為によるものである。農業試験場の水稲要素試験では無肥料無堆肥でも玄米300kg/10a以上をあげうるなど一般に地力が高い。

地質時代区分

代	紀	世	百万年前
新生代	第四紀	完新世	〜0.01
		更新世	〜1.8
	新第三紀	鮮新世	
		中新世	〜24
	古第三紀	漸新世	
		始新世	
		暁新世	〜65
中生代	白亜紀		
	ジュラ紀		
	三畳紀		〜245
古生代	ペルム紀		
	石炭紀		
	デボン紀		
	シルル紀		
	オルドビス紀		
	カンブリア紀		〜541
原生代	ベンド紀		

土壌の分類

土壌の分類

土壌を母材，堆積様式，性状などによってグループ分けすることをいう。その目的は，土壌を形態，性質や生産力がほぼ等しいグループに区分して，その特徴を明らかにするとともに，これを地図上に表わして適地適作などの農業生産や土地利用計画に役立てることにある。都道府県で用いられてきた土壌分類には施肥改善方式土壌分類，農耕地土壌分類第2次案と第3次案，林野土壌の分類，そして国土調査で用いられた土地分類などがある。なお世界の土壌分類はロシアのドクチャエフ以来の下降式分類から最近のアメリカの上昇式体系に変わってきた。
[→世界の土壌分類を参照]

施肥改善土壌分類

昭和28（1953）年より開始された農林省の施肥改善事業で採用された水田土壌の分類法をいう。わが国の水田土壌が水の運動と酸化還元を基本に地下水土壌

施肥改善土壌類型検索表

検索項目				土壌群		型No.
泥炭層あり	泥炭層(P)の厚さが50cm以上			A	泥炭土壌	1〜5
	泥炭層(P)の厚さが上部20cm以上			B	泥炭質土壌	10〜13
泥炭層なし	黒泥層(M)あり			C	黒泥土壌	20〜22
	グライ層(G)あり	全層グライおよび作土直下グライ		D	強グライ土壌	30〜37
		80cm以内からグライ		E	グライ土壌	40〜44
	グライ層(G)なし	砂礫層(K)なし	作土下色調灰色	F	灰色土壌	50〜54
			作土下色調灰褐色	G	灰褐色土壌	60〜65
			作土下色調黒色	H	黒色土壌	70〜73
			作土下色調黄褐色	I	黄褐色土壌	80〜84
		砂礫層(K)あり	30cm以内より	J	礫層土壌	90〜92
			30〜60cm以下	K	礫質土壌	93〜95
計				11群		51型

型として細かく分類されている。地力保全基本調査土壌分類(畑土壌の分類)との違いは,水の運動によってできる断面形態を分類基準の中心におき,母材や堆積様式をあまり考慮しないことである。これは水田土壌が主に沖積層であり,その母材もさまざま混合して識別しにくいためである。

土壌類型は泥炭から礫質まで透水性の順に配置され,そのなかの土壌型も強粘質から砂質に並べられているため,土壌型の番号が大きいほど透水性や減水深が大きいことになる。そのため,土壌型番号がわかれば排水や用水工事の必要性が推定でき,現在でも土地改良事業などで用いられている。ただし施肥改善調査事業は全国の水田の6割が終了した時点で中断され,つぎの地力保全基本調査に引き継がれた。

各土壌型は基本土壌類型表示式で表示される。そのなかで泥炭層(P),黒泥層(M),グライ層(G),砂礫層(K)はそれぞれの程度により表示される。たとえば,Dの強グライ土壌は土壌群が$P_0M_0G_{1-2}$となる。(上表を参照)

農耕地土壌分類第2次案

昭和32(1957)年より農林省で進められた「畑土壌の生産力に関する研究」から生まれ,全国の都道府県農試が行なった地力保全基本調査(1959〜1978)で用いられた土壌分類をいう。基本的な土壌区分単位として「土壌統」を採用し,1973年に農業技術研究所が「土壌統の設定および土壌統一覧表(第1次案)」を刊行した。1977年には2次案,1986年には改訂版が出された。土壌統は断面形態,母材,堆積様式によって区分され,全国で320の統が設定され主に最初の調

査地点名が命名された。これら土壌統を母材と地形の共通点でまとめ以下に示す16の土壌群とした。〔01〕岩屑（せつ）土から〔05〕黒ボクグライ土までは母材で分けられ，〔03〕〜〔05〕は火山灰が母材である。また〔06〕褐色森林土から〔11〕暗赤色土までは山麓・台地・丘陵地に，〔12〕褐色低地土から〔16〕泥炭土までは低地に分布する。

〔01〕岩屑（せつ）土：山地や丘陵斜面に分布する未熟な残積土。土層は浅く，30cm以内から礫層となり，その下が岩盤となる。

〔02〕砂丘未熟土：風で運ばれた砂丘の砂を母材とする未熟な風積土。地下水位が低く過乾のおそれが大きい。

〔03〕黒ボク土：火山灰風化物を母材とした風積土。腐植が多く物理性良好だがバン土性が強くリン酸吸収係数が高い。わが国の畑地で最大の分布面積を持つ。[→**火山灰土壌**を参照]

〔04〕多湿黒ボク土：水の影響により下層に鉄の斑紋を持つ黒ボク土。水田化により鉄斑紋を持つに至った黒ボク土も含む。

〔05〕黒ボクグライ土：排水不良地で断面内にグライ層を持つ黒ボク土。

〔06〕褐色森林土：山麓，丘陵，台地に分布する残積または崩積土で黄褐色の次表層がある。

〔07〕灰色台地土：洪積台地上に分布する重粘ち密でやや還元的な灰色の土。擬似グライ土とも呼ばれる。

〔08〕グライ台地土：洪積台地上に分布するグライ土壌。重粘な排水不良水田が多い。[→**グライ土壌**を参照]

〔09〕赤色土：台地上に見られる強い風化を受けた残積土で鉄が酸化し赤色を呈する。西南日本に分布が多いが東北にも見られる。

〔10〕黄色土：赤色土に似るが色は明るい黄色の残積土。

〔11〕暗赤色土：石灰岩，超塩基性岩などの塩基性岩石を母材とする台地上の残積土。沖縄のマージや地中海性のテラ・ロサなど。

〔12〕褐色低地土：河川流域の扇状地や自然堤防，沖積段丘などの排水のよい沖積地に見られる水積土壌。

〔13〕灰色低地土：地下水や灌がい水により時期的に還元状態となるため灰色で鉄やマンガンの斑紋を持つ。沖積平野に広く分布しわが国の水田では最大面積の水積土。

〔14〕グライ土：排水不良な低地のグライ土壌。水田として利用される。[→**グライ土壌**を参照]

〔15〕黒泥土：[→**黒泥土壌**を参照]

〔16〕泥炭土：[→**泥炭土壌**を参照]

土壌群別，地目別耕地面積

(土壌保全調査事業全国協議会，1986) (単位:100ha，％)

土壌群名 \ 地目別	水田 実数	割合	普通畑 実数	割合	樹園地 実数	割合	合計 実数	割合
〔01〕岩屑(せつ)土	0	0	71	<1	77	2	148	<1
〔02〕砂丘未熟土	0	0	223	1	19	<1	242	<1
〔03〕黒ボク土	171	<1	8,511	46	861	21	9,542	19
〔04〕多湿黒ボク土	2,743	9	722	4	25	<1	3,490	7
〔05〕黒ボクグライ土	508	2	19	<1	0	0	526	1
〔06〕褐色森林土	66	<1	2,875	16	1,490	37	4,431	9
〔07〕灰色台地土	792	3	719	4	64	2	1,575	3
〔08〕グライ台地土	402	1	43	<1	0	0	446	<1
〔09〕赤色土	0	0	252	1	199	5	452	<1
〔10〕黄色土	1,443	5	1,056	6	760	19	3,259	6
〔11〕暗赤色土	18	<1	291	2	61	2	370	<1
〔12〕褐色低地土	1,418	5	2,311	13	353	9	4,081	8
〔13〕灰色低地土	10,566	37	751	4	101	3	11,417	22
〔14〕グライ土	8,892	31	132	<1	21	<1	9,044	18
〔15〕黒泥土	759	3	17	<1	1	<1	778	2
〔16〕泥炭土	1,095	4	323	2	1	<1	1,419	3
計	28,874	100	18,315	100	4,033	100	51,222	100

全国調査での土壌群面積は灰色低地土(22％)＞黒ボク土(19％)＞グライ土(18％)の順であったが，水田は灰色低地土(37％)，畑は黒ボク土(46％)，樹園地は褐色森林土(37％)がそれぞれ最大である（上表参照）。

農耕地土壌分類第3次案

世界的な土壌分類の進展に対応するため，国際分類との対比も可能にした第3次案が1994年に農業環境技術研究所より発表された。主な改正点はつぎのとおり。①現行の土壌群16，土壌統群56，土壌統320の3段階から，土壌群24，土壌亜群77，土壌統群204，土壌統303の4段階とし，亜群を設けた。②理化学性データを入れ分類を定量化した。③特徴土層を入れて検索を容易にし，国際分類と同じ切り取り方式の分類法とした。以下に第3次案に新設された9つの土壌群の概略を示す。〔　〕内の数字は24土壌群中の番号である。

〔01〕造成土：自然には起こりえない異質土壌物質が35cm以上盛土。

〔04〕ポドゾル：強い溶脱によりA層に漂白層と，B層に集積層を持つ。

〔06〕火山放出物未熟土：未風化火山放出物が表層50cm以内に25cm以上。

〔09〕森林黒ボク土：火山灰母材で有機物10％以上だが黒色でない表層土を持つ

ブナ林下の森林土壌。
〔10〕非アロフェン質黒ボク土：低い仮比重やバン土性などの黒ボク土の性質は共通するが，アロフェンでなく結晶性粘土鉱物を主体とし，次表層土の交換酸度 y_1 が5以上の酸性黒ボク土。
〔12〕低地水田土：地下水ではなく灌がい水による湿性の影響でできた低地土壌で①管状以外の鉄集積層もしくは②雲状斑鉄に富み構造が発達し表面は灰色の光沢を示す灌がいの影響で発達した次表層（灰色化層）を持つ。
〔13〕グライ低地土：地下水にほぼ周年飽和されたグライ層の上端が地表下50cm以内に現われる低地の土壌をいう。2次案の80cmより地下水位置を厳しくし，排水不良でほとんどが水田として利用。
〔15〕未熟低地土：未風化砂礫などの砕屑（せつ）物が堆積したままの低地土壌。
〔20〕陸生未熟土：山地，丘陵地，台地上の風化の進まない残積土。

なお〔02〕泥炭土，〔03〕黒泥土，〔05〕砂丘未熟土，〔07〕黒ボクグライ土，〔08〕多湿黒ボク土，〔11〕黒ボク土，〔14〕灰色低地土，〔16〕褐色低地土，〔17〕グライ台地土，〔18〕灰色台地土，〔19〕岩屑（せつ）土，〔21〕暗赤色土，〔22〕赤色土，〔23〕黄色土，〔24〕褐色森林土，については農耕地土壌分類第2次案を参照のこと。

ただし第3次案では第2次案のときのような全国土壌調査は行なわれず，読み替えのための確認が行なわれたにすぎなかった。したがって面積も未定である。一方，地力保全基本調査は昭和54（1979）年度より土壌環境基礎調査，さらに平成11（1999）年度より土壌環境機能モニタリング調査と名前を変え，県内農耕地の代表土壌に定点を設け，5年に一度地力の変化を調査している。その結果全国の農耕地での土壌酸性化や養分の蓄積状況が明らかになり，土壌調査が有効活用されつつある。

林野土壌の分類

わが国の林野土壌は農耕地とは別に，戦前のドイツの土壌分類にもとづく方式で分類されてきた。林野土壌分類（1975）では，ポドゾル，褐色森林土，赤黄色土，黒色土，暗赤色土，グライ，泥炭土，未熟土の8土壌群に大別され，その下にそれぞれの亜群が設けられた（表参照）。林野では農耕地のような耕作がなされないため厚い落葉（L:Litter）層やその下の発酵（F:Ferment）層が発達しているが，A層以下は農耕地土壌の断面と共通する。これらの林地と農耕地の土壌分類を統合する試みがペドロジー学会でなされ，日本の統一的土壌分類体系—第2次案（2002）が出版された。また2006年には国際分類との対比表も作成された。林野土壌分類で黒色土のすべてと褐色森林土の一部が農耕地土壌やペドロジー学会の黒ボク（ぼく）土となり，グライは低地と台地土壌グループに分けられる。

林野土壌の分類 (林業試験場, 1976)

土壌群	亜群	
P ポドゾル	PD Pw(i) Pw(h)	乾性ポドゾル 湿性鉄型ポドゾル 湿性腐植型ポドゾル
B 褐色森林土	B dB rB yB gB	褐色森林土 暗色系褐色森林土 赤色系褐色森林土 黄色系褐色森林土 表層グライ化褐色森林土
RY 赤黄色土	R Y gRY	赤色土 黄色土 表層グライ化赤色土
Bl 黒色土	Bl lBl	黒色土 淡黒色土
DR 暗赤色土	eDR dDR vDR	塩基系暗赤色土 非塩基系暗赤色土 火山系暗赤色土
G グライ土	G psG PG	グライ 擬似グライ グライポドゾル
Pt 泥炭土	Pt Mc Pp	泥炭土 黒泥土 泥炭ポドゾル
Im 未熟土	Im Er	未熟土 受食土

世界の土壌分類

世界的土壌分類はロシアのドクチャエフの研究以来、気候と対応し緯度に沿って帯状に分布する成帯性土壌が中心であり、地形や母材の違いはそのなかでの小さい変化として成帯内性土壌とされた。このような分類を下降式体系という。

一方アメリカでは新たに個々の土壌を出発点として順次統合する方式が研究され、1975年にソイルタクソノミー Soil Taxonomy として発表された。これは上昇式体系といわれ現在世界的に適用されている。分類方法は土壌断面内の特徴的な土層を鍵とし、化学性や物理性など測定できる性質を基準にする。最上位区分は以下に述べる12の目である。なおカッコ（ ）内は氷に覆われていない地球上の面積割合（Idaho大学ホームページによる％）と、対応する旧土壌名の例である。

①ジェリソル Gelisols：極地近くの酷寒（gelid）気象条件で、表層2m以内に永久凍土層を持つ（9.1％、永久凍土）

②ヒストソル Histosols：排水不良の有機質土壌（1.2％、泥炭土）

③スポドソル Spodosols：A層から鉄、アルミニウム、腐植が溶脱しB層に集積する酸性の森林土壌（4％、ポドゾル）

④アンディソル Andisols：火山灰が母材で活性アルミニウムに富み、リン酸固定力や腐植含量が高く仮比重が低い土壌（1％、黒ボク土）

⑤オキシソル Oxisols：湿潤熱帯〜亜熱帯気候下で強い風化を受け鉄・アルミ酸化物やカオリン鉱物が主体（7.5％、ラトソル、ラテライト）

⑥バーティソル Vertisols：乾期に収縮し深くて広い亀裂ができるモンモリロナ

イト質の重粘土壌（2.4%，グルムソル）

⑦アリディソル Aridisols：砂漠などの乾燥（arid）地で表層に炭酸カルシウムや塩分が集積（12%，砂漠土，ソロンチャク）

⑧アルティソル Ultisols：台地上の森林土で粘土集積B層を持ち塩基飽和度が低い（8.1%，赤・黄ポドゾル性土壌，黄色土，灰色台地土）

⑨モリソル Mollisols：プレーリーやステップ草地の肥沃土で，暗色な軟らかい表土を持ち塩基に富む（7%，チェルノーゼム，プレーリー土）

⑩アルフィソル Alfisols：台地上の森林土で粘土が集積したB層を持ち塩基飽和度が高い（10.1%，灰褐ポドゾル性土壌，灰色森林土）

⑪インセプティソル Inceptisols：母材から土壌生成を開始（incept）した若い土壌で，A層と異なる色や粘土のB層を持つ（17%，褐色森林土）

⑫エンティソル Entisols：最近（recent）形成されたため土壌生成作用による層位が認められない土壌（16%，未熟土）

以上のなかで成帯的傾向が強く，緯度（場所によっては経度）に沿った分布がみられる目は①ジェリソル③スポドソル⑤オキシソル⑦アリディソル⑧アルティソル⑨モリソル⑩アルフィソルの7つである。

また国際土壌学会とFAO/Unescoは，1998年にWorld Reference Base for Soil Resources（WRB）として新たな世界土壌図凡例をまとめ，邦訳も出版された（世界の土壌資源—入門，アトラス，照合基準）。最上位土壌群30中には，ソイルタクソノミーと同じ名前のほかにポドゾルやチェルノーゼムなど昔の名前も見られるが，歴史的な有機物投入や客土により形成された肥沃な土壌や，湛水代かき作業で土層が分化する水田土壌を人為土壌アンスロソルとして独立させる新たな動きも注目される。

国土調査1/20万土地分類図の土壌分類　　（経済企画庁，1970）

土壌群	亜群
岩石地	岩石地
岩屑(せつ)土	高山性岩屑土 岩屑土
未熟土	残積性未熟土 砂丘未熟土 火山放出物未熟土
黒ボク土	黒ボク土 淡色黒ボク土
褐色森林土	乾性褐色森林土 褐色森林土 湿性褐色森林土
ポドゾル	乾性ポドゾル 湿性ポドゾル
赤黄色土	赤色土 黄色土 暗赤色土
褐色低地土	褐色低地土
灰色低地土	灰色低地土
グライ土	グライ土
泥炭土	高位泥炭土 低位泥炭土 黒泥土

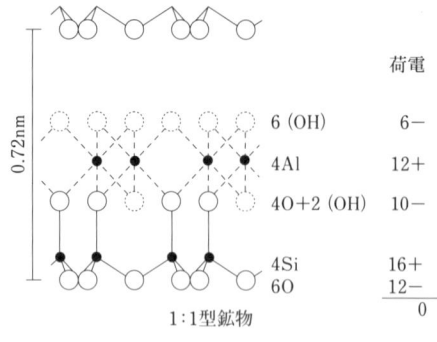
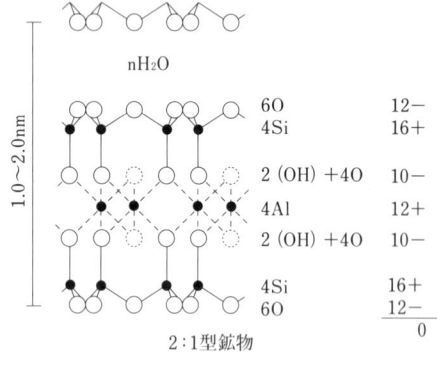

粘土鉱物の結晶模式図と荷電

土地分類基本調査

国土の自然的実態を総合的に把握し高度利用を図るため，1951年，法律第180号の国土調査法で①地籍調査，②水調査，③土地分類基本調査が定められた。土地分類基本調査はさらに①地形調査（国土地理院），②表層地質調査（地質調査書），③土壌調査（農林省担当）に分けられ，いずれも国土地理院発行の5万分の1地図上に図示された。土壌図は従来農耕地と林地を別々に調査，図示してきたが，ここではじめて一体となり，各県の農業試験場と林業試験場の土壌担当者が協力・分担しながら地表全面の土壌図を作成した。そして地形，地質とオーバーラップすることで土地の立体的な把握を可能とした。ただし土壌調査項目は従来の地力保全基本調査や林野土壌の分類(1976)と同じである。

特殊な土壌

アルカリ土壌

土壌pHがアルカリ側（7以上）の土壌をアルカリ性土壌といい，さらにpH8.5以上で，交換性ナトリウムが陽イオン交換容量（CEC）の15％以上の土壌をアルカリ土壌と呼ぶが，厳密な定義ではない。アルカリ土壌は別名ソロネッツとも呼ばれる。降雨よりも蒸発のまさる乾燥気候下で，土壌水が下層の塩類を表面に

移動集積してできる。砂漠地帯の河岸や沿岸に分布するソロンチャクやソロネッツがこれにあたる。また，干拓地での貝殻，都会でのコンクリートなどが原因となる場合もある。カルシウムやマグネシウムの炭酸および重炭酸塩水溶液のpHは8.5以下であるが，ナトリウムやカリウム塩は溶解度が高く，pH8.5以上の強アルカリを示す。そのため改良には通常石こう（$CaSO_4$）を用い，ナトリウム比率を低下させる。

酸性硫酸塩土壌

湖成および海成堆積物が陸上に出ることで，含有硫化物であるパイライト[FeS_2]が酸化され酸化鉄Fe^{3+}と硫酸SO_4^{2-}に変化し，強酸性を呈する土壌。さらに加水分解を受け，水に不溶の淡黄色硫酸鉄塩ジャロサイト[$KFe_3(SO_4)_2(OH)_6$]が斑紋を形成することもある。熱帯や亜熱帯のマングローブ林下が有名であるが，わが国では主に干拓地と第三紀丘陵地の開発地に出現する。［→**第三紀層土壌**を参照］

なお農耕地土壌分類第3次案では新たにグライ低地土と灰色低地土の二つの土壌群に硫酸酸性質亜群を設けている。この定義は「地表下75cm以内に硫化物または硫酸を含み，過酸化水素処理pH（H_2O_2）が3未満，もしくは水pH（H_2O）が4未満の層が現われる」である。

干拓地土壌

湖沼や海面を堤防で閉め切り，排水してつくった干拓地の土壌をいう。通称ヘドロと呼ばれる泥状堆積物を母材とする。干拓直後は還元状態で海水の影響で黒色を帯びた青灰色のグライ色を呈し，きわめて軟弱である。しかし，排水施設を設置して排水すると，乾燥により土壌は急激に変化する。一般に窒素，リン酸，カリ，ケイ酸，鉄，マンガンなどの養分に富み，海水ではナトリウムを多く含む。中性から微アルカリ性であるが，パイライトを含むことも多く，干拓などで酸化が進むと硫酸を生成し強酸性となる。水稲に対する障害は，塩害と硫酸酸性害のほかに，アルカリ性と硫化水素発生が合わさって亜鉛欠乏症を引き起こすアルカリ還元害も混在する。

重粘土壌

きわめて粘土質で堅密であり，非毛管孔隙の割合が少ないため，排水性や通気性がわるい土壌である。そのため，多雨時には水が停滞し過湿状態になりやすく，乾くと固結するため，耕うんしにくい。土壌改良の基本は暗渠による排水であるが，さらに心土破砕を組み合わせると効果的である。作土の物理性改良には有機物施用や砂客土を行ない，化学性改良には石灰，リン酸，微量要素などの資材を用いる。

鉱質土壌

無機質酸性土壌と同語。かつて酸性きょう正のための石灰投入量算定に置換酸度 y_1（1NKClで抽出される水素イオン H^+ およびアルミニウムイオン Al^{3+} の量）の3倍量相当（全酸度：$3y_1$）が近似的に全酸度＝中和石灰量として使われた。これは鉱質土壌で用いられたが、その後全酸度は腐植含量や粘土鉱物組成などの影響を受け、$2y_1$ から $27y_1$ まで変動することが明らかにされ、現在は使われていない。ただし鉱質土壌という言葉は今でも腐植質酸性土壌である火山灰土壌との比較で使われることがある。

礫質土壌

施肥改善事業の土壌調査の土壌群の一つ。30〜60cm以下に砂礫層が出現する土壌をいい、砂礫層が30cm以内に出現する場合は礫層土壌となる。なお土壌中の2mm以上の部分を礫と呼び、2mm以下の土壌構成成分とは分けられる。農耕に障害が大きく、水田は漏水田となるため、客土や床締めが必要になる。[→**施肥改善土壌分類**を参照]

黒ボク

色が黒くて、歩くと足がボクボク埋もれる土、というのが語源とされる。一般には腐植質〜多腐植質の黒色火山灰土を指す。軟らかく有機物に富むので、保水性、通気性がよいが、軽いため風で土が失われやすい。主要な粘土鉱物はアロフェンであり、活性アルミニウムを多く含むため、リン酸固定力が強く、多量のリン酸質資材の施用が必要である。一方で、強酸性の非アロフェン質黒ボク土が存在することが知られている。

ローム

土壌の粒径組成区分の一つで、粘土、シルト、砂が適度に混ざり合った土をいう（国際土壌学会法では、おのおの0〜15％、20〜45％、40〜65％）。「関東ローム」はもともと東京付近に広くロームの粒径組成を持つ土壌が分布していたために名付けられたものであり、ロームに火山灰の意味を持たせるのは誤りである。

みそ土

長野県八ヶ岳山麓台地や天竜川上流の河岸段丘に分布する御岳山由来の黄褐色軽石で、外観が味噌に似ている。粘土はアロフェンが主体で容水量やリン酸吸収係数がきわめて高いが、塩基やリン酸はきわめて低い。挿し木などに利用されるが、畑作物栽培では改良が必要である。

ニガ土

熊本県など九州に分布する火山灰の埋没土で、乾燥して収縮し、くるみ状のきわめて硬い構造を示す土層を称する。さらに腐植含量が高く、土色がより黒いものを黒ニガと呼ぶ。排水性が不良で空気率がきわめて低く、生産力が劣る。

■ シラス
　南九州に分布する白色〜灰白色でガラス質の火山灰，火山砂および軽石が混合した火砕流堆積物（フロー）を称している。白砂または白州を意味する俗語。鹿児島湾の姶良カルデラ起源が新しく，阿蘇カルデラ起源は古い。シラス台地を形成し，その上には火山灰が覆っている。シラス層は厚さ数メートルから数十メートルに及び，粘土や腐植をほとんど含まず砂質で保水性がわるく，保肥力も小さい。

■ ボラ
　鹿児島県桜島周辺に分布する多孔質の軽石やスコリアの俗称。未風化の白色軽石を白ボラ，風化して黄色くなったものを黄ボラ，苦鉄質で黒く焦げただれたように見えるスコリア由来のものを焼きボラ，黒ボラなどと称している。風化したものは比較的軟らかで保水性もあり園芸用土（日向ボラ土）として利用される。

■ マサ
　火山性のものとしては富士火山起源の火山砂や火山礫から成るち密な盤層をいう。スコリア母材のエカスマサと扇状地の火山砂礫を母材とするジャリマサに分けられる。山中式硬度計の読みは25〜30mmと高く，作物根は貫入できない。一方，中国地方では花崗岩由来の残積土もしくは崩積土で壌質砂土〜砂壌質のざらざらした土壌をマサ（真砂）土と呼んでいる。[→**花崗岩質土壌**を参照]

■ コラ
　薩摩半島南端の開聞岳に由来する固結したスコリア砂礫層はきわめて堅硬であり，甲羅に由来するコラと呼ばれる。排水性，保水性が小さく生産力が低い。この改良には機械的な破砕か，排除が必要となる。

■ オンジ
　四国地方に分布するガラス質火山灰のことで，踏むとキシキシ音がするのでオンジ（音地）の俗称で呼ばれる。腐植を含んで黒色のものを黒オンジ，腐植を含まず明褐色のものを赤オンジという。南九州のアカホヤや人吉盆地のイモゴと同じ約6,500年前の鬼界カルデラを噴出源とする。

■ アカホヤ
　南九州一円にある腐植含量の少ないガラス質火山灰の俗称で，オンジと同じ起源である。主要粘土鉱物はアロフェンとイモゴライトであるが，多量の火山ガラスと複雑に結合した特殊構造を持ち植物根の進入が困難である。

■ まつち
　主として台地上辺縁部に分布し，一般の火山灰を母材とする畑土壌に比べて生産力の高い土壌をいう。「まつち」に対して「のつち」が使われる。生成は，沖積世（およそ1万年前までの時代）に水の働きで火山灰にチャート，石英，黒雲母などの一次鉱物や粘土（ハロイサイト）などを含む別の母材が混ざった土壌と

考えられている。火山灰土壌よりリン酸固定力が弱く，孔隙分布が良好で，水分伝導や養分供給力が高い。

▌マージ

沖縄県にある赤色，黄色，赤褐色，黄褐色やこれに近い色の土壌を総称してマージ（真地）と呼び，母材によって島尻マージと国頭（くにがみ）マージに分けられている。島尻マージは沖縄本島の島尻，中頭などの琉球石灰岩に由来するといわれ，赤褐色～赤色の埴土で微アルカリ～微酸性を呈し，土壌分類では暗赤色土に相当する。国頭マージは沖縄本島中北部の国頭郡一帯の古生層の粘板岩・砂岩を母材とし中性～微酸性を呈するものと，台地上の礫層に発達し強酸性を示すものとがある。土色が赤色のものは赤色土，黄色のものは黄色土に分類されている。

▌ジャーガル

沖縄県にある灰色～青灰色の軟弱な島尻層群泥岩が風化して生じる灰色およびこれに類似する色の土壌を通称ジャーガルと呼ぶ。その語源は定かでないが，沖縄には謝苅（ジャーガル）という地名がある。台地，丘陵地，低地に分布し石灰に富み中性から弱アルカリ性を示す生産力の高い土壌で，カンショとサトウキビの主要作地をなす。農耕地土壌分類第2次案では台地，丘陵地に分布するものは灰色台地土（石灰質），低地のものは細粒の褐色低地土または灰色低地土に分類される。第3次案では泥灰岩由来の陸生未熟土に分類される。

▌ヘドロ（底泥）

河川，湖沼や海域に堆積したシルトや粘土などの泥状堆積物の総称。今日では工場や生活排水由来のものも含まれる。還元状態にあり，青灰色を呈し，海水の影響で黒色を帯びることが多い。一般に窒素，リン酸，カリ，ケイ酸，鉄，マンガンなどの養分に富み，海水ではナトリウムを多く含む。中性から微アルカリ性であるが，パイライトを含むことも多く，その場合は干拓などで空気に触れると強酸性となる。

▌ポドゾル

寒冷，湿潤気候の針葉樹林下に分布する成帯性土壌（地域の気候と植生で決定され，母材や地形の影響が少ない土壌）。針葉樹林の落葉は十分に分解せず，水溶性の酸性腐植（有機酸）ができる。この酸によって，表土の塩基や鉄，アルミニウムが下層に溶脱し，ケイ酸が残った漂白層ができる。逆に下層には溶脱された塩基，鉄，アルミニウムや腐植が沈殿した集積層ができる。強酸性で生産力が低く，農耕地としての利用は少ない。

▌ラテライト

かつては熱帯地方の成帯性土壌で赤色土壌の総称でこの名称が使われたが，現在は主に固化した鉄の結石のことをいう。プリンサイトという鉄に富み有機物に

乏しい粘土，石英混合物が地表や切り通しに露出して固結したときに生成する。古代遺跡のレンガ様の建築材料として使われた。

チェルノーゼム

ウクライナ地方の降水量500mm前後の半乾燥地ステップに生成する黒色草原土で，ロシア語で黒い土を意味する。ペドロジーの祖ドクチャエフの成因探求により，この土の真っ黒な表層は，従来考えられていた泥炭や有色鉱物ではなく，ステップの多年生草本類の遺体が堆積し土壌動物の活発な混和作用によってできたものであることが明らかになった。断面形態は塩基に富み，団粒構造の発達した黒色の厚い腐植質表層（A層）と，炭酸カルシウムの結核のあるC層を持つ。C層にはげっ歯類の通路跡にA層物質が充填したクロートヴィナと呼ばれるモグラ痕が見られる。

土壌調査

土壌調査

土壌調査とは，土壌の基本的性質と分布を知るための基本調査，単一もしくは特定の目的，たとえば酸性土壌の改良などを達成するための目的調査，さらに土壌改良や施肥法を決定するための土壌診断などがあり，その目的によって調査項目や調査方法は異なる。これまで農耕地において実施された主な土壌調査を以下に記す。

施肥改善土壌調査（1953〜1962） 水田土壌を対象に土壌調査（断面調査）によって土壌を類型別に区分するとともに，その類型別に施肥試験が実施された。これによって，全国の水田土壌は11群51類型に分類されて5万分の1土壌図に示され，施肥改善対策が地域的な広がりを持った指針として利用されるようになった。

地力保全基本調査（1959〜1978） この調査は水田，畑および干拓地土壌を対象として，土壌の分布および特性と生産力の解明を目的として実施された基本調査で，この調査によってはじめて土壌分類としての「土壌統」が採用され，土壌の生産力を数値と記号で示した「生産力可能性分級」という等級値が設けられた。

土壌環境基礎調査（1979〜1998） 全国の水田や樹園地，畑などに約2万点の定点を置き，農耕地土壌の実態と変化を土壌管理実態（農家の施肥や有機物の施用実態）との関連において5年ごとに調査が実施され，土づくり対策などの基礎資料として活用されている。

土壌機能実態モニタリング調査（1999〜）　土壌環境基礎調査の内容を踏襲しつつ，調査地点数を縮小した調査で，各都道府県の農業試験研究機関において2009年現在も継続されている。

国土調査（1954〜）　国土の開発，利用，保全を合理的に進めるための調査である。その一環としての土地分類基本調査では地形分類図，表層地質図，土壌図などが，50万分の1，20万分の1，5万分の1図幅単位で作成されている。5万分の1図幅は2009年現在も調査が続いている。土壌図には，農耕地だけでなく林地，原野，荒廃地など，図幅内のすべての土地が土壌統を基本単位として区分・図化されている。

試坑調査

圃場に縦1m横1.5〜2m，深さ1m程度の穴を掘り，土壌断面の形態や諸性質を調査するもので，土壌図作成の基礎資料となるだけでなく，地下部の土壌条件や作物根の分布状況を把握できるので，土壌管理対策を立てるうえできわめて重要な手段である。代表試坑の地点選定は，周辺の地形や傾斜，植生などを考慮して行なわれるが，圃場内においては，特徴を示すところや，中心部を選ぶ。穴を掘る際は，影にならないように直接日光があたる方向に土壌断面を作り，断面の反対側は階段状として，座って調査できるように掘る。調査の手順は，まず土壌層位を決定し，土色，腐植含量，斑紋や結核の有無・形状，土性，礫含量，構造，孔隙量，ち密度，湿りの程度，湧水面の出現位置，植物根の分布状況などについて調査する。

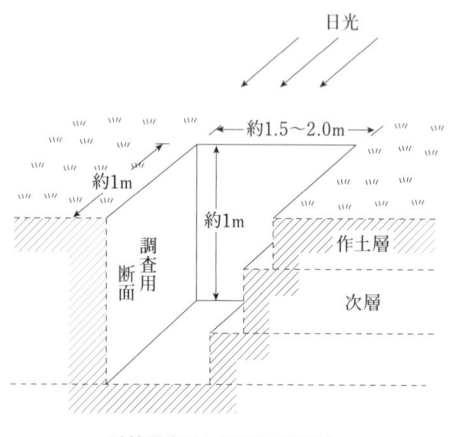

試坑調査における穴の掘り方

土壌断面

土壌表面に対し土壌を垂直に切った面をいう。土壌断面を観察することにより，その土壌の母材や風化，生成，特性などを大まかに知ることができる。通常1m程度の深さまでを観察し，耕作に要する表面から20cm程度ばかりでなく，その下層の状況を調査することで，作物の根の伸長阻害や透水不良なち密な層を把握することができ，作物の安定生産を図るうえで重要な

情報を得ることができる。土壌断面を見ると，表土と同じ性質の土壌が下層まで続いているのではなく，性質の異なる層が何枚も重なっているのがわかる。

地　形

地表の起伏や形態をいい，地形区分として，山地，丘陵地，台地，段丘，低地などがある。これらは土壌の生成や分布に深く関与している。山地や丘陵地の頂部やその斜面においては，その位置や近くで風や降雨，重力によって侵食された母岩の堆積物から土壌が生成していることが多い。台地では，古い時代に山地や丘陵地から大雨による水の移動によって運ばれた堆積物から土壌が生成されている。低地では，山地や丘陵地から河川によって運ばれてきた新しい堆積物や，湖や海の作用による堆積物，また沼沢地では植物遺体からなる泥炭や黒泥から生成した土壌が分布している。

土壌図

その地区の土壌調査の結果から土壌を基本的分類にもとづき区分し，その分布を地図化したものをいう。土壌の区分単位を表わすものや土壌の特定の性質や欠陥の内容を表わすもの，土壌改良などの対策やその土壌に適する作物を表わすものなどがある（酸性土壌分布図，排水改良対策図，適地適作図など）。

地力保全基本調査で作成された土壌生産性分級図は，分類された土壌区分ごとに土壌の生産性と欠陥を色線の種類と太さで区別した土壌図となっている。縮尺はさまざまであるが，現在，基本土壌図として5万分の1のものがつくられており，その基図は国土地理院の5万分の1地形図で，土壌の区分単位は土壌統である。この調査によって，全国農耕地の約8割をカバーする約1,100枚の土壌図がつくられた。土壌図は，農作物の安定生産にはもちろんのこと，土壌の生産力維持・向上や環境保全，土壌資源の把握，土地利用の高度化，基盤整備などに広く活用されている。1995年に市街地や耕作放棄地を除く面積集計を主体に更新作業が行なわれ，その成果はデジタル化されGISで利用できる形で提供されている。また，2009年現在も更新作業は継続して行なわれている。

土壌統

土壌の分類単位の一つであり「ほぼ同じ材料から，同じような過程を経て生成された結果，ほぼ等しい断面形態を持っている一群の土壌の集まり」と定義されている。土壌の断面形態，化学性，母材，堆積様式の基準をもとに設定する。土壌統の名前は，最初に見出された地名によって命名され，同一の土壌でも都道府県ごとに異なる土壌統名がついていたため，全国で統一した土壌名に整理したものが全国土壌統である。農耕地土壌分類第2次案改訂版（1983）では全国の農耕地について統一された土壌は16群313統であり，3次案改訂版（1995）では24群303統になっている。

ボーリングステッキ

　試穿（しせん）調査で用いられる簡易土壌調査用具で、「検土杖」とも呼ばれる。長さ1mの鋼鉄製の丸棒で、先端30cmに幅1cmの土壌採取用の溝があり、上部にはハンドルがついている。使用方法は、土壌面に垂直に先端30cmを突き刺し、ハンドルを回して土壌を採取する。つぎに、60cmまで突き刺し同様に土壌を採取する。この操作を繰り返せば、1mまでの土壌を観察することができる。この用具は、試坑を掘る前に土壌断面のあらましを知りたいときや、圃場内で代表的な試坑地点を決めるとき、土壌が遷移する部分の状態を知り境界設定を行なうときなどに使われ、簡易に土壌の概略がわかり大変便利である。

採土管

　現地の土壌をその構造（状態）をかく乱せずに採取するための一定の内法を持った金属製の円筒でコアともいう。円筒はさまざまな内容積のものが市販されているが、土壌の三相分布や透水係数・保水性の測定などでよく使用されるのは100mLのものである。100mLの円筒は、内径50mm、高さ51mmの無底円筒で両端に蓋が付いている。採土するときは、土面を平らにならし、採土器や採土補助器を使って、採土円筒の刃の付いているほうを直接土面にあて、体重をかけて押し込むかハンマーで真っ直ぐに打ち込み、土壌を採取する。

硬度計

　土壌調査において、土壌のち密度（土の硬軟）を測定する器具で、プッシュコーンともいう。円筒部の先端に円錐が付いていて、円筒内部のバネとつながっており、測定時には円筒部の円錐と反対側から目盛りの付いた小円筒が出てくるようになっている。測定は土壌断面を平らにし、面に垂直に円錐部を突き刺し、そのときの目盛り（mm）を読み数回の最頻値か平均値をち密度とする。土が硬いと値は大きく、軟らかいと小さい。ただし、この値は土壌水分の影響を受けるので、極端に土壌が乾いているときは適度な水分を与えた状態で測定する必要がある。硬度計のなかには、円筒部の側面に目盛りと指標部が付いた山中式と呼ばれるタイプもある。

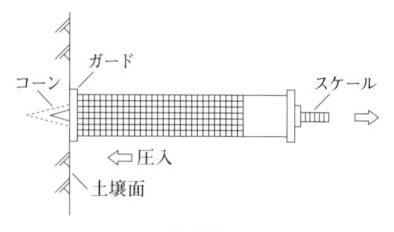

硬度計

貫入式土壌硬度計

　底面積2cm²のコーンを地表面に圧入することで自記式記録計とおもりが連動してドラムが回転し、抵抗に比例してバネが上下して記録紙に、その深度における貫入抵抗がグラフ化される。プッシュコーンのように坑を掘る必要

がなく，貫入抵抗の垂直分布を90cmまで記録できる。最新の機器では深度を音波で，貫入抵抗をロードセルで電気的に検出して小型端末などにデジタルデータとして記録できる。またGPSにより位置情報も記録される。

ち密度

一般に硬度計による測定で得られた値をいう。土層における土粒子の詰まり方，すなわち粗密の程度を表わす。生産力の高い土壌では12～19mmぐらいの値が多い。表土のち密度が12mm以下では，普通のトラクタは地面にめり込んでしまい，回行が難しい。また，この値が21mmを超えると通常，作物根の伸長は阻害され，25mmではほとんど伸長できなくなるといわれており，29mm以上の層は盤層として扱われる。

貫入抵抗

金属製の円錐体（コーン）を土壌表面から下層に向かって，毎秒1cmの速さで圧入するときの力（抗力）を測定し，これを円錐体の底面積で割った値をいい，表示の単位はPaもしくはN/m²でコーン指数とも呼ばれる。測定器具としてコーンペネトロメーターや載荷板式ペネトロメーター（SR-2型など）

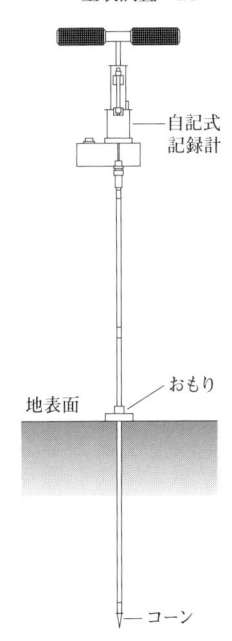

貫入式土壌硬度計

がある。測定値は，作物根の伸長に対する土の抵抗力の判定のほか，水田における重量機械の地耐力・作業性の判断にも使われる。重量機械の走行可能な車輪沈下量の限界は20cmとされており，安全に作業可能な抵抗値は，ロータリ耕で490kPa，プラウ耕で637kPa以上である。

コンシステンシー

土壌水分の変化にともなう土壌の状態変化をコンシステンシーという。一般には硬い，軟らかい，もろいなどと表現され，その境界を求めて土の物理的性質を表わす指標として用いられる。

土のコンシステンシーの各段階において，液性限界，塑性限界，収縮限界あるいはネバツキ限界などを定め，これらを総称してアッターベルグ限界という。測定法はJISで規定されている。

耕うんやトラクタの走行性に関係する因子として用いられ，プラウ耕の場合，土壌水分が塑性限界付近を超えるとスリップのため走行不能となる。

土壌の状態	固体	半固体	塑性体	液性体
境　界		収縮限界　塑性限界　液性限界		
土壌水分量	少	←------------------------------→		多
粘着性	なし	←----弱----------強--------→		なし

塑　性

塑　性

　土壌は，水分が多いときは流動し粘着性は弱いが，水分が減少すると流動性を失い，逆に粘着性が強くなり，外から加える力によって変形はするが，その力を除いてもそのままの形にとどまるようになる。この状態を塑性（可塑性）という。このような水分含量の変化にともなう土壌の状態変化において，土壌が塑性を示す最小の水分％を塑性限界，最大の水分％を液性限界といい，両者の差を塑性指数という。

　塑性指数が大きいほど土壌の可塑性が大きく，土壌を耕うんする際には，この可塑性が問題になる。可塑性が弱いときに耕うんすることが「練り返し」の防止になり，練り返しによる孔隙の破壊からくる排水性や通気性の悪化を防ぐ。可塑性の強い土壌は，乾燥すると非常に堅固となり，ツルハシによっても掘り起こしが困難になることもある。耕うんは塑性指数の小さい土壌が良好であり，指数が同じ場合は，塑性限界の高い土壌が降水後に早く農作業ができる利点を持つ。一般に，粘土含量の多い土ほど塑性指数は大きく，モンモリロナイトのような膨潤型の粘土鉱物を多く含む土壌は塑性限界，液性限界での水分含量が高い。

有効根群域

　作物の根の大部分が分布する主要根群域を含み，根が十分に分布（伸長）できる土層をいう。土壌や作物の種類別に，その深さやち密度，土壌水分，気相率など，栽培土壌の物理性の診断基準として，さまざまな指標値が示されている。

キュータン

　上層より溶脱・洗脱された粘土や有機物，酸化物などが，その下の層の土壌構造物の表面を薄く覆っている被膜をいう。粘土被膜は平滑で光沢があり，粘土の機械的移動の産物である。有機物被膜は暗色を示し，酸化物被膜は鉄やマンガンなどの酸化物が沈積した被膜で，酸化鉄の多い被膜は赤褐色，マンガンが主成分のものは黒紫色で，水田土壌によく見られる。これらの被膜は，斑点状や断片状，連続状の形状があり，厚さも多岐にわたる。

　被膜は養水分の移動や植物根による吸収と密接な関係がある。

■モノリス

　土壌断面の標本をいい，土壌モノリスともいう。土壌断面標本はその土壌の分類単位の決定や土壌間の比較検討に欠くことのできないものである。土壌断面をそのまま木箱に納めた柱状土壌モノリス，樹脂で裏打ちして薄く剥いでつくった薄層土壌モノリス，各層位から土塊をとって小箱に納めたマイクロモノリスがある。柱状土壌モノリスでは，作成後乾燥するに従い土壌は収縮し，長期間経つと自然の断面状態とはかけ離れた状態になってしまうことが多い。完全な状態で長期間保存するためには薄層土壌モノリスが最も優れている。

土　層

■土壌層位

　土壌に深く穴を掘り，その断面を見ると，土壌の色や硬さ，土性（粘土や砂の多少），礫の存在の違いからいくつもの層（土層）が観察される。このような土層の重なりを土壌層位という。その土壌が現在に至るまでにたどってきた土壌生成の過程，来歴を物語っており，土壌を分類するうえで重要である。土壌層位の分化が進んだ土壌の断面を見ると，土壌がどのように形成されてきたかを，知る鍵となるキー層がある。これらの層位は，土壌分類学的には主層位といい，上から順にO層，H層，A層，B層，C層，R層と命名され（ABC層位命名法），条件によってはE層やG層も出現する。O層は落葉などが堆積した層であり，有機質層（有機物が容量で約60％以上）を指す。この層は林地の表層で見られる。水面下で植物遺体の集積によっ

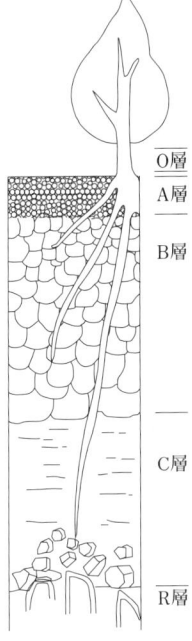

O層　耕うん，分解などにより消えやすい
A層　腐植に富み団粒構造の発達した層
B層　A層から種々の物質が洗脱し，特徴的な色や土壌構造となった集積層
C層　A, B層の母材を供給する層。土壌構造は，ほとんどない
R層　上方へ母材を供給する岩石層

各層界は必ずしも平坦かつ明瞭ではない。また，ぼやけていることもある。

土壌層位の分化

て形成された有機質層はH層と呼ばれる。A層は，土壌断面の最上部にある層位である（有機物20％未満の土壌）。植物の根や残渣の供給を受け，それが腐植となって暗色あるいは黒色がかった土壌となる。また，気候や人為的な影響を強く受けた層位である。

B層はA層とC層の中間にあって，母材の岩石構造はほとんど残っておらず，A層より腐植含量は低く，A層から溶脱したケイ酸塩粘土，鉄，アルミニウム，腐植などの集積層である。C層はB層の下方にあって土壌生成作用をほとんど受けていない母材からなる層である。R層はC層の下方にあって，母材を供給する母岩の層である。E層はケイ酸塩粘土，鉄，アルミニウムが溶脱し，砂とシルトが残留富化し岩石や堆積物の組織を失った淡色の無機質層で，OまたはA層とB層の間にある。G層は湛水条件下で生成されるグライ層である。

▌集積層

土壌中の物質が水の移動にともなって動き，一定の場所に集積または蓄積した層位をいう。自然条件下の土壌では，水は一般に下方に移動するので，表層の鉄，アルミニウム，マンガン，腐植，粘土などが下層に集積する場合が多い。

しかし，降雨の影響がない施設（ハウス）土壌では，土壌が乾燥してくると水は上方に移動するため，施肥成分，とくに塩類が表層に集積する。

▌溶脱層

土壌から鉄，マンガン，アルミニウム，粘土，腐植などが水の移動にともなって下層へ流れた土層でE層という。土色を構成する鉄，マンガン，腐植などに乏しいため，一般に土の色は淡色または灰白色となっている。

▌グライ層

湛水条件下にあるため還元状態（酸素がほとんどない状態）が発達し，青灰色や緑灰色をしている土層でG層という。土壌中に酸素がたくさんあると土壌中に含まれている三価鉄によって土色は褐色に保たれているが，酸素欠乏状態では三価鉄が二価鉄に還元されるた

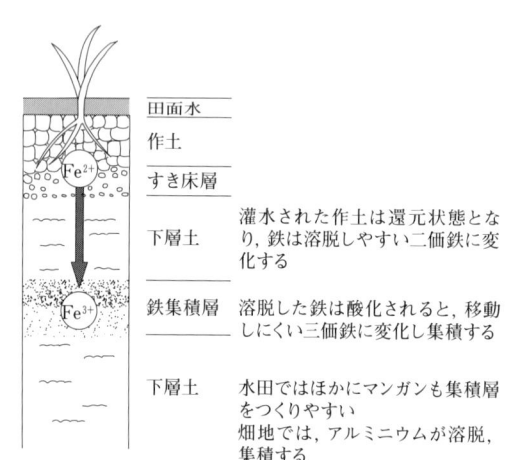

田面水	
作土	
すき床層	
下層土	灌水された作土は還元状態となり，鉄は溶脱しやすい二価鉄に変化する
鉄集積層	溶脱した鉄は酸化されると，移動しにくい三価鉄に変化し集積する
下層土	水田ではほかにマンガンも集積層をつくりやすい／畑地では，アルミニウムが溶脱，集積する

鉄の集積層モデル

め，青灰色を示すようになる。グライ層の出現位置は地下水位と関係があり，常時地下水位が高い水田では浅い位置に見られ，湛水田では全層グライ層となる場合がある。グライ層が浅い転換畑や低地の畑などの作物は湿害を受けやすい。2,2'-ビピリジルを新しい断面に吹き付けるか土塊に滴下すると即時鮮明に赤色あるいは赤紫色になる。水田土壌を分類する際の重要な指標であり，農耕地土壌分類第3次案改訂版（1995年）では出現する深さが50cm以内の場合をグライ低地土，50cm以下の場合を灰色低地土としている。また，灌がい水の影響を受けて作土の下にまでグライ層を持つ水田は低地水田土の一タイプとして位置づけられている。

腐植層

腐植含有率が高く黒色を呈する土層で，一般的には表層に位置する。また，土壌断面の深いところからも現われることがあるが，これは過去に生成された腐植層が埋没したものである。[→埋没層を参照]

腐植含有率と腐植層の厚さは土壌の生産力との関連が深く，一般に腐植が多く腐植層が厚いほど生産力は高い。腐植は農耕地分類上重要な土壌単位である。農耕地土壌分類第3次案改訂版（1995）では，腐植含量10％以上かつ厚さが25cm以上の表層を多腐植質表層，同じく5〜10％を腐植質表層としている。また，層の厚さ50cm以上を厚層としている。土色は，多腐植質表層および腐植質表層とも明度，彩度が2以下または明度3で彩度2以下および明度2で彩度3が該当する。多くの土壌は腐植含有率が5％以下であり，7〜8％を超えるものは黒ボク土，黒泥土，泥炭土に限られる。

埋没層

土壌断面を観察するとき，表層（A層）より下層からA層と同じようなある程度肥沃な特性を持った層が観察されることがある。これは，土壌生成の過程で，それまでA層（表層）であった層が火山の爆発による噴出物に厚く覆われたりした結果，埋没した状態となっているもので，埋没層と呼ばれる。埋没後，この層は下層に位置するため，下層としての影響を徐々に受けていく。

砂礫層

土壌断面のなかで，自然からの物理的および化学的な作用による崩壊（風化）をほとんど受けていないか（未風化），ある程度受けている（半風化）礫が断面面積の20％以上を占め，細土の土性が砂質を示す層で，厚さがおおむね20cm以上の層をいう。

これは，土壌生成の過程で河川の氾濫などにより形成された層であり，表層近くにこの層が存在すると，礫の除去など農地としての利用は多くの労力を要する。

漸移層

　一般に，土壌断面は上から順にA層，B層，C層の三つの主層位から成り立っている。各層の境界付近では，土壌生成の過程で上下のA層とB層，B層とC層の中間的な性質を示す層が見られることがある。この層を漸移層と呼び，どちらの層の性質が強いかによってAB，BA，BC，CBなど，いくつかの亜層位に細分して表わす。[→**土壌層位を参照**]

有効土層

　作物の根が自由に貫入できる土層をいう。基岩や盤層あるいは，硬度計による測定値（ち密度）が29mm以上を示す厚さ10cm以上の土層，または極端な礫層および地下水面があれば，地表からその上層までと考える。しかし，地表下50cm以内に存在し，有効土層を制限している盤層などの土層も，心土耕などにより作物の根が貫入できる層に改良できると認められる場合には，その層以下も有効土層と考えてよい。

　有効土層は水田や草地では50cm以上，畑や樹園地では1m以上あることが望ましい。しかし，実際の作物生産の場では，ち密度が20〜23mmを超えると根の伸長はわるくなるので，生産力との関係で見れば，ち密度29mm以下の有効土層の深さより，ち密度20〜23mm以下の土層の深さのほうが重要である。

作土層

　耕うんによりかく乱された土壌上部をいう。耕うんや施肥，灌水など，作物を栽培するために，人為的な作用を大きく受けている土層である。そのため，下層と比較して，膨軟で有機物が多く，養分に富んでいる。したがって圃場整備の際は，表土扱いをしてあらかじめ作土層を取り除いておき，整備終了後に元に戻す工夫をとることが望ましい。経営規模の拡大にともなって圃場の耕うんは，作業能率のよいロータリ耕が行なわれており，プラウ耕に比べて耕深が浅いため，浅層化しており，適正な作土深を確保することが必要となってきている。耕土層は同義語である。

心土層

　作土層あるいは耕土層より下の土層の総称で，作土層と対になって作土の下の層を指すが，ときには下層土と同じに用いられることがある。一般に，作土層に比べてち密で，腐植や有機物は少なく，養分も乏しい。しかし，養・水分の貯蔵庫として，作土について重要であり，作土から流亡した養分が集積している場合などは，リバーシブルプラウなどで天地返ししてやると，作物の生育を改善する効果がある。

すき床層

　作土直下のすき底にあたる位置で，農業機械による加圧と粘土の凝集により，

ち密化した土層。近年では，大型機械によるロータリ耕が多く，機械による踏圧が大きくなったために，すき床層がいっそうち密化・浅層化する傾向にある。ある程度ち密なすき床層は大型機械の導入を可能としており，漏水防止にも重要である。すき床層は水田，畑地のいずれにも見られるが，湿田や半湿田では明瞭ではない。

盤　層

植物の根の伸長を著しく阻害し，透水性を低下させているち密な層のことである。農耕地土壌調査では，ち密度がおおむね29mm以上で，厚さ10cm以上の層としている。大型機械の踏圧や，鉄や粘土の集積によってち密化することが原因である。

ち密層

すき床層や盤層などを総称していう。

土壌診断

土壌診断

土壌調査で得られた土壌管理上や作物生産性上の問題点にもとづき，具体的な土壌改良や施肥を行なうための「処方箋」をつくることである。土壌や作物の種類を考慮したうえで，単に不足養分の補給を処方するだけでなく，過剰施肥やアンバランスな施肥，不要な資材の投入を指摘して，健全な作物の安定生産を行なうための方策を総合的な判断をもとに処方する。その意味では「土壌・施肥診断」と置き換えることもできる。

実際に農家の生産指導を行なっている各都道府県の地区ごとの農業改良普及センターや農協には，土壌診断のための分析診断室が設けられている。今日ではパソコンを用いた土壌施肥診断システムが開発されており，土壌の分析結果と堆肥などの有機質資材の選択にもとづいて肥料，資材の施用量が計算できるようになっている。

診断はまず，圃場や地域の概況を把握し，栽培農家から栽培方法や施肥方法の聞き取りを行なう。つぎに，対象圃場（地域）におもむき，実際に観察することが重要で，そこである程度の判断をつけておく。そして，必要ならば土壌を採取し，必要最小限の分析を行なう。調査・測定には，土壌の化学性・物理性などたくさんの項目があるが，必要な項目を選んで行なえばよい。また，作物の要素欠乏など，症状によっては土壌だけでなく，作物体内の養分分析も必要な場合もある。これらを総合的に判断して，整理・処方し，改善策（指導）へとつなげていく。

処方箋をつくる際は，作物や土壌の種類別に策定された土壌診断基準が利用されるが，近年は養分の過剰蓄積を反映して減肥基準もつくられている。

リアルタイム土壌診断

通常の土壌診断は作物の収穫後の土壌を採取して行なわれ，その養分分析結果にもとづいて次作の資材施用・施肥設計が立てられるのが普通である。これに対して，リアルタイム土壌診断はキュウリやトマトなどの栽培期間が長い作物を対象にして，生育中に土壌養分状態の過不足を調査して，必要な時に必要な量の追肥を行なう技術である。実際の手順は下図のとおりである。7〜10日間隔で土

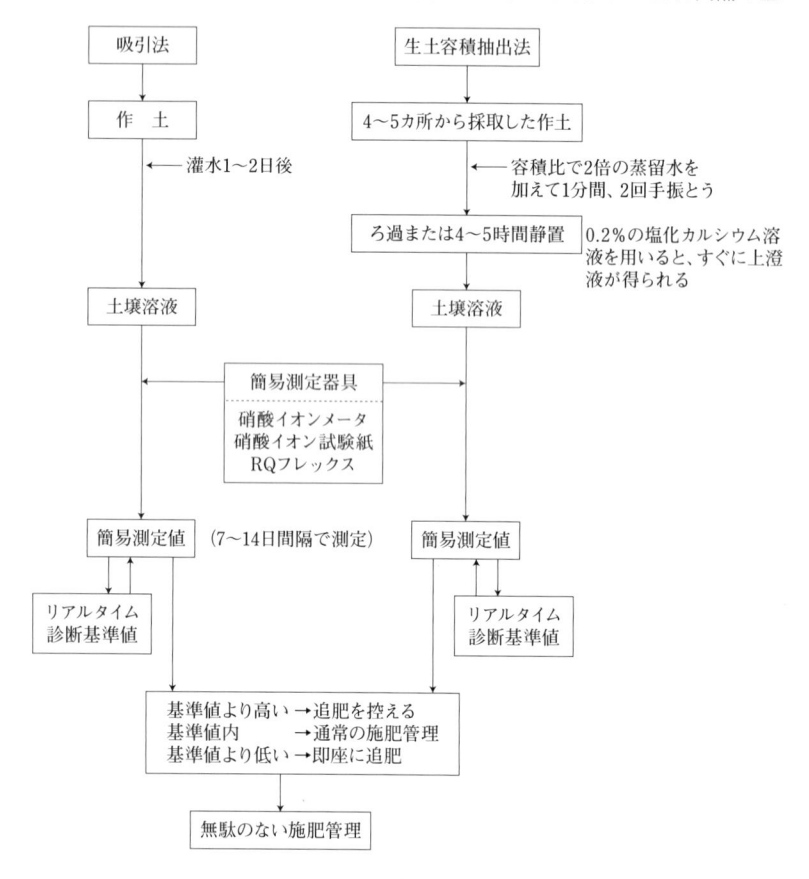

```
 ┌─────────┐                      ┌──────────────┐
 │  吸引法  │                      │ 生土容積抽出法 │
 └────┬────┘                      └──────┬───────┘
 ┌────┴────┐                   ┌─────────┴──────────┐
 │  作 土   │                   │ 4〜5カ所から採取した作土 │
 └────┬────┘                   └─────────┬──────────┘
      │ ←灌水1〜2日後                    │ ←容積比で2倍の蒸留水を
      │                                  │   加えて1分間、2回手振とう
      │                         ┌────────┴──────────┐      0.2%の塩化カルシウム溶
      │                         │ ろ過または4〜5時間静置 │──液を用いると、すぐに上澄
      │                         └────────┬──────────┘      液が得られる
 ┌────┴────┐                      ┌─────┴─────┐
 │ 土壌溶液 │                      │  土壌溶液  │
 └────┬────┘                      └─────┬─────┘
      │         ┌──────────────┐       │
      │────────→│  簡易測定器具  │←──────│
      │         ├──────────────┤       │
      │         │ 硝酸イオンメータ │       │
      │         │ 硝酸イオン試験紙 │       │
      │         │   RQフレックス   │       │
      │         └──────────────┘       │
 ┌────┴────┐                       ┌─────┴─────┐
 │ 簡易測定値 │ （7〜14日間隔で測定）  │ 簡易測定値 │
 └────┬────┘                       └─────┬─────┘
 ┌────┴────┐                       ┌─────┴─────┐
 │ リアルタイム │                    │ リアルタイム │
 │  診断基準値 │                    │  診断基準値 │
 └─────────┘                       └───────────┘
           ┌─────────────────────────────┐
           │ 基準値より高い→追肥を控える      │
           │ 基準値内      →通常の施肥管理    │
           │ 基準値より低い→即座に追肥        │
           └──────────────┬──────────────┘
                    ┌─────┴──────┐
                    │ 無駄のない施肥管理 │
                    └────────────┘
```

リアルタイム土壌診断の測定手順 （六本木, 2000）

壌溶液を採取し，測定値が診断基準値より高ければ追肥は行なわず，低ければ追肥をするようにする。このようなきめ細かい施肥管理を行なえば，土壌中の養分が適正な状態に保たれて，環境に負荷を与えることもなく，しかも高品質で安定的な生産が可能となる。

SPAD

農林水産省農産園芸局農産課（1981年当時）の土壌・作物体分析システム実用化のための一連の事業（Soil Plant Analyzer Development）の略称である。この事業には，民間企業および都県試験研究機関が参加しており，現場において手軽ながら実用的な分析測定機器が開発された。これらはSPAD開発製品と呼ばれ，多くの農業関係者に利用されている。

簡易検定器

現地（農家圃場）で，土壌の化学性，養分含量を簡易かつ迅速に測定するために考案された器具をいう。分析と判定に必要なすべての器具と試薬が小型で軽量な携帯箱に収納されている。実際の分析は，図解された説明書に従って土壌から得た抽出液を発色させ，比色表と比べることで，各成分の含量をある程度判定することができる。

土壌反応試験

土壌断面調査など，野外調査の際に，土壌中に含まれる二価鉄やマンガン，アルミニウム，炭酸塩の存在の有無とそれらの土壌に含まれる大まかな量を定性的に把握する方法で以下に示すものがある。

ジピルジル反応　土壌が酸素欠乏の状態（還元状態）にあるかどうかを判定するときに行なう。ジピルジル溶液を新しい断面に滴下するか吹き付けると還元状態（活性な二価鉄が多く存在）の場合は赤変する。

マンガン反応　黒色の斑紋がマンガン酸化物かどうかの判定に用いる。TDDM（テトラベース）試薬を用い，断面に吹き付けるか滴下するとマンガン酸化物は鋭敏に反応して紫黒色を呈する。

活性アルミニウム反応　従来，粘土鉱物であるアロフェンの判定に用いられてきた。土壌にフェノールフタレイン紙をこすりつけ，それにフッ化ナトリウム液を滴下して，赤変すれば活性なアルミニウムがあると判定する。

炭酸塩反応　炭酸カルシウムや菱鉄鉱（炭酸第一鉄）など炭酸塩の判定に用いられる。試薬として，10％塩酸溶液を用いる。炭酸塩があると炭酸ガスを放ち，発泡する。

土　色

母材から土壌が生成・変化する状況，物質の溶脱・集積，酸化・還元の程度を知る指標として重要で，土壌分類名にも広く用いられている。未熟な土壌では母

材の色に左右されるが,成熟に向かっている土壌では主に腐植や鉄の影響を受け,腐植が多いと黒みが強く,鉄が多いと赤みが増し,還元が進むと灰色や青みが増す。

測定には主に,農林水産技術会議監修の「新版標準土色帖」が用いられる。土色帖の色の表示はマンセル方式と呼ばれ,色味(赤,青,黄などの色あい)を表わす色相,明暗を表わす明度,鮮やかさを表わす彩度の3成分に分け,その組み合わせで色を表示する。色相は,R(赤)・Y(黄)・G(緑)・B(青)・P(紫)の5つの主要な色とYR・GY・BG・PB・RPの五つの中間色から成る。明度は理想的な黒を0,理想的な白を10として,その間を10分割したものである。彩度は,無彩色を0として,純度が高まるにつれて10段階で区分する。これら三数値の表示は色相・明度/彩度とし,7.5YR5/3のように表わす。

土色帖

測定者による土色の見方の違いを少なくし,客観性を与えるため,一般に「標準土色帖」を用いて土色を判定する。マンセル方式により表示された約400の小色片が配列されており,採取した新鮮な土壌(湿土)を色片と照合し,最も近い色を選ぶ。1995年には,土色の自動測定器も開発されており,土壌表面に機械をあてるだけで土色帖と同様な表示がなされ,迅速な測定が可能である。[→土色を参照]

粘　土

粘土鉱物

国際土壌学会法では粘土は粒径$2\mu m$(0.002mm)以下の無機物粒子である。砂などの一次鉱物が風化してできた二次鉱物からなる。二次鉱物はケイ酸塩鉱物と,酸化物,水酸化物に分けられ,前者を粘土鉱物と呼んでいる。粒子が小さいため重量当たりの表面積が大きく,反応性に富み,土壌の理化学性を大きく左右する。

化学構造より結晶性粘土と非結晶性粘土に大きく分けられる。結晶性粘土の代表は層状ケイ酸塩で,基本となるケイ酸四面体層とアルミニウム八面体層が互層となった1:1型鉱物(カオリナイト,ハロイサイト),アルミニウム八面体層をケイ酸四面体層がサンドイッチのように挟んで結合した2:1型鉱物(イライト,モンモリロナイト,バーミキュライトなど),2:1型鉱物にさらにアルミニウム八面体層が1つ結合した2:1:1型鉱物(クロライト)がある。非結晶性粘土には球状のアロフェンや中空管状のイモゴライトがある。

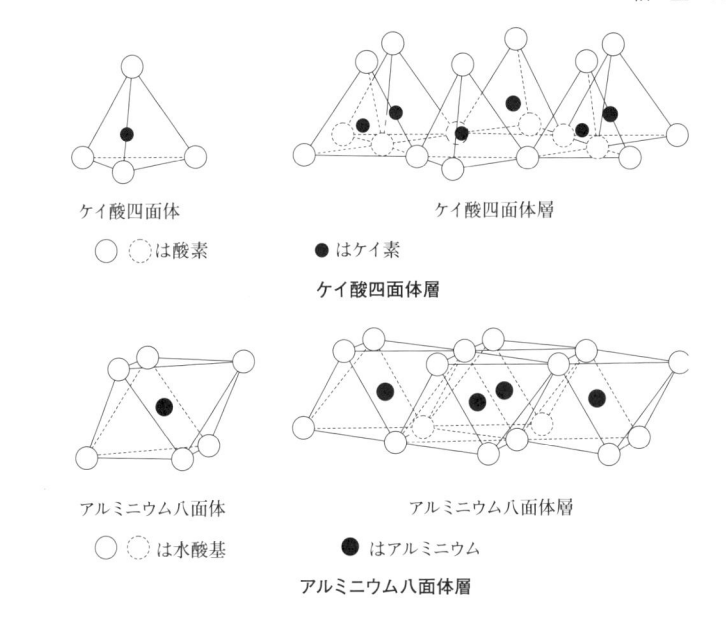

ケイ酸四面体　　　　　　　　　ケイ酸四面体層

○ ◯ は酸素　　　　● はケイ素

ケイ酸四面体層

アルミニウム八面体　　　　　　アルミニウム八面体層

○ ◯ は水酸基　　　● はアルミニウム

アルミニウム八面体層

　酸素O^{2-}，水酸基OH^-，ケイ素Si^{4+}，アルミニウムAl^{3+}として荷電を計算すると1：1型も2：1型もプラスマイナス・ゼロとなるが，Si^{4+}にAl^{3+}が，Al^{3+}にMg^{2+}が置換すると結晶内部に負荷電が生じる。これは同形置換による負荷電または内部荷電(i-charge)と呼ばれ，外部のpHで変動しない一定荷電である。一方，結晶末端のSi（またはAl）OHからH^+が遊離してできるSi（Al）O^-の負荷電はpHで変動するため変異荷電または外部荷電（o-charge）と呼ばれる。一定荷電は2：1型粘土鉱物，変異荷電はアロフェンやイモゴライトに多い。

一次鉱物

　一般に岩石のなかに含まれる鉱物を一次鉱物と呼ぶが，土壌中では母岩に由来し風化変質を受けていないシルトや砂の鉱物粒子を指すことが多い。比重2.8付近を境にして重鉱物（磁鉄鉱や輝石など有色の鉱物が多い）と軽鉱物（長石，石英などの無色の鉱物が多い）に大きく分けられる。わが国の地質と地形は複雑なため，土壌中の一次鉱物も多様である。一般には石英，長石，輝石，角セン石，黒雲母，火山ガラス，磁鉄鉱などが見られる。

二次鉱物

　一次鉱物が変質，溶解，再沈澱などして生成される鉱物を二次鉱物という。普通は粘土鉱物を指す。[→**粘土鉱物**を参照]

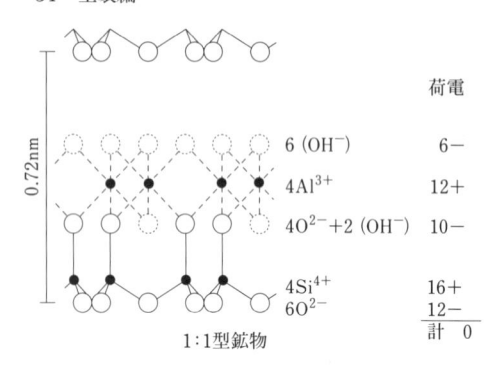

混合層鉱物

2種類以上の異なる層状ケイ酸塩が積み重なってできた粘土をいう。積み重なり方が規則的か不規則かで分けられるが土壌中ではほとんどが不規則混合層鉱物である。

中間鉱物

バーミキュライト-クロライト中間種鉱物やモンモリロナイト-クロライト中間種鉱物などがあり、かつてAl-バーミキュライトと呼ばれた。これらは膨張性2:1型粘土鉱物(バーミキュライトやモンモリロナイト)のSi層間に水酸化アルミニウムが不規則に結合したため膨潤性が失われ、熱収縮性が変化した粘土鉱物である。その結果、陽イオン交換容量(CEC)が低下して2:1型粘土鉱物本来の性質が変化し、2:1:1型粘土鉱物(クロライト)との中間的な性質を示すようになったものである。

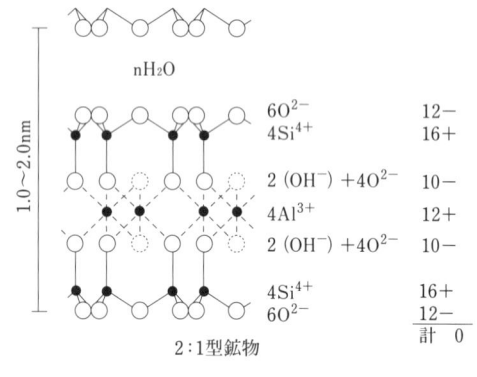

粘土鉱物の結晶模式図と荷電

膠質粘土(コロイド)

膠(こう)質物はコロイドともいい、ギリシャ語のkolla(膠:ニカワの意)に由来する。分子よりは大きいが普通の顕微鏡では見えないほど微細な粒子(コロイド粒子)が分散している状態をいう。土壌では2μm(0.002mm)以下の粘土全体を含め膠質粘土と総称する。

有機膠質物

腐植(土壌有機物)に由来するコロイドで、負荷電は主としてカルボキシル基の電離によって生じる変異荷電($COOH = COO^- + H^+$)で陽イオン交換容量(CEC)は200cmol/kg前後を示す。また土壌中のアルミニウムと結合しバン土

性を弱める。

カオリナイト

　ケイ酸四面体層とアルミニウム八面体層が1：1の積み重なりからなるカオリン鉱物の一つで、六角板状の形態を示す。厚さ約0.72nmの1：1型粘土鉱物。結晶構造が堅く膨潤性はない。荷電は主として結晶末端の破壊面で、CECが3～10cmol/kgと小さい。風化の進んだ赤色土に多く見られ、焼き物用として利用される粘土である。

ハロイサイト

　カオリン鉱物の一つで球状や管状の形態を示す。結晶構造がカオリナイトよりもゆるやかなため層間に水分子が入り膨潤性を示す。厚さ1.0nmの1：1型粘土鉱物。水が抜け0.7nmに収縮したものはメタハロイサイトと呼ぶ。八面体層のアルミニウムが一部鉄により同形置換されており、CECはハロイサイトが10～40cmol/kgとやや高いがメタハロイサイトは5～10cmol/kgとカオリナイトに近い。なお、ハロイサイトの1.0nmはグリセロール処理で1.1nmに膨張するので、変化しないイライトと区別できる。

イライト

　細粒雲母ともいわれる。ケイ酸四面体層における同形置換が多く、最も層荷電が大きい。しかしその荷電は層間のカリウムにより電気的に中和されている。カリウムは同時に二つのケイ酸四面体層を貼りあわせる糊のような働きをしておりX線反射で見る単位格子層の厚さは1.0nmである。風化してカリウムが抜けると層間が開いて1.44nmのバーミキュライトになる。

バーミキュライト

　板状～薄片状の2：1型粘土鉱物の一つで、加熱したときの挙動からひる石ともいう。ケイ酸四面体層のSi^{4+}がAl^{3+}と同形置換して永久負荷電が発生し、CECが100～150cmol/kgと大きい。通常は1.44nmのX線反射を示すがアンモニアとカリウムが層間に入ると収縮し1.00nmのイライト構造となる。層間に入ったアンモニアやカリウムはほかのカチオンで交換されないため固定といわれる。モンモリロナイトよりも膨潤性は小さい。

モンモリロナイト

　膨潤型2：1型粘土鉱物の代表スメクタイト（ラテン語のsmecticus（浄化：石けん代用）から命名）の一種で八面体層のAl^{3+}にMg^{2+}が同形置換したものをいう。なおMg^{2+}の代わりにFe^{2+}が入るとノントロナイト、四面体層のSi^{4+}が一部Al^{3+}と置換したものをバイデライトという。形態は薄膜状でCECは60～100cmol/kgとバーミキュライトよりも低い。モンモリロナイトの名前はフランス中部のモンモリョン地方の産地名に由来する。通常、層間は1.4～1.5nmだが、

グリセロール処理を行なうと水分子が入り込み2.0nm以上にまで膨潤する。アメリカ、ワイオミング州の白亜紀フォート・ベントン層からとれるベントナイトもモンモリロナイトを主とし、有明海や八郎潟の干拓地の粘土もモンモリロナイトに富んでいる。

クロライト（緑泥石）

2：1型粘土鉱物の層間にマグネシウム、アルミニウム、あるいは鉄を含む八面体シートが配位する2：1：1型粘土鉱物である。厚さは1.42nmであるが層間が固定されているため膨潤も収縮もしない。またCECは10～30cmol/kgと小さい。外見がはっきりした板状形態を示す。緑泥石の名前は一般に二価鉄を含むため緑色を呈することに由来する。

アロフェン

外形3.5～5.5nmのきわめて小さな中空球状の粒子からなる。火山灰土に広く分布するため、かつて火山灰土壌の性質すべてがアロフェンによるものとみなされていた。ケイ酸（SiO_2）、酸化アルミニウム（Al_2O_3）、水（H_2O）が大部分を占め、Al_2O_3に対する割合はSiO_2が1.3～2.0、H_2Oが2.2～2.7である。層状ケイ酸塩のような明瞭なX線回折反射が得られないため、非晶質といわれる。同形置換がなく、荷電はpHにより大きく変化する変異荷電である。陽イオン交換容量（CEC）はpH7で15～40cmol/kg程度であるが、ケイバン比（Si/Al）が高いものほど大きい。pHが低下するとCECは急激に低下するが、陰イオン交換容量（AEC）が生じるようになり、pH4でのAECは5～30cmol/kg程度である。プラスとマイナスの荷電の合計がゼロとなるpH（ZPC:Zero Point of Charge）はケイバン比の低いものほど高く5～6まで上昇する。活性アルミニウムが多くリン酸とフッ素イオンを多量に吸着し、多量のOH^-を放出する性質がある。

イモゴライト

熊本県人吉地方のガラス質火山灰土（イモゴ）で発見され、軽石風化物のなかにゲル状皮膜として見出される。外形約2.0nm、内径約1.0nmの中空管状構造を持つ。電子顕微鏡ではこれらの管が糸状に見え、球状のアロフェンと一緒に観察されることが多い。組成や化学性はアロフェンに類似する。陽イオン交換容量（CEC）はpH7で約20cmol/kg、陰イオン交換容量（AEC）はpH4で約40cmol/kg、荷電ゼロ点は9付近である。

ギブサイト

強い風化溶脱条件下でアルミニウムが結晶化し八面体層が積み重なった構造を持つ。熱帯や亜熱帯でギブサイトに富む粘土はボーキサイトと呼ばれアルミニウム精錬の原料となる。わが国の赤黄色土や火山灰土にも少量見られ、風化火山灰下層に白色の結核として観察されることもある。

バン土性

「バン（礬）土」はアルミニウムを示す古い言葉で、「バン土性」はアルミニウムが活性化しやすい性質をいう。アルミニウムが活性化しやすいと、施用リン酸がアルミニウムと難溶性の化合物を作り、作物に利用されにくい形に変わる。また酸性が強まるとアルミニウムそのものが作物に害を及ぼす。この改良には、石灰などの施用による酸性化の防止、リン酸の多施用、堆肥などの有機物投入、ケイ酸質土壌改良資材の施用などが必要である。

ケイバン比

ケイ酸とアルミニウムのモル比（SiO_2/Al_2O_3）をいう。ケイ酸がアルミニウムより流れやすいため、風化が進むほどこの数値が下がる。バン土性の尺度にも用いられ2以上が大きくそれ以下が小さい。ケイバン比が大きい粘土鉱物ほど陽イオン交換容量（CEC）が大きく、小さいほどリン酸固定力が大きい。

活性アルミニウム

バン土性の土壌が酸性化すると、アルミニウムが粘土や土壌粒子から遊離してくる。この遊離したアルミニウムをいう。火山灰土壌でpH5付近から遊離し始め、pH4以下で急激に増大する活性アルミニウムは、植物根の伸長を阻害し、土壌中リン酸を固定し、陽イオン交換荷電をつぶしてCECを低下させるなどの影響を及ぼす。またAl−OH基にフッ素がついてOHを放出する性質を利用し、あらかじめフェノールフタレインをしみこませたろ紙に土をすりつけ1N-NaF液をかけると、活性アルミニウムが多いほど赤く変色する。［→**土壌反応試験**を参照］

土　性

粒径組成

土壌中の無機質粒子のうち、礫を除いた粒径2mm以下を細土といい、さまざまな大きさの土壌粒子の混合物から成る。この細土中の粒子の大きさ別の構成割合をいう。土壌粒子の大きさは粒径によって粗砂、細砂、シルト、粘土に区分される。それらの粒径範囲は方法により異なるが、現在は国際土壌学会法が採用されている。

土　性

粒径組成により区分した土壌分類の一つ。砂、シルト、粘土の3成分の重量百分率を粒径分析により求め、土性三角図表にあてはめて決定する。三角図表中の土性は14に区分されている。土壌粒子は大きさによって鉱物学的、物理化学的性質が異なり、土壌の物理性や化学性と深い関係がある。砂（粗砂、細砂）は母

岩の破片や母岩を構成していた鉱物から成り，圧密作用を受けにくく土壌の骨格として機能し，排水性や通気性の促進に関与している。粘土は土壌生成作用などの産物である粘土鉱物から成り，表面積が大きく微細なものはコロイド的性質を持ち，土壌の養水分の保持に関与している。シルトや粘土は可塑性を持ち，粒径組成の違いは土壌の可塑性や粘着性にも影響する。

粒径の機械分析は，まず風乾細土を過酸化水素で処理し腐植を分解する。超音波処理などにより水中で土壌粒子を分散させたのち，ストークスの式（球形の粒子の液体中の沈降速度は粒径の二乗に比例）を基礎とした水中沈降法とピペット法でシルトと粘土を採取し定量する。シルトと粘土を洗い去った部分から，粗砂と細砂をふるい分けし定量し，粗砂と細砂の合計を砂とする。原理は簡単であるが，土壌粒子の分散に十分留意しないと正確な結果が得られない。

土壌断面調査では，手触りや肉眼的観察により土性のおおよその判定（野外土性）を行なう。野外土性の判定にはかなりの熟練を要するが，機械分析により土性が明らかになっている標準試料を参考にするとよい。

シルト

粒径0.02〜0.002mmの範囲にある土壌粒子で，粘土と細砂の中間の性質を示す。シルトの上限粒度はストークスの式の適用限界あたりに相当し，懸濁状態で運搬される物質としては最大粒度に近い。このため，浄水場の沈澱池における汚泥のなかにはシルト含量が多いものがしばしば認められる。

重埴土

粘土含量が45％以上である土性。可塑性，粘着性が強い。透水性が著しく不良で過湿状態になりやすく，その反面，乾燥時には干ばつになりやすい。固結し

土壌粒子の粒径区分　　　　　　　　　　　　　　　　（国際土壌学会法）

区分の名称	粒径(mm)	表面積* (国際法)	理化学性(国際法)
粗 砂	2.0〜0.2	21	①土壌の骨格形成に寄与し，粒子間孔隙を大きくして通気，排水を促進する ②各粒子が分離して，粘着性，凝集性がない
細 砂	0.2〜0.02	210	
シルト (微砂)	0.02〜0.002	2,100	①粗い部分は骨格的役割に，こまかい部分は物理化学反応に寄与する ②粘着性はないが，わずかに凝集性がある
粘 土	0.002以下	23,000	①表面積が大きいので，水の表面吸着，イオン交換などの物理化学反応に寄与する ②粘着性，凝集性が大きい

＊　真比重2.65として計算したもの，cm^3/g

やすく耕うんは困難である。重粘土と総称することもある。

埴土

粘土含量が25〜45％である土性。シルト含量45％以上をシルト質埴土，砂含量55％以上を砂質埴土，シルト含量45％以下で砂含量55％以下を軽埴土という。シルト質埴土と軽埴土は，可塑性，粘着性ともに強い。砂質埴土は粘着性が強いものの可塑性は弱い。

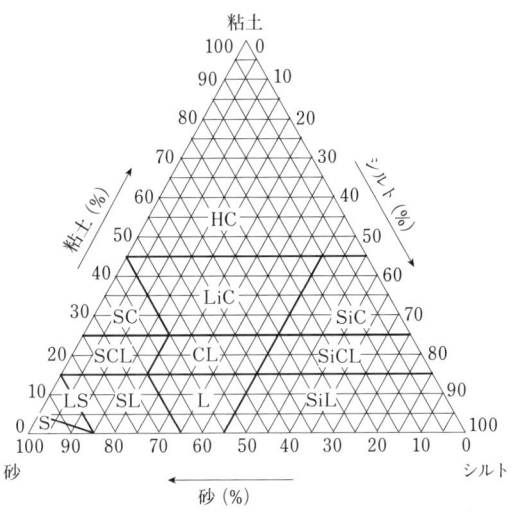

土性三角図表　　（国際土壌学会法）

埴壌土

粘土含量が15〜25％で埴土と壌土の中間の土性。シルト含量45％以上をシルト質埴壌土，シルト含量45％以下で砂含量30％以上を埴壌土，シルト含量20％以下で砂含量55％以上を砂質埴壌土という。砂質埴壌土を除けば可塑性，粘着性ともに強い。砂質埴壌土は粘着性が強いものの可塑性は弱い。透水性は不良で耕うんもやや困難であるが，保水性は大きい。

壌土

粘土含量が0〜15％で砂含量が40〜65％である土性。可塑性，粘着性はともに弱い。触感は砂と粘土が同じくらいに感じられる。透水性や保水性も中程度で，耕うんも容易である。なおロームとも呼ばれ，日本では関東ローム層のように下降火山砕屑（せつ）物の風化物層の意味で使われる場合もある。

砂壌土

粘土含量が15％以下で砂含量が65〜85％である土性。砂土と壌土の中間の土性である。触感は砂の感じが強く粘り気はわずかしかない。砂質の土壌だが，保水性や保肥力は砂土ほど小さくない。

砂土

最も粗粒な土壌で，粘土含量が15％以下で砂含量が85％以上である土性。可塑性，粘着性はともにない。触感でも砂しか感じない。保水性や保肥力は小さい

土性の区分 （日本ペドロジー学会，1997）

区分	記号	基準（粒径組成 %）		
		粘土	シルト	砂
砂土　Sand	S	0～5	0～15	85～100
壌質砂土　Loamy Sand	LS	0～15	0～15	85～95
砂壌土　Sandy Loam	SL	0～15	0～35	65～85
壌土　Loam	L	0～15	20～45	40～65
シルト質壌土　Silt Loam	SiL	0～15	45～100	0～55
砂質埴壌土　Sandy Clay Loam	SCL	15～25	0～20	55～85
埴壌土　Clay Loam	CL	15～25	20～45	30～65
シルト質埴壌土　Silty Clay Loam	SiCL	15～25	45～85	0～40
砂質埴土　Sandy Clay	SC	25～45	0～20	55～75
軽埴土　Light Clay	LiC	25～45	0～45	10～55
シルト質埴土　Silty Clay	SiC	25～45	45～75	0～30
重埴土　Heavy Clay	HC	45～100	0～55	0～55

が透水性は大きく，灌がいや土づくりをすれば根菜類などは良好な品質のものを生産できる。

礫土

土壌断面中に占める礫の面積比率が50％以上の土層。礫は土壌に含まれる粒径2mm以上の鉱物質粒子で，大きさ（細礫～巨礫），形状（角礫，円礫など），風化の程度（未風化～腐朽）により区分される。

腐植土

土壌中の腐植含量が20％以上で，軽しょうで真っ黒な色を呈する土層。黒ボク土，黒泥土，泥炭土などに現われる。

土壌三相

三相分布

土壌は，固体である無機質と有機質の粒子と，その隙間を満たす気体（土壌空気）および液体（土壌水）の三つの相から成り立っている。これらを土壌の三相という。それぞれの容積比率（％）を固相率，液相率（水分率），気相率（空気率）といい，それらの比率分布を土壌の三相分布または三相組成という。

固相率に対して，液相率と気相率をあわせて孔隙率という。降雨や灌がいの直後には固相間の隙間（孔隙）の大部分は水で満たされるが，時間の経過とともに

大きな孔隙にあった水は流れ去り，空気で満たされるようになる。

三相分布は土壌構造の特質を反映しており，土壌の硬さや保水性，透水性，通気性などの物理的性質と密接に関係する。一般に作物の生育に適する比率は固相率45〜50%，液相率および気相率20〜30%といわれている。しかし，わが国に広く分布する黒ボク土は通常固相率28%以下かつ気相率15〜20%以上であり，地下水位の高い沖積土壌（水田）の気相率は10%以下である。このように，三相分布は土壌の母材，堆積様式，生成過程などでも異なる。

固　相

構成成分は無機成分と有機成分である。無機成分はケイ酸，ケイ酸塩，鉄やアルミニウムの酸化物や水酸化物が主体で，さまざまな粒径を持つ。有機成分は新鮮有機物，腐植物質（腐植酸，フルボ酸，ヒューミン），非腐植物質（炭水化物，タンパク質，アミノ酸，脂質，リグニンなど）から成る。土壌の骨格を形づくるとともに，作物の生育に必要な養分の供給源であり，肥料成分を保持するなどの重要な働きをしている。

液　相

土壌水から成る。作物への水や養分の供給源であると同時に，養分の根圏への輸送や有害物質の根圏からの排除に役立っている。土壌水は孔隙（固相間の隙間）の大きさによってさまざまな力で拘束されており，吸湿水や膨潤水のように微細孔隙に強く保持されて作物が吸収できない水や吸収可能な毛管水などがある。[→**土壌水分**を参照]

気　相

土壌空気から成る。作物根への酸素供給，降水後の水分貯留，通気性や透水性の良否などに関与する。土壌中では植物根，土壌動物，微生物の呼吸により，酸素が消費されて二酸化炭素が生成する。嫌気的条件では微生物がメタン，亜酸化

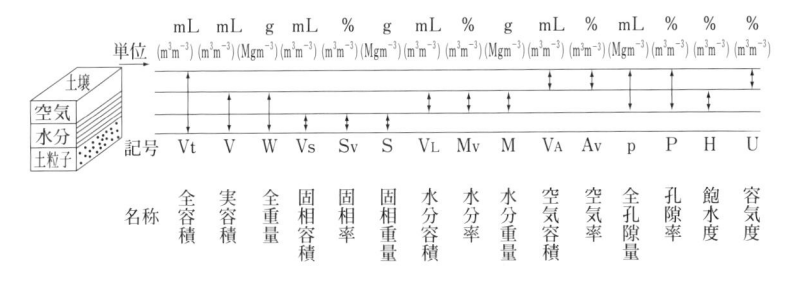

単位	mL (m^3m^{-3})	mL (m^3m^{-3})	g (Mgm^{-3})	mL (m^3m^{-3})	% (m^3m^{-3})	g (Mgm^{-3})	mL (m^3m^{-3})	% (m^3m^{-3})	g (Mgm^{-3})	mL (m^3m^{-3})	% (m^3m^{-3})	mL (m^3m^{-3})	% (m^3m^{-3})	% (m^3m^{-3})	% (m^3m^{-3})
記号	Vt	V	W	Vs	Sv	S	V_L	Mv	M	V_A	Av	p	P	H	U
名称	全容積	実容積	全重量	固相容積	固相率	固相重量	水分容積	水分率	水分重量	空気容積	空気率	全孔隙量	孔隙率	飽水度	容気度

土壌模型による用語　　　　（　）内はSI単位

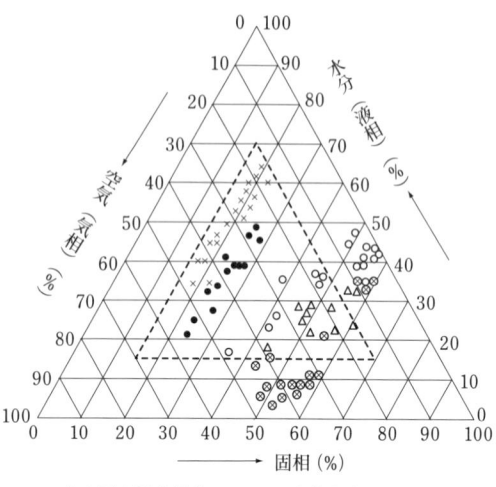

土壌の種類と三相組成 （美園, 1961）

- ●火山灰土壌表層土
- ×火山灰土壌下層土
- △洪積土壌
- ⊗砂質土壌, 砂丘
- ○沖積土壌

水ポテンシャルと孔隙の当量直径

水ポテンシャル		孔隙の当量	
水頭（−cm）	pF	直径(mm)	
1	0	3.0	非毛管孔隙
10	1.0	0.3	非毛管孔隙
20	1.3	0.15	非毛管孔隙
30	1.5	0.1	非毛管孔隙
40	1.6	0.08	非毛管孔隙
50	1.7	0.06	非毛管孔隙
60	1.8	0.05	非毛管孔隙
100	2.0	0.03	毛管孔隙
200	2.3	0.015	毛管孔隙
500	2.7	0.006	毛管孔隙
1000	3.0	0.003	毛管孔隙

注）毛管孔隙はpF4.2まで連続する

窒素（好気的条件でも生成），窒素ガスを生成する。そのため土壌空気組成は大気とはかなり異なる。［→**土壌空気**を参照］

実容積

自然状態のままで採取された土壌試料の全容積中に占める固相と液相の容積の和。通常は実容積測定装置を用いて測定される。

孔　隙

固相間の隙間のことであり，土壌水や土壌空気で満たされている。孔隙の量は土壌の固相以外の部分である液相と気相の和で示される。

孔隙の量や大きさは土壌粒子の集合度，配列の仕方などの土壌構造によって異なり，土壌の通気性，透水性，保水性，根はりの良否と関係している。

非毛管孔隙と毛管孔隙　孔隙は大きさによって非毛管孔隙と毛管孔隙とに分けられる。非毛管孔隙は比較的大きな孔隙であり，毛管作用（毛管のような微細な穴のあいた管を水面上に立てると，水面が上昇する作用）がないので，水を保持することができない。粗孔隙，団粒間孔隙とも呼ぶ。非毛管孔隙が多いと，通気性や透水性が大きくなる。一方，毛管孔隙は毛管作用の力によって水を保持できる微細な孔隙である。細孔隙，団粒内孔隙とも呼ぶ。この孔隙が多いと保水性がよくな

単粒(正列)(孔隙率47.64%)

単粒(斜列)(孔隙率25.95%)

団粒構造(孔隙率61.223%)

土壌粒子の配列と孔隙率

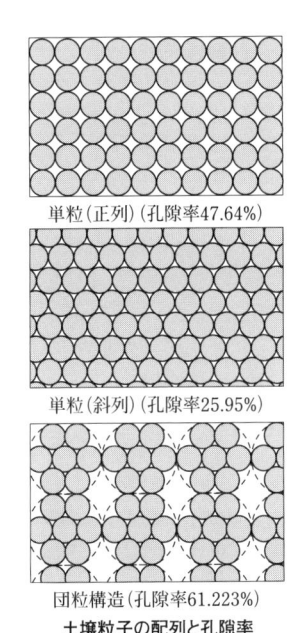

孔隙の大きさの区分

区　分	基準(孔隙の短径)	記　号
細孔	0.1～0.5mm	a (V)
小孔	0.5～2mm	b (F)
中孔	2～5mm	c (M)
大孔	5mm以上	d (C)

孔隙の量の区分

区　分	基準(100cm^{2}当たりの孔隙数)		記　号
	細孔・小孔	中孔・大孔	
なし	0	0	1 (N)
あり	1～50	1～5	1 (F)
含む	50～200	5～20	2 (C)
富む	200以上	20以上	3 (M)

注) 記号は農林水産省農耕地土壌調査法による。またカッコ内記号は日本ペドロジー学会「土壌調査ハンドブック改訂版」による

り，作物は干害を受けにくくなる。

　孔隙は小さくなればなるほど毛管作用が働くので，より強く水を吸い上げることができる。これを孔隙の吸引圧という。この力は水頭（水柱の高さ：cm）に換算することができ，その対数値であるpFで表わせる。非毛管孔隙と毛管孔隙の境界の吸引圧はpFで1.5～1.8といわれている。

　孔隙率　土壌の孔隙量を容積％で表わしたのが孔隙率である。孔隙率は液相率（水分率）と気相率（空気率）の和であるが，真比重と仮比重からも計算できる。

$$孔隙率 = \frac{(真比重 - 仮比重)}{真比重} \times 100$$

　孔隙率は容積当たりの土壌粒子どうしの結びつきぐあいによって違う。土壌粒子を球体とみなした場合の孔隙率は，単粒構造や団粒構造などの土壌構造によっても異なる。また，土壌の種類によっても異なり，黒ボク土（火山灰土）では70～80％，非黒ボク土では55～60％が一般的である。孔隙率は土性，有機物含量，耕うん，水分状態などによっても変化する。

　野外調査では土塊を割った面にある孔隙を観察して，その大きさと量を調査する。割れ目がある場合は幅と長さ（深さ）を測り，mm単位で表示する。

大気と土壌空気の組成　(陽, 1994)

成分	大気	土壌空気
	(vol%)	(vol%)
N_2	78	75〜90
O_2	21	2〜21
Ar	0.93	0.93〜1.1
CO_2	0.0375	0.1〜10
CH_4	0.00017	tr〜5
N_2O	0.00003	tr〜0.1
	(ppm)	(ppm)
Ne	18	各種炭化水素
He	5.2	NH_3, NO, NO_2
Kr	1.0	H_2, H_2S, CS_2
H_2	0.5	COS, CH_3SH
CO	0.1	DMS, DMDS
Xe	0.08	揮発性アミン
その他		
O_3, NH_3, NO_2, SO_2		揮発性有機酸など多数
相対湿度	30〜90%	約100%

容気度

孔隙率に対する気相率（空気率）の百分率。これに対して飽水度は孔隙率に対する液相率（水分率）の百分率。容気度と飽水度は密接な関係があり、土壌中の水分量が多くなると容気度は低下し、飽水度は上昇する。

土壌空気

土壌の三相分布の気相部分を占める。大部分は孔隙中に存在するが、一部は土壌水に溶存するものや土壌コロイドに吸着されているものもある。

大気に比べて拡散の速度が遅く、その組成も異なっている。最も異なるのは酸素と二酸化炭素の量で、土壌空気中の二酸化炭素は約3〜300倍と高い。これは植物根、ミミズ、トビムシなどの土壌動物、微生物の呼吸により酸素が消費され、二酸化炭素が生成するためである。嫌気的条件下では微生物活動によってメタン、窒素ガスや亜酸化窒素（好気的条件でも生成）、硫化水素などが生成され、還元性物質も多い。また相対湿度が高く、ほぼ100%に近い。

土壌空気量が多ければ土壌の通気性や透水性がよくなり、作物は湿害を受けにくくなる。一般に作物生育にとって望ましい土壌空気量は20%以上といわれている。この数値より少ない場合は、粗大有機物の施用や耕うんを行なって土壌空気量を増やし、土壌を膨軟にする必要がある。[→**気相**を参照]

容積重

土壌100cm³当たりの乾燥重量。現地で採取した自然状態の土壌を測定したものは現地容積重といい、実験室内の風乾細土容積重とは区別される。圧密を受けた土壌の現地容積重は大きくなる。黒ボク土では60g、沖積壌土で100g、重粘土では130g程度である。黒ボク土で80g以上、非黒ボク土で140g以上になると作物根の伸張がわるくなり、排水が不良となる。この場合は深耕や有機物施用によって現地容積重を小さくし、土壌の生産性を高めるようにする。

真比重

　土壌の固相部分そのものの比重で孔隙量により変化しない。土壌の固相部分は無機質粒子と有機物の比重の平均値として求められるため、土壌粒子組成や有機物含量によって異なる。一般的には、黒ボク土では2.4〜2.9、非黒ボク土では2.6〜3.0、泥炭などの有機質土では1.2〜1.5程度である。また磁鉄鉱、褐鉄鉱などの鉄鉱物や有色鉱物の真比重は3.0を超えるものが多く、これらが土壌に多量に含まれていれば真比重は高くなる。真比重は土壌の種類を判別するのに便利である。

仮比重

　単位容積当たりの土壌の固相重量。乾燥土壌1cm^{3}当たりのグラム数で表わす。容積比重ともいう。100cm^{3}の採土管あるいは試料円筒を用いて現地で自然状態の土壌を採取し、乾燥後の土壌重量を測定して、100で割って求める。これを現地仮比重といい、実験室内の風乾細土の仮比重とは区別する。

　土壌粒子の大きさや充填状態によって異なり、砂土で大きく、膨軟な有機質土や黒ボク土で小さい。一般に黒ボク土では0.6〜0.7、非黒ボク土では0.8〜1.3、有機質土では0.2〜0.5程度である。1.3以上の土壌はかなりち密であるため、深耕や有機物施用により土壌の膨軟化を図るようにする。

土壌構造

土壌構造

　土壌中で、砂、シルト、粘土などの一次粒子とそれらが集合してできた二次粒子（団粒）がさまざまに配列して集合体（ペッド）を形成し、固相部分と孔隙部分をつくっている状態をいう。土壌中の有機物や粘土などのコロイド状物質が乾燥によって収縮したり、水を含んで膨潤したり、植生や土壌動物の影響を受けたりし、次第に空間的、立体的な配列となり、肉眼的にもその特徴を示すようになる。これらは形状から柱状、塊状、板状、粒状などに区分され、発達程度、大きさとともに土壌調査における分類の基準に用いられている。なお構造が発達していないものは無構造として区別する。また、土壌の固相部分の集合状態を表わしているので、孔隙率、仮比重、通気性、透水性、保水性、易耕性、耐食性などに密接に関わっている。

単粒構造

　構造が発達しておらず、土壌粒子が結合あるいは集合していないでばらばらの状態にあるものをいう。砂土の下層土でよく見られる。充填度合が低い単粒構造

角柱状　円柱状　角塊状　亜角塊状

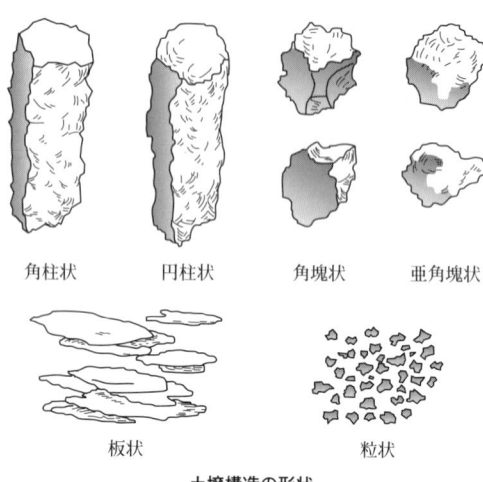

板状　粒状

土壌構造の形状

は保水性がわるく、乾燥害を受けやすい。また充填度合が高い単粒構造は透水性や通気性がわるく、ち密度が高いため植物根の伸張がわるい。

団粒構造

　土壌粒子が結合して集合体となり（団粒）、これらが互いに接触して骨組みをつくっている状態をいう。黒ボク土では団粒がさらに集合して、より高次の団粒構造が形成されている。団粒の形成には粘土、鉄やアルミニウムの酸化物、有機物、土壌生物や植物根などが関与する。

　団粒内部には微細な毛管孔隙ができ、団粒の外部には径の大きい非毛管孔隙ができるため、保水性、通気性、透水性などの物理性が良好な状態がつくられる。このため団粒構造を持つ土壌の生産力は高い。最適土壌水分時の耕うん、有機物や優良粘土施用などは土壌の団粒化を促進させる。

耐水性団粒

　団粒のうち、とくに水中にあっても壊れることなく強く結合しているものをいう。水柱でのふるい分け（湿式篩別法）により測定する。耐水性団粒が多い土壌は水食や風食に対し抵抗力が強い。

柱状構造

　土塊を割ったときの構造面が垂直方向に伸びて発達しているものをいう。柱頭が丸い円柱状と丸くない角柱状がある。

塊状構造

　土塊を割ったときの構造面がブロックまたは多面体であるものをいう。典型的なものは等方体であるが、柱状や板状への移行型がある。稜角が比較的角張った角塊状と、稜角が丸みを帯びた亜角塊状がある。またよく発達した角塊状は堅果状といわれる。

板状構造
　土塊を割ったときの構造面が水平方向に発達し、重なり合っているものをいう。一般に溶脱を受けた土壌の表層部に発達する。

粒状構造
　土塊を割って手で崩していくと、ほぼ球体か多面体のまとまったかたまりになるものをいう。膨軟で多孔質なくず粒状と、孔隙が少なく丸くて堅い粒状がある。黒ボク土の表層部でよく見られる。

かべ状構造
　土壌構造は未発達であるが、土壌粒子は互いに結びついて土層全体が壁のようになっているもの。単粒状とともに無構造の一つ。粘質な水田の下層土でよく見られる。

クラスト
　土壌皮膜（土膜）のこと。強い降雨などにより分散した土壌粒子が地表面の孔隙を埋めて膜に覆われたようになる現象。形成されると土壌表面の浸透能が急激に低下し、通気性が不良になる。また地表流去水が発生し、侵食が起こりやすくなる。対策として耕うんや有機物施用がある。

土壌水分

土壌水分
　土壌中には水蒸気や氷の状態の水も存在するが、最も重要なのは液体としての水、すなわち液相中にある水である。土壌水には、土壌中の無機成分、有機成分、酸素、二酸化炭素などが溶けており、実際には土壌溶液となっている。

　土壌水の働き　以下のような重要な働きがある。
①植物に吸収利用されて、生育を促進する。
②土壌成分を溶かし出して、植物に必要な養分を供給する。
③比熱が大きく、高温時には蒸発にともなって多量の熱を奪い、低温時には結氷して熱を放出して、地温の急激な変化を抑える。
④土壌動物や微生物の生活を支え、活性化する。
⑤水は表面張力と凝集力が比較的大きいため、土壌孔隙中に保持されやすく、また土壌中を移動しやすいので、植物根に供給されやすい。

　土壌水の分類　土壌中で水が吸着・保持されている力の強弱から分類する方法と水が植物によって吸収される難易度から分類する方法とがある。

　土壌水の移動　土壌孔隙中の水は湿ったところから乾いたところへ毛管移動

吸引圧 (pF)	0		1.5 1.8	2.7		3.8 4.2 4.5	5.5		7.0
水ポテンシャル (−kPa)	0.1		3 6	49		619 $\begin{smallmatrix}1.5\\ \times10^3\end{smallmatrix}$ $\begin{smallmatrix}3\\ \times10^3\end{smallmatrix}$	31×10^3		981×10^3
水ポテンシャル (水頭−cm)	10^0	10^1	10^2	10^3		10^4	10^5	10^6	10^7
土壌水の区分	懸濁水	重力水		毛管水			膨潤水・吸湿水		化合水
	重力流去水 (過剰水)			易効性有効水	有効水		無効水 (非有効水)		(死蔵水)
土壌水分恒数 その他	最大容水量		圃場容水量	毛管連絡切断点	(水分当量) 初期しおれ点	永久しおれ点	(風乾土水分)		105℃乾土
水移動の難易	容　易			中	困　難		移動不能		

土壌水分の分類と水ポテンシャルおよび水分恒数

し，植物根が養水分を吸収するのを助ける。このように，土壌水の移動は毛管孔隙量の多さに関係するとともに，非毛管孔隙のように大きい孔隙では水が切れてしまい，毛管移動しにくくなる。

水ポテンシャル

　土壌水には，土壌粒子の表面に強く吸着されているもの，微細な孔隙に毛管力で保持されているもの，粗大な孔隙に弱い力で保持されているものなどがあって，そのエネルギー状態には大きな違いがある。普通，物体の物理的状態の違いはエネルギーの違いとして表わすことができ，運動のエネルギーとポテンシャル（位置）のエネルギーがある。土壌水の動きはきわめて遅いので，運動のエネルギーは無視できる。ポテンシャルエネルギーは位置，内部の界面張力，浸透圧，温度，圧力などにより変化する。土壌中のある点AとBの間にポテンシャルエネルギーが生じると，その高いところから低いところへ水は動く。水ポテンシャルはこのような水のエネルギー状態を表わす。実際には，水ポテンシャルは重力ポテンシャル，毛管力ポテンシャル，吸着力ポテンシャル，浸透ポテンシャルの和として表わされる。

　測定は砂柱法（pF0〜1.5），吸引法（pF0〜3.0），加圧板法（pF1.5〜4.2），サイクロメーター法（pF3.0以上）で行なう。また，野外ではテンシオメーター，

土壌水分計が使われている。

水分恒数

　土壌水分の状態を保持力の強さや植物の生育などと関連して示す数値。主なものは最大容水量，圃場容水量，毛管連絡切断点，水分当量，初期しおれ点，永久しおれ点などがある。

蒸発散量

　水が温度や湿度などの外部条件によって地表面や水面から水蒸気となって放出される現象を蒸発といい，植物が水を根から吸収し，葉から大気中へ放出するのを蒸散という。これらをあわせたものが蒸発散である。

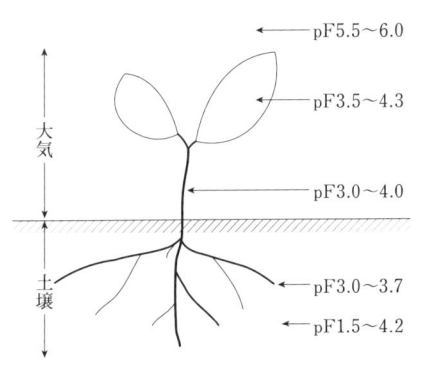

土壌―植物―大気系における水ポテンシャル

pF5.5～6.0
pF3.5～4.3
pF3.0～4.0
pF3.0～3.7
pF1.5～4.2

　蒸散のメカニズム　土壌水は土→根→茎→葉→大気の順に，水ポテンシャルの勾配に沿って移動する。土壌水の水ポテンシャルはpF1.5～4.2程度，植物組織の水ポテンシャルはpF3.0～4.3程度，大気の水ポテンシャルはpF5.5～6.0程度である。大気と葉面との間の水ポテンシャルの差がとくに大きいので，水は葉面からさかんに蒸散され，導管に上方から負圧がかかって，この負圧によって水は植物根から吸収される。

　蒸発散の役割と蒸発散量　蒸散は植物の養水分のさらなる吸収を促すほか，植物体内の老廃物の排せつ，体内温度の上昇防止など，植物生理に深く関わっている。蒸発も地温の急激な上昇を防いでいる。蒸散量は，1枚の葉では展開後同化作用がさかんな時期に多い。植物体全体では同化のさかんな活動葉の総面積に比例する。たとえば水稲では，出穂開花期に最高となる。蒸発，蒸散とも，水が気化するときにエネルギーを必要とするため，植物の生育状態や日射量，気温，湿度，風速などの気象条件に左右される。また，土が湿っているほど，蒸発散量は多い。

　畑地灌がいと蒸発散量　畑地灌がいで水の効率的利用を図るためには，蒸発散量の把握が重要である。主な作物の最大日蒸発散量は，7～8月の夏季晴天時で，葉面積が大きいトウモロコシやソルゴーで10mm前後，葉面積が中位のイネやアルファルファで6～8mm，葉面積が小さいショウガで5mm程度であり，冬季のムギでは2.5mmである。これらの蒸発散量を加味して灌水計画をたてる。

　蒸発の抑制　土壌の乾燥・蒸発を防ぐ対策としては，敷きわらやポリエチレン

フィルムによるマルチ，ごく浅い耕うんによって土壌の毛管孔隙を壊す，などがある。また，蒸発を抑え，灌水効率を高める方法として，地中・地下灌水やドリップ法（点滴法）が行なわれている。これらの方法は，作物に直接水がかからず，施設内では湿度を高めることもないので，病気が出にくい利点がある。

最大容水量

土壌が保持できる水分の最大量で，ほぼ全孔隙量に相当する。飽和容水量ともいう。土壌から水を取り去る力がまったく働いていない状態の水分量である。pFはほぼ0で，湛水された水田作土はこの状態にある。

圃場容水量

降雨や灌がいによって十分な水が土壌に加えられた後，1～2日経過して重力水が排除されたときの水分状態。畑土壌が重力に抗して保持できる最大の水分量にあたる。pFは黒ボク土でほぼ1.8，非黒ボク土で1.5である。

畑地灌がい事業では50～100mmの灌がいを行なって蒸発を防ぎ，24時間経過したときの水分状態（24時間圃場容水量）を測定し，これを圃場容水量とみなして，畑地灌がい計画の重要な数値として用いている。

水分当量

土壌に重力の1,000倍に相当する遠心力を加えて脱水した後の水分量。pFは3.0に相当する。現在はpF2.7が毛管連絡切断点の水分量として適当とされており，植物生育との関係で使われることはない。

毛管連絡切断点

重要な土壌水分恒数の一つ。生長阻害水分点ともいう。土壌が乾き，毛管水のつながりが切れて，毛管孔隙による水の移動が困難になったときの水分状態。植物が容易に吸収できる水分（易効性有効水）の限界を示す。pFは2.7～3.0である。

初期しおれ点

植物の水分要求量に不足するほど土壌水分が減って，植物がしおれ始めたときの水分状態。初期萎凋点ともいい，pFはほぼ3.8に相当する。

これは理論上の灌水開始点にあたるが，実際はpF2.5～2.7（施設野菜では2.0～2.5）程度が適当である。一般に，植物は花や果実から水分が減少するので，姿や形などの品質が問題となる園芸作物では，とくに水管理に注意することが大切である。

永久しおれ点

土壌水分は存在しているものの，植物が吸水できる水がなくなって，しおれてしまい，もはや回復できなくなったときの水分状態。永久萎凋点ともいう。このときのpFは4.2である。また，このときの水分量を15バール水分量ともいう。

灌水開始点

高品質の作物を安定して多量に生産するための灌水を開始する水分状態をいう。一般にpFで表わされ、作物や栽培方法によって異なる。たとえば、露地の普通畑作物（陸稲など）ではpF2.7〜3.0、野菜では2.0〜2.5、塩類の集積しやすい施設では1.8〜2.3で灌水されている。［→畑地灌がいを参照］

pF

水が土壌に吸着・保持されている強さの程度を、水頭（水柱の高さ：cm）の常用対数で表わした数値。土壌水分のエネルギー状態を示す単位として使われてきたが、最近はSI単位のPa（パスカル）が採用されている。

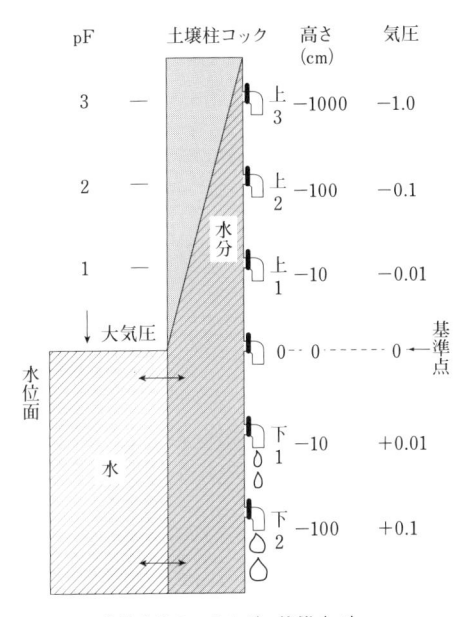

土壌水分のエネルギー状態（pF）
注）水位面を基準点（0）とする

pFと土壌水分 図に示した高さにコックがついた管に土壌を詰めて、水面を基準点0の位置に保つ。この状態で、コック下2を開くと、水は100cmの水圧を受けているので、勢いよく出る。しかし、コック上2を開いても水は出ない。この位置の水は重力に逆らって毛管力によって上昇し、水柱100cmの力で土壌に保持されているので、この水を取り出すには水柱100cm以上の圧力が必要である。この圧力$100 = 10^2$の対数をとったものがpFで、ここでは2となる。

pFは土壌水分の状態、すなわち質を示すものであって、量（土壌水分の含水量）を示すものでないことに注意する。同一土壌では含水量が少なくなるに従って、pF値は高くなる。

pFの問題点 pFは土壌水分の動きや植物の吸水に対して有用な概念であるが、以下のような問題点がある。
①土壌水を純水とみなしているので、浸透圧の効果を考慮していない。塩類の集積しやすい施設土壌や、乾燥にともなって土壌水分含量が減少し、土壌水中の塩類濃度が上昇したときは、浸透圧が高まっており、その影響は無視できない。

②基準点となる水柱0cmの対数がとれず、正圧から負圧までの連続性が得られない。

pFの測定法 [→**土壌水分，水ポテンシャル**を参照]

水分張力

土壌と水の間に働く吸引力のこと。圧力（水頭cm，パスカルPa），pF（水頭cmの常用対数）などで表示される。同一土壌では含水量が少なくなるに従い，水分張力は大きくなるので，土壌水分の動きや植物の吸水利用はわるくなる。水分張力はテンシオメーターなどで測定する。

テンシオメーター

作物を栽培している圃場などで，土壌水が作物に利用されやすい状態にあるかどうかを測るための機器。素焼きカップの先端部，透明塩化ビニル管，シリコン栓から成るテンシオメーター部分と圧力読みとり装置が必要である。

テンシオメーターの操作法 最近はさまざまなタイプのテンシオメーターが開発されているが，ここでは圧力読みとりにデジタルマノメーターを用いたものの操作法を示す。

①あらかじめテンシオメーター上端から約10cmのところに基準線を引き，素焼きカップ中心までの長さを測っておく。

②素焼きカップを水で浸し，カップのなかの空気を追い出して完全に水で満たす。

③測定したいところにテンシオメーターを押し込むようにして，素焼きカップが土壌と密着するようにする。

④テンシオメーターに脱気水（沸騰させて空気を追い出した水）を基準線近くまで注ぎ，シリコン栓で密封する。

⑤この状態で一定時間おく。

⑥デジタルマノメーターの注射針をシリコン栓を通じてテンシオメーター内まで挿入し，マノメーターの指

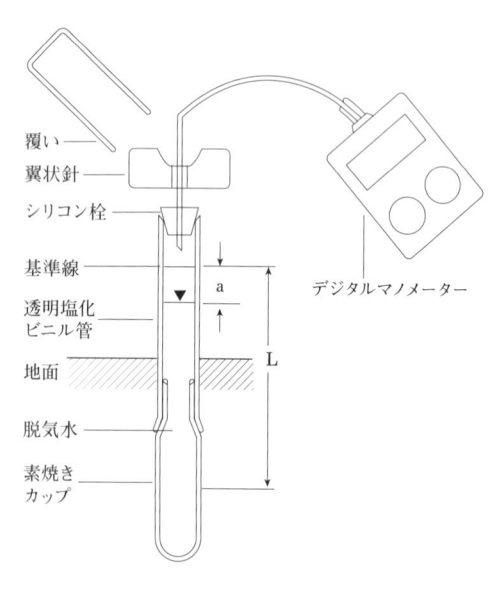

テンシオメーターの構造と操作法

示値が安定したときに、その値を読む。
⑦土壌の水ポテンシャル ψ（cm）はつぎの式によって求められる。

$\psi = P + (L - a)$

P；計器の測定圧力(cm)，L；素焼きカップ中心から基準線までの長さ(cm)，a；基準線から管内水面までの距離（cm）

土壌水分計 孔径の異なる複数個の多孔質セラミックを装着した水分センサを用いて、電気的に水ポテンシャルを測定する機器で、水を使わないので保守管理が楽である。

パスカル

水ポテンシャル（圧力）を表わすSI単位。表示はPa。水頭（水柱の高さ）1cmが98Pa、1bar（バール）が10^5Paに換算される。

地下水位

地下水には土壌孔隙を通して大気と連絡し、水面が自由に上下できる自由地下水と、不透水層があるために自由な運動が妨げられている被圧地下水（宙水）とがある。普通地下水位は地表面から自由地下水面までの深さをいう。

地下水面の直上の土層は毛管孔隙が水で飽和されているが、地表に近づくにつれて飽和度が低下する。毛管孔隙が発達している黒ボク土では地下水位が低くても、毛管上昇によって表層に水分が供給されるため、適度な水分が維持されやすいが、毛管孔隙が少ない砂質土では地下水位が深さ30〜50cmにないと、表層の水分が不足する。また、地下水位が高くなりすぎると、土壌空気量が減って植物は湿害を受ける。

重粘土を除けば、作物根の伸長に必要な気相率（空気率）20％を確保するためには地表から地下水面まで30cmの深さが必要で、これに根域として必要な20cmを加えた50cm程度が、地下水位の上限である。54ページの表においても、総じて地下水位が50〜60cmであれば、ほとんどの作物が栽培できる。作物別に見ると、サトイモ、ショウガなどは地下水位が30cm程度でも生育がよく、ハナヤサイ、サツマイモなどは50cm以下でないと生育がわるい。

重力水

降雨や灌水によって一時的に非毛管孔隙（粗孔隙）内にとどまるが、重力の作用で下方に排除される水。黒ボク土ではpF1.8以下、非黒ボク土ではpF1.5以下に相当する。土壌の保水力に対して過剰な水分であるので、過剰水ともいう。

過剰水は作物の湿害を招く要因ともなるので、明渠や暗渠などにより排水を心がけるようにする。

有効水

植物が吸収可能な土壌水のこと。広い意味では圃場容水量（黒ボク土ではほぼ

作物の地下水位管理基準 (幸田, 1983)

作物名	望ましい地下水位 (10 50 100cm)	より適した地下水位(cm)	その時の収量 (kg/a)
サトイモ		28〜33	350〜380
ショウガ		25〜31	220
ニンジン(春まき)		40以下	150
ニンジン(夏まき)		60以下	180
ニンニク		32以下	130
タマネギ		49以下	600
ヤマトイモ		41以下	400
ホウレンソウ		66以下	280
シュンギク		47以下	320
キャベツ(夏まき冬どり)		35以下	420
キャベツ(極早生晩まき)		32〜55	540
ハクサイ		36以下	1,080
レタス		36〜46	550
ハナヤサイ		70以下	80
ブロッコリー		40以下	70
スイートコーン		30以下	130
インゲン		75	70
スイカ		71	380
キュウリ		33	630
カボチャ		32以下	110
ナス		25以下	800
ピーマン		30以下	250
トマト		36	620
アズキ	転換畑には不適	100以下	—
ラッカセイ		45以下	220
ダイズ		31以下	30
ソバ		34以下	18
サツマイモ		90	860
秋まきコムギ		23以下	59
秋まき六条オオムギ		66以下	69
秋まき二条オオムギ		53以下	71
クレインソルガム		57以下	51

pF1.8, 非黒ボク土ではpF1.5) から永久しおれ点 (pF4.2) までの土壌水をいうが, 植物が容易に水を吸収できる毛管連絡切断点 (pF2.7〜3.0) までをとくに易効性有効水という。これに対して, 植物が吸収できない水を無効水という。な

お，重力水の一部は根圏から流れ去る前に，植物に利用されることがある。

適切な耕うんや有機物施用は，土壌の団粒構造を発達させ，毛管孔隙を増加させるので，有効水の保持力を増やすのに有効である。

▎毛管水

毛管作用によって，土壌中の細孔隙に保持されている水。植物が吸収可能な有効水のほとんどで，pF1.5～4.2に相当する。また，pF1.5～2.7までは毛管孔隙を移動することができ，植物に容易に吸収利用されるので，易効性有効水とも呼ばれる。

▎無効水

土壌粒子の表面に吸着している水や粘土の結晶の間に入り込んでいる水のように，水が強く結合していて，植物が吸収できない水をいう。pF4.2～4.5以上に相当する。

▎結合水

土壌粒子の表面に吸着している吸湿水や粘土の結晶の間に入り込んでいる膨潤水をあわせていう。土に強く結合していて，植物が吸収できないので，無効水ともいわれる。

▎易効性有効水

圃場容水量（黒ボク土ではほぼpF1.8，非黒ボク土ではpF1.5）から毛管連絡切断点（pF2.7～3.0）までの水。易有効水分ともいう。植物が容易に吸収できる土壌水である。

易効性有効水の容水量は黒ボク土では13～20％，砂質土では5～10％，そのほかの土壌はこれらの中間的な値をとる。

▎吸湿水

土壌粒子の表面に吸着している水。吸着水ともいう。植物が吸収利用できない無効水の一つである。

▎膨潤水

粘土の結晶の間に入り込んで，強く結合している水。植物が吸収利用できない無効水の一つ。土壌を乾燥すると消失して，土壌は収縮し，ひび割れする。黒ボク土の下層土にとくに多く含まれる。

水分保持

▎水分保持力

土壌が水分を保持する力をいう。土壌水は毛管力や吸着力によって保持されて

pF―水分曲線　　（千葉農試）

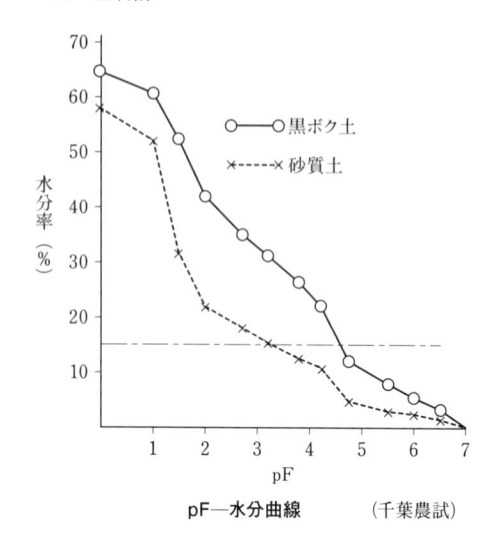

いるが，保持する力の程度（圧力，水ポテンシャル）と水分量は土壌の種類によって異なる。これらの関係は一般に，pF－水分曲線で表わされる。たとえば，黒ボク土と砂質土で，水分量が15％のとき，pFは黒ボク土で4.6，砂質土で3.2であり，黒ボク土の水は主に吸着力で，砂質土の水は毛管力で保持されていると判断される。

また，両土壌の易効性有効水の容水量（ほぼpF1.8～3.0）は黒ボク土で12mL/100mL，砂質土で8mL/100mLと読むことができる。これから，黒ボク土は水分保持力が大きいことがわかる。水分保持力は数的には厳密な定義はないが，易効性有効水の容水量とほぼ同じ意味に使われている。

保水性

土壌が水分を保持する能力をいう。保水力ともいう。一般に，易効性有効水を保持する能力によって評価される。すなわち，圃場容水量（ほぼpF1.5～1.8）から毛管連絡切断点（pF2.7～3.0）までの水が，深さ30cmの土層あたりで30mm確保できれば，保水性は良好とされる。

保水性を高める方法として，有機物施用，粘土客土，マルチ，畑地灌がいなどがある。深耕ロータリで深耕をすると，毛管孔隙が壊れてしまうので，下層土からの水分伝導が損なわれて，表層部が乾燥しやすくなる。とくに腐植層が薄い黒ボク土では干害が起こりやすいので，土層改良として好ましくない。

含水量

土壌が保持している水分量をいう。一般的には，土壌を105℃で乾燥し，恒量に達したときの状態を絶対乾燥，含水量0と定義し，乾燥による減少分を水分量とする。

なお，絶対乾燥状態の土壌を乾土，自然状態で乾かした状態の土壌を風乾土，自然状態で存在する状態の土壌を原土，生土，湿土あるいは湿潤土という。

含水量の表わし方には，含水比，水分率，含水率，飽水度などがある。一般に，物理性に関する表わし方では，含水比（乾土重当たりの土壌水分%），水分率（一定容積当たりの土壌水分%），飽水度（全孔隙率当たりの水分率%）が，化学性に関する表わし方では，含水率（湿土重当たりの土壌水分%）が用いられる。

含水率

水分重量を湿土重量に対する百分率で表わしたもので，一般にいう重量%表示である。化学分析関係の含水量を示すときによく用いられる。

含水率（%）＝ {水分重量（湿土重－乾土重）/湿土重} ×100

飽水度

水分の占める容積（水分率）を土壌の孔隙率に対する百分率で表わしたもの。飽水度が100%に近い状態を飽和，それ以外のものを不飽和という。

飽水度（%）＝（水分率/孔隙率）×100

含水比

水分重量を乾土重量に対する百分率で表わしたもの。農業土木分野でよく使われる。

含水比（%）＝ {水分重量（湿土重－乾土重）/乾土重} ×100

水分率

水分の占める容積を土壌の全容積に対する百分率で表わしたもの。体積含水率（Mv%）ともいう。この表示の利点は，深さ10cmの土層を対象としたとき，水分率1%が水深1mmに相当するため，畑地灌がい計画における灌がい水量の算定に利用できることである。

水分率（%）＝（水分容積/土壌の全容積）×100

また，水の比重を1とすると，水分率と含水比にはつぎの関係がある。

水分率＝含水比×仮比重

透水性

水が土壌中を浸透しやすいかどうかを示す。透水性に深く関わるのは非毛管孔隙である。

透水性が過良の場合，作物は干ばつを受けやすく，不良の場合は湿害となりやすい。透水性が良好な土壌では，雨が降っても短時間で作物生育に必要な空気量が確保されるとともに適度に水分が供給されるので，根がよく張って収量増に結びつく。このように透水性の良否は作物生育にとって重要である。なお，透水性は通気性の良し悪しとも対応する。

透水性の改良目標 透水性の大小は，普通飽和透水係数で示される。畑地においては$10^{-3} \sim 10^{-4}$cm/secが望ましい。10^{-6}cm/sec以下の場合はきわめて透水がわるく，ち密な不透水層が形成されているとみなせる。このような場合は深耕

プラウ，パンブレーカ，サブソイラなどによってち密層を破砕する。また，土壌の団粒化を促すために，稲わらなどの粗大有機物を材料にしてつくった堆肥を施用する。一方，10^{-2}cm/secのオーダーで，透水過良の場合は優良粘土客土や有機物施用によって保水性を高める。干害を回避するためには畑かん施設の導入が望ましい。

水田では10^{-4}〜10^{-5}cm/secが望ましいとされている。水田で，透水性がわるい場合の原因は主に二つある。一つは不透水層の存在で，この場合は不透水層を機械で破砕するのが一般的である。また，耕種的には不耕起栽培や節水栽培によって土壌を乾かす栽培を行ない，水稲根の伸長による孔隙や亀裂の生成を促す方法もある。もう一つは地下水位が高い場合で，この場合は暗渠など排水施設の設置が効果的である。一方，透水性が過良な水田のうち，土性が壌土〜粘土の場合はブルドーザによる床締めが有効で，とくに作土を20cmほど取り除いて心土を転圧する心土締めの効果が高い。土性が砂土〜砂礫土の場合は10〜40t/10aの客土や1〜2t/10aのベントナイトを施用する。ただし，ベントナイトは2年間くらいしかもたないので，補給が必要である。

透水係数

飽和透水係数と不飽和透水係数があり，いずれも透水性を示す数値として用いられている。

飽和透水係数 土壌孔隙が水で満たされた状態での透水性の良し悪しを表わす数値で，20℃における1秒間当たりの流速（K_{20}，cm/sec）で表示する。この値は流路となる孔隙の大きさ，連続性などによって決まる。

また，合理的な排水を行なうための暗渠の間隔は，飽和透水係数が10^{-5}cm/sec以下の難透水性土壌では9〜10m，10^{-3}cm/sec以上の易透水性土壌では18m以上である。

不飽和透水係数 土壌孔隙中の空気が大気と通じている状態での透水性の良し悪しを表わす数値。近年，畑土壌の透水性を評価する方法として使われている。

インテクレート

畑で水が浸入する速さの表わし方（浸入度，mm/h）。時間の経過とともに減少し，ほぼ一定の率になる。この状態はベーシックインテクレート（I_B）と呼ばれ，畑における透水性の指標となっている。

インテクレートの測定 概略はつぎのとおりである。
①畑土壌に円筒（シリンダー）を打ち込み，そのまわり10cmのところに土手をつくるか，あぜシートで囲んで，緩衝留（円筒内外の水位差による浸入誤差を防ぐ）をつくる。
②円筒内にフックゲージかものさしを差し込む。

ベーシックインテクレートと作物別の灌がい方法
(汎用耕地化のための技術指針, 農業土木学会, 1979)

水浸入能	I_B (mm/h)	野菜類 畑普通作物	施設園芸	飼料作物	果樹
大	150以上	S・G・Ⓕ	D・Ⓕ	S・G・Ⓑ	S
中	80〜150	F・G	F・D	Ⓑ	S
小	80以下	F	F・D	Ⓑ	S

注)S：散水灌がい, F：うね間灌がい, Ⓕ：小規模うね間灌がい, G：地下灌がい, B：ボーダー灌がい, Ⓑ：小規模ボーダー灌がい, D：ドリップ灌がい

③円筒内の土壌面にビニールシートを敷き, 水をなるべく静かに短時間で入れ, 水深を10〜15cmとし, ビニールシートをすみやかに取り除く。
④すぐに水位を測り, 一定時間ごとに水位を記録する。通常, 0, 5, 10, 30, 45, 60分後に行なう。

インテクレートと作物別の灌がい方法 インテクレートは灌がい方法の決定にも使われている。野菜類や普通作物, 施設などでは, I_Bが150mm/h以下ではうね間灌がい, それ以上では散水灌がいが奨励されている。

減水深

水田における表面水の水位低下をいう。イネによる水分の吸収・蒸散と田面からの蒸発量, 土壌中への降下浸透量およびあぜからの浸透量の総和として測定される。用水量の決定や落水後の排水状況を知るうえでも重要である。

イネの生育に適している減水深は20〜40mm/日である。こうした値は地下水位が50cm以下にある水田で得られる。適度な減水深がある水田では土壌中に常に酸素が供給され, 生成する種々の有害物質（たとえば有機酸, 重炭酸, 炭酸, 硫化物）が排除される。このような水田では根が健全に生育するので, 多収が期待できる。

しかし, 透水性がよすぎると, 灌がい水量が多大に必要となり, 寒冷地や山間部では冷水害のおそれが出る。また, 肥料の損失が大きくなるなどの問題が生じる。減水深が大きい水田では客土, ベントナイト施用, 床締め, ていねいな代かきなどを行なう。また, 排水路の水位を高く保ち, 田面水との水位差を少なくすることで, 降下浸透量をある程度抑えることができる。逆に, 重粘土水田のように, 減水深が小さい水田では暗渠の敷設や深耕プラウの実施などを行なう。

あぜからの浸透量は意外に大きく, 降下浸透量以上の場合が多いので, 漏水田ではていねいなあぜ塗りや畦畔板を設置（すき床層上部まで押し込む）して, 漏水を防止する。

浸透水

降雨や灌水後,土壌中にしみこんでいく水のこと。水収支のうえでは,土壌や圃場に投入された水量,すなわち降水量や灌水量から土壌や圃場の表面を流れ去っていく水(表面流去水)量と蒸発量を差し引いた水量である。一般に浸透水は,土壌中の硝酸態窒素などの水溶性物質を溶解させながら,重力によって下方にしみこんでいき,地下水となる。したがって,農耕地における環境保全では,地下水の硝酸態窒素汚染を未然に防止するために,作土や植物根が分布している土層直下の土壌浸透水の硝酸態窒素濃度を10mg/L未満にする必要がある。

ライシメーター

できるだけ現地における水田や畑に近い状態で,植物の栄養生理や土壌-植物系における養水分動態などの物質収支を明らかにするために,コンクリートや金属製の有底槽に土壌を詰めたもので,浸透水が採取できるようになっているのが特徴である。大きさは,縦,横,深さとも1~2m程度のものが多いが,最近は地下水位や温度コントロールが可能なものや,面積が$1,000m^2$のもの,ステンレス製の板を打ち込むことによって土壌をかく乱しないで土壌浸透水を採取できるパンライシメーターなど,研究目的に応じた大がかりなものがある。

畑地灌がい

作物が水を必要としているときに,畑に灌水することをいう。もともと降雨の多いわが国では,水不足が決定的な作物の減収になる場合は少なく,むしろ畑地灌がいによって土壌の水分状態を好適に保ち,作物の増収と高品質化を図るねらいがある。このため,各地で灌がい用水事業が実施されている。

畑地灌がいを合理的に行なうためには,灌がいが必要な土壌水分状態,灌水量,灌水間隔を決める必要がある。なお,畑地灌がいでは,土壌水分状態は慣用的にpFで表わす。

灌水開始点 作物の種類,栽培時期,栽培方法などによって異なる。作物が土壌から水を吸収しにくくなる水分状態は毛管連絡切断点(pF2.7~3.0)である。理論的にはこのpFのときに灌水すればよいが,野菜など品質を重視する作物では,より低いpFで灌水したほうが収量が上がり品質も高まる。

各作物の灌水開始点はおよそつぎのとおりで,露地の普通畑作物(陸稲など)ではpF2.7~3.0,露地野菜では2.0~2.5,塩類の集積しやすい施設では1.8~2.3である。イチゴのように塩類濃度障害に弱いものはpF1.8で灌水する。トマトやナスのような果菜類は栽培前期はpF2.5,後期は2.3程度として,水分ストレスを与えると,糖度が高まり,品質がよくなる。さらに,メロンでは後期はまったく水を与えない栽培法が行なわれる。

灌水量と灌水間隔 1回の灌水量を決めるには,その土壌の圃場容水量と灌水

時の水分量を測り，その差と，作物の水分消費量を加えた量を灌水する必要がある。夏季晴天時の作物の1日当たり水分消費量は，陸稲で6mm，草丈の高い作物（ソルガム，トマト，キュウリ，ピーマンなど）で10mm，中位の作物で6〜8mm，小さい作物で5mm程度である。

灌水量は一般につぎの式で示される。

$Q = \Sigma hi \cdot Mvi / 10$

Q；灌水量mm, hi；各土層の厚さ, Mvi；各土層の水分率を増加させる量（圃場容水量－測定時の水分量），Σ；各土層の合計

一般に，作物の土壌中の水分消費量は深さ30cmまでで90％に及ぶといわれている。そのため，畑地灌がいでは30cmまでの土層を対象にすることが多い。普通，1回の灌水量は30〜50mm，灌水間隔は5〜7日程度とされている。

灌水方法 スプリンクラーやレインガンによる比較的広い面積に均一に灌水する散水灌がい，散水タイプや滴下タイプを使っての灌水チューブによる散水灌がいやうね間灌がい，多孔質のチューブを埋設した地中灌がいなどがある。

土壌のイオン

▌塩 基

水に溶けて陽イオンとなり，アルカリ性を呈する物質。土壌中ではカルシウム，マグネシウム，カリウム，ナトリウムの4元素のイオンの形のものが，主な塩基である。日本の耕地土壌中の塩基の主体はカルシウムとマグネシウムである。

▌イオン

溶液中に溶解し，電荷を持つ原子または原子団（分子を含む）をいう。土壌溶液中の各種成分の多くは，荷電により陽（プラス）イオンと陰（マイナス）イオンの二つの形態に分けられる。陽イオンは腐植や粘土表面などに吸着されるが，陰イオンは吸着されず下層に溶脱される。

▌荷 電

土壌中にある成分の一部は土壌溶液中に溶け，陽イオンあるいは陰イオンとなる。このように，電荷を持つ状態を荷電という。

▌陽イオン

土壌溶液中には，アンモニウム（NH_4^+），カリウム（K^+），カルシウム（Ca^{2+}），マグネシウム（Mg^{2+}），ナトリウム（Na^+），水素（H^+）などが存在する。カリウム，カルシウム，マグネシウムの各イオンは土壌塩基として作物栽培上重要である。なお，水素は陽イオンであるが，塩基ではなく，土壌を酸性にする。

陰イオン

土壌溶液中には,硝酸(NO_3^-),リン酸($H_2PO_4^-$),硫酸(SO_4^{2-}),塩素(Cl^-)などがあり,イオン濃度が上昇すると作物に濃度障害を起こす場合もある。これらの成分は,リン酸以外は,土壌に吸着されにくく,降雨などによって流亡しやすい。

イオン交換

土壌に塩基を加えると,陰荷電を持つ腐植や粘土などの土壌膠質(コロイド)に電気的に吸着されていた陽イオンの一部は,加えた塩基に由来する陽イオンによって交換(置換)され,土壌溶液中に放出される。このような現象を陽イオン交換あるいは塩基置換と呼ぶ。この反応は可逆的に進む。

土壌に交換吸着されるイオンの優先順位は,水素>カルシウム>マグネシウム>カリウム・アンモニウム>ナトリウムである。植物は根から酸性物質を出し,その水素イオンによって,陽イオンを土壌溶液中に交換浸出させ吸収する。

土壌は通常は陰(マイナス)荷電が優勢で,アロフェン質の黒ボク土などを除いて陽(プラス)荷電はほとんど問題とならない。

アロフェンの多い黒ボク土(火山灰土)は,陽荷電を持つため,陰イオンを吸着する。この場合,陽イオン交換と同様に陰イオン交換が可逆的に行なわれる。

交換性陽イオン

腐植や粘土などの土壌膠質(コロイド)は電気的にマイナスの性質を持っているので,プラスの電気を持つ塩基や水素イオンを吸着している。これらの陽イオンは,ほかの陽イオンによって,容易に交換(置換)されて土壌溶液中に出てくるので,交換性陽イオンまたは置換性塩基と呼ばれる。主要な交換性陽イオンは,カルシウム(石灰),マグネシウム(苦土),カリウム,ナトリウムおよびアンモニウムである。

土壌中の交換性陽イオンの量が十分で,そのバランスが適当なとき土壌の生産力は高い。交換性陽イオンが少ないと土壌は酸性化し,多くの養分の吸収が抑制される。反対に,過剰になるとアルカリ土壌となり,鉄,マンガンなど微量要素の吸収が抑制される。さらに,交換性陽イオンは,土壌の物理性にも大きい影響を与える。交換性カルシウムやマグネシウムが多いと団粒構造が発達し,交換性カリウムやナトリウムが多いと土壌構造は単粒化し,物理性が悪化する。

交換性石灰(カルシウム)は一般的には塩基のなかで最も多く,土壌分析結果の表示は通常CaOの酸化物で示される。

交換性苦土(マグネシウム)は,作物の葉緑素の構成要素として重要である。交換性苦土が減少すると,作物に苦土欠乏を引き起こす。

交換性カリウムは堆肥や家畜ふんなどの有機物に多く含まれているため,有機

物資材の多量施用によって過剰になることがある。カリウムが多くなるとマグネシウム欠乏を起こしやすくなり,畜産では牛がカリウムを多く含んでカルシウムやマグネシウムとの塩基バランスがわるくなった牧草を食べるとグラステタニー(起立不能症)を起こすことがあるので注意しなければならない。土壌分析結果の表示はK_2Oの酸化物で示す。

交換性陰イオン

土壌溶液中の硝酸(NO_3^-),リン酸($H_2PO_4^-$),硫酸(SO_4^{2-}),塩素(Cl^-)などの陰イオンは,通常陰荷電のみを持つ土壌には吸着されない。しかし,アロフェン,イモゴライトなどの粘土鉱物ならびに腐植物質は正荷電を持ち,これらを含む土壌は陰イオンを交換吸着する性質がある。このように,土壌に交換吸着される陰イオンを交換性陰イオンと呼ぶ。

CEC

土壌中の粘土と腐植によって構成されている土壌膠質(コロイド)は,通常電気的に陰(マイナス)の性質を示し,陽イオンのカルシウム,マグネシウム,カリウム,ナトリウム,アンモニウム,水素などを吸着する。土壌が陽イオンを吸着できる最大量(陰荷電の総量)を陽イオン交換容量(CEC)または塩基置換容量と呼ぶ。単位は通常乾土100g当たりのミリグラム当量(meq)として示し,値が大きいものほど多量の陽イオンを吸着することができ,保肥力が高い土壌とされる。

一般的に粘質土壌や腐植質土壌で大きく,砂質土壌では小さい。火山灰土壌は土壌溶液のpHや塩濃度によって大きく変化する。

AEC

土壌が吸着する最大の陰イオン量を陰イオン交換容量(AEC)と呼ぶ。普通の土壌では非常に小さく問題とならないが,アロフェン,イモゴライト,ギブサイトなどの粘土鉱物ではpHが低下するとAECが大きくなる。

陽イオン飽和度

土壌の陽イオン交換容量(塩基置換容量)の何%が,交換性陽イオン(カルシウム,マグネシウム,カリウムなど)で満たされているかを示したものをいい,塩基飽和度ともいう。

$$陽イオン飽和度(\%) = \frac{交換性陽イオン総量(meq)}{陽イオン交換容量(meq)} \times 100$$

一般的には,陽イオン飽和度が大きい土壌ほどpHが高く,小さいものほどpHが低い。たとえば,陽イオン飽和度が100%の土壌では中性,80%で微酸性を,60%で弱酸性を呈する。塩基で満たされていない交換基は水素イオンによって

占められている。土壌管理での目標は，普通作物60％程度，野菜類70～90％程度である。

石灰飽和度

土壌の陽イオン交換容量に対して，どれだけが交換性石灰で満たされているかを割合（％）で表わしたものをいう。

$$石灰飽和度（％）= \frac{交換性石灰（meq）}{陽イオン交換容量（meq）} \times 100$$

石灰飽和度の改良目標値は，おおむね40～70％で，作物の種類や土壌の種類によって異なる。

塩基バランス

土壌中に含まれる交換性陽イオン相互の存在量の比率で，塩基組成ともいう。一般的にミリグラム当量（meq）の比で表わすが，重量比で表わすこともある。

石灰，苦土，カリの三成分間には拮抗作用があり，塩基バランスを適正に保つことは，作物の交換性陽イオンの吸収にとって非常に重要である。これらの塩基成分の一つが過剰になるとほかの成分の吸収が抑制される。とくに，石灰と苦土，苦土とカリの塩基バランスが重要である。

塩基間の望ましいバランスは，土壌，作物の種類により若干の違いはあるが，石灰と苦土の当量比で2～6，苦土とカリの当量比で1～2以上が望ましい値である。

ミリグラム当量

元素または化合物の量を表わす最も基本的な単位は，モル（mol）である。1モルは6.02×10^{23}個（アボガドロ数）の原子または分子を指す。質量をモルに変換するにはグラム数をその物質の原子量または分子量で除せばよい。

たとえば，窒素（N）の原子量は14なので1kg（1,000g）の窒素は1000/14＝71.4モルである。また交換性カルシウム（CaO 分子量56）の含有率が乾土100g当たり280mgの場合，280/56＝5ミリモル（mmol）である。

グラム当量（eq）はモル濃度に荷電数を乗じた値で，先の交換性カルシウムの場合，カルシウムの荷電数は2なので，$5 \times 2 = 10$ミリグラム当量（meq）である。また，交換性マグネシウム（MgO）が乾土100g当たり80mgの場合，MgO分子量は40なので80/40＝2ミリモル，マグネシウムは二価なので$2 \times 2 = 4$ミリグラム当量である。さらに交換性カリウム（K_2O）が乾土100g当たり94mgの場合K_2OにはK原子が2個含まれるので，$1 \times 1 \times 2 = 2$ミリグラム当量となる。もし，この土壌の陽イオン交換容量（CEC）が乾土100g当たり20meqの場合の塩基飽和度は$(10 + 4 + 2)/20 \times 100 = 80％$と計算される。

土壌のイオン 65

■ 土壌溶液

作物の根によって吸収される土壌水を土壌溶液と呼んでいる。土壌溶液には，アンモニウム，カリウム，カルシウム，マグネシウムなどの陽イオンと，硝酸，リン酸，硫酸，塩素などの陰イオンとが存在している。

土壌溶液の重要性 作物に対する有効水の供給と同時に，肥料養分を土壌溶液中に含むことによって養分を円滑に作物根へ供給するという役割を担う点にある。

保水力が大きい土は，小さい土と比べて，水分の供給が容易であり，かつ肥料の施用にともなう土壌溶液濃度の上昇がゆるやかなため，相対的に作物をつくりやすい。土壌の有効水分含量を高めるためには，土壌の団粒化によって細孔隙を増やすこ

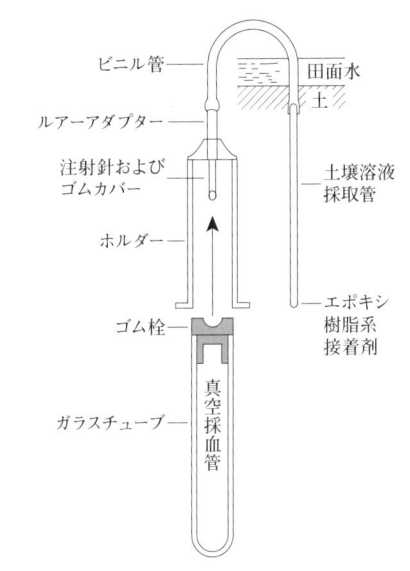

真空吸引管方式による土壌溶液簡易採取装置 （鳥山，1988）

とが大切である。そのためには，堆きゅう肥などの有機質資材やポリビニルアルコール系資材などの施用が有効である。

土壌溶液の採取・測定法 土壌溶液はサンプリングした土壌から遠心法や加圧膜法で得る方法もあるが，1980年頃から吸引法による採取が主流となった。吸引法は多孔質カップを土壌に挿入しておき，適宜，真空ポンプあるいは真空採血管などにより土壌溶液を採取する方法で，非破壊的に繰り返し採取できるということで有効な手法である。真空採血管による方法は主に水田で利用される。畑土壌では土壌溶液が少ないため，真空ポンプとテンシオメーター用ポーラスカップを用いて採水する。分析はイオンクロマトグラフ法やフローインジェクション法が能率的である。

■ 塩類集積

土壌溶液中のさまざまな種類の塩類が，多肥や蒸発による水の移動にともない，土壌表層に集積する現象を呼ぶ。施設栽培土壌では雨水の流入がなく，灌水を中止すると土壌水分は下から上への一方通行となり，塩類が土壌水とともに表層に集積するため塩類集積が起こりやすい。

塩類濃度障害 塩類集積にともなう土壌溶液の浸透圧上昇により、根の吸水阻害や養分吸収阻害が著しくなって発生する。その被害は、生育が止まったり、葉がしおれたり、葉色が濃緑色となってわい化したり、葉の縁から枯れてきたり、果実の肥大が遅れたりすることによってわかる。土壌のpH、EC、塩基含量、硝酸態窒素濃度などを測定することにより診断する。

塩類濃度障害の回避 土壌診断にもとづく前作の残存成分の差し引きによる施肥の合理化や栽培期間中の土壌水分を適切に保つことが大切である。また、肥料の副成分として圃場に入る硫酸イオンや塩素イオンが直接的に塩類濃度を高める場合がある。また、塩類集積によってpHが低下するため、酸性きょう正が必要となり、石灰質資材を施用すると、さらに塩類濃度が上昇することになる。この対策としては、塩類濃度を高める原因となる三要素以外の副成分を含まない肥料の施用が効果的である。さらに、被覆肥料や有機質肥料などの緩効性肥料も塩類濃度障害回避に有効である。養液土耕栽培では、ECセンサや簡易硝酸イオンメーターなどにより、リアルタイムに土壌・栄養診断を行ない、灌水チューブなどを用いて適宜施肥する。この栽培法は塩類濃度障害を回避するだけでなく、環境保全型農業を目指す栽培法として注目される。

いったん、塩類集積が起こった場合は、①土壌を湛水して塩類を除去する、②深耕して塩類濃度を希釈する、③吸肥作物を栽培して収穫物を畑（施設）の外に持ち出すなどの各種対策を実施する。しかし、これからは環境汚染や資源の有効利用の観点から考えて対策を立てるべきであり、③の方法を採用するように心がけるようにしたい。

EC

電気伝導度（または導電率）ともいい、土壌中の水溶性塩類の総量の示標になる溶液中の比抵抗の逆数であり、単位はかつてはm℧/cm（ミリモー）やmS/cm（ミリジーメンス）が用いられていたが、現在はdS/m（デシジーメンス）で表示する。

ECは通常、硝酸態窒素含量との間に正の相関関係がみられ、土壌中の硝酸態窒素含量の推定に有効である。ただしECは、干拓地土壌では塩素含量との相関が高く、また、生理的酸性肥料を多施用した施設栽培土壌などでは硫酸イオンとの相関が高いことがあるので、土壌診断においてはこれらの注意も必要である。

土壌酸性

酸 性

土壌の酸性の表わし方には、酸度とpHがある。酸度は土壌を酸性にする物質

の量で、土壌の酸性の容量を示す。これに対して、pHは土壌溶液中水素イオンの活動度で、土壌の酸性の強度を示す。pHは土壌の化学性を特徴づける基本的な項目で、pHの違いで土壌微生物の活動、土壌構成物質の形態、養分の有効性などが変わる。

土壌のpH（H_2O）と土壌反応の区分

pH（H_2O）	反応の区分
8.0以上	強アルカリ性
7.6〜7.9	弱アルカリ性
7.3〜7.5	微アルカリ性
6.6〜7.2	中性
6.0〜6.5	微酸性
5.5〜5.9	弱酸性
5.0〜5.4	明酸性
4.5〜4.9	強酸性
4.4以下	ごく強酸性

雨水の土壌浸透にともなう塩基類の溶脱

雨水のpHは大気中の炭酸ガスがとけて、約5.7の弱酸性を呈している。年間降雨量が1,000mmを超える地域では、土壌に吸着している置換性塩基類が雨水中の水素イオンと置換（交換）されて浸出し、溶脱するため土壌は酸性化する。

生理的酸性肥料の多施用　土壌に施用された硫安、塩化カリなどの生理的酸性肥料は、土壌溶液中でアンモニウムイオンと硫酸イオン（$2NH_4^+ + SO_4^-$）またはカリウムイオンと塩素イオン（$K^+ + Cl^-$）に解離する。アンモニウムイオンやカリウムイオンは作物に養分として吸収されるが、硫酸イオンや塩素イオンは作物にあまり吸収されずに、硫酸や塩酸などの強酸となって土壌中に残るので、土壌が酸性化してくる。

さらに、アンモニウムイオンは硝化作用によって硝酸イオンに変わる。硝酸イオンはそれ自体でも酸性化の要因となるほか、陰イオンなので、土壌に吸着されず、水の浸透にともなって根系外へ流亡する。そのときカルシウム、マグネシウム、カリウムなどをともなって流亡するので、土壌が酸性化しやすい。

有機物の分解にともなう有機酸の生成　未熟な有機物が分解する過程で酢酸、酪酸、ギ酸、乳酸などの有機酸を生成するために土壌が酸性化することがある。この傾向は寒冷地や湿地に多く、植物遺体が集積してできる泥炭土壌、落葉や枯枝などが蓄積する林地の表層、稲わらの施用された湛水初期の水田などでみられる。

酸性物質が土壌に入り込んだ場合　干拓、耕地造成、客土などの際にその土壌に硫化鉄が含まれていると、酸化されて硫酸が生成し、土壌が酸性化することがある。また、硫黄温泉や鉱山の廃水を灌がい水として用いた場合や工場排煙に酸性物質が含まれている場合に、局地的な土壌の酸性化がみられる。

酸性害とその改良　土壌が酸性になるとアルミニウム（Al）、鉄（Fe）、マンガン（Mn）などが活性化して土壌溶液中に解離してくる一方、カルシウム（Ca）、マグネシウム（Mg）、ホウ素（B）、モリブデン（Mo）が不足し、リン（P）も

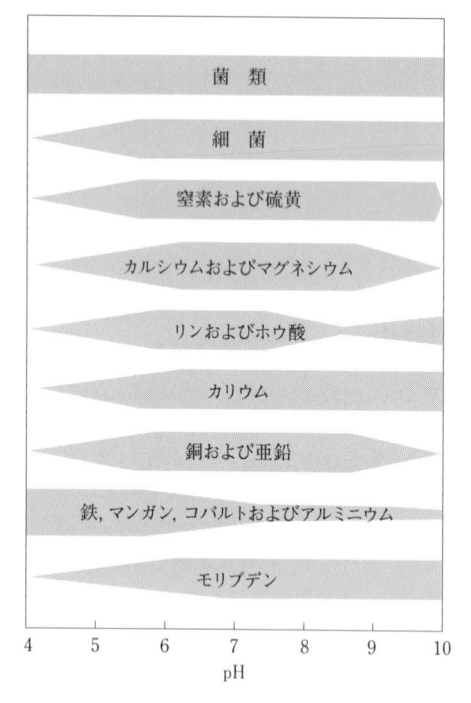

栄養元素の利用度（帯の幅で示してある）と土壌pHとの関係

(J.W.Moore & E.A.Moore, 岩本振武訳)

y_1による酸性の程度の区分

y_1値	酸性の程度
3以下	微酸性
3～6	弱酸性
6～15	強酸性
15以上	ごく強酸性

アルミニウムと結合して不溶化する。そのために作物の生育は著しく阻害される。また，pHが低くなると陽イオン置換容量（塩基交換容量）は小さくなる。

酸性土壌の改良対策としては，①中和石灰量から算出された石灰質資材の施用，②堆きゅう肥などの有機物の増施，③アルカリ分を含むリン酸資材の増施があげられる。

アルカリ性

pHが7.0より大きい場合をいう。

わが国では降水量が多いため，自然条件では土壌のアルカリ化はみられない。しかし，乾燥・半乾燥地帯や多施肥を行なう施設栽培では，土壌から蒸発する水量が降水量または灌水量を上回るため土壌表面に多量の塩基が集積してアルカリ化する。こうした土壌では除塩対策が必要である。

酸　度

土壌を酸性にする物質の量を示す。土壌溶液中に遊離している水素イオンなどの酸性物質と土壌粒子に静電引力で吸着されている水素イオンおよびアルミニウムイオンを中性の塩類で交換浸出した酸の量を示し，滴定酸度（y_1）で表わす。なお，酸度は交換浸出する際に用いる中性の塩類の種類によって置換酸度（交換酸度）と加水酸度に分けられる。

置換酸度（交換酸度）　1規定塩化カリウム溶液に交換浸出される水素イオンおよびアルミニウムイオンなどの酸の量をいう。1911年に詳細な研究が発表さ

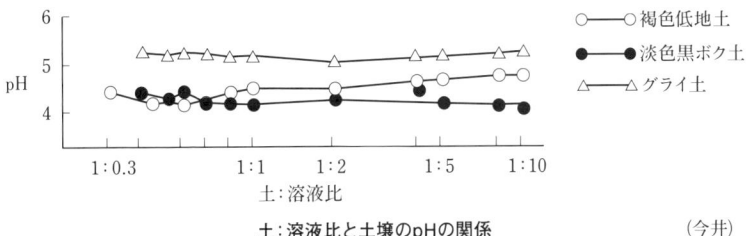

土：溶液比と土壌のpHの関係 （今井）

れ，大工原酸度ともいわれ，酸性土壌きょう正の目安となる石灰量を知ることができる。

加水酸度 塩化カリウムを加える代わりに，弱酸の塩である1規定の酢酸カルシウムを用いて，置換酸度と同様の方法で酸度を求める。この方法では塩化カリウムでは交換浸出されなかった水素イオンも浸出されてくるので，置換酸度に比べて大きい値が得られる。この方法で求めた酸度を加水酸度という。

酸度の表示法 中和するのに要した0.1規定水酸化ナトリウムの滴定値を換算し，ミリグラム当量（meq）で示す。

pH

土壌の化学的性質を表わす最も基本的なもので，水溶液中の水素イオン濃度の逆数の対数値で示され，つぎのように定義されている。

$pH = \log(1/[H^+])$ ただし，$[H^+]$は溶液中のH^+濃度（mol/L）

したがって水素イオン濃度が高いほどpHは低くなる。

土壌のpHとは，本来は土壌水のpHのことであるが，通常は「乾土1に対して水2.5の割合の懸濁液pH」と規定されている。土に含まれる水の量は測定値に大きく影響しない。水の代わりに1規定塩化カリウム溶液を用いる方法もある。水を加えて測定するpHをpH（H_2O），塩化カリウムの場合をpH（KCl）と表わす。多くの土壌では，pH（H_2O）がpH（KCl）に比べて0.5〜1.5程度高くなるが，リン酸吸収係数が高い土壌などではpH（H_2O）が低くなることもある。また，pH（H_2O）は，施肥などによる土壌中水溶性塩類の増減によって変動するが，pH（KCl）は変動しにくい。

全酸度

土壌に塩化カリウムまたは酢酸カルシウムを加えよく振とうし，土壌粒子に吸着しているすべての水素イオンやアルミニウムイオンが交換浸出されたときの酸の全量をいい，これは土壌酸性の全量を示す。無機質酸性土壌の全酸度は近似的に$3y_1$（y_1：滴定酸度）で表わされるが，腐植質酸性土壌（有機物の多い黒色土壌，

主として火山灰土壌）では、酸の浸出が少しずつ起こってなかなか終点に達しないため、全酸度はy_1の3倍よりはるかに大きくなって、10倍以上になることもある。

滴定酸度

置換酸度（交換酸度）や加水酸度を総称していう。具体的には、土壌100gに置換酸度の場合は1規定塩化カリウム溶液を、また加水酸度の場合は1規定酢酸カルシウム溶液をそれぞれ250mL加え、そのろ液を125mLとり、フェノールフタレインを指示薬として0.1規定水酸化ナトリウム溶液で滴定し、中和するのに要したmL量の0.2倍が滴定酸度（meq）として計算される。これによって、酸性きょう正の目安となる中和石灰量を知ることができる。

潜酸性

土壌に塩化カリウムや酢酸カルシウムのような中性塩類溶液を加えて、よくかき混ぜるか振とうしたのちに、懸濁液が示す酸性をいう。土壌粒子に吸着されている水素イオンやアルミニウムイオンが、カリウムイオンまたはカルシウムイオンと交換し、溶液中に浸出されてきて示す酸性である。潜酸性のうち、塩化カリウムを加えることによって示される酸性を置換酸性（交換酸性）、酢酸カルシウムによるものを加水酸性という。

活酸性

土壌に水を加えて、よくかき混ぜるか振とうしたのちに、懸濁液が示す自然状態の酸性をいい、pHを測ることによって知ることができる。土壌溶液中に遊離している水素イオンとアルミニウムイオンによって生じる酸性である。それら遊離しているイオン量は土壌の酸性全体の10^{-3}〜10^{-5}程度で、非常に少ない。活酸性は潜酸性とともに全酸度として示され、土壌酸性の程度を示すものである。

酸性きょう正

酸性土壌では作物の生育が不良になりやすいので、酸性をきょう正して作物にとって好適な土壌環境を整える必要がある。酸性きょう正には石灰質資材および苦土質資材が用いられるが、火山灰土壌地帯では、熔リンを併用すると効果が大きい。

中和石灰量

作物にとって好ましい土壌のpH（H_2O）は、通常6.0〜7.0の範囲にある。このため、酸性土壌では炭酸カルシウム（炭カル）や苦土石灰などのアルカリ資材を施用して、酸性反応を中和する必要がある。中和石灰量の求め方には全酸度による方法と緩衝曲線による方法がある。

全酸度による方法　無機質酸性土壌に適用できる。置換酸度y_1を求め、その$3y_1$より中和石灰量を算出する。

（例）y_1 が 1meq と求められたとき，$3y_1 = 3$meq となる。

炭カル（$CaCO_3$：分子量100，1meq：$100 \div 2 = 50$mg）で中和するとすれば，3×50mg $= 150$mg となる。改良する土壌の仮比重が1.0，改良する作土の深さが15cmであるとすれば，改良する土の量は，150t/10aとなる。

    1.0　　　×0.15（m）　×1000（m^2）＝150t

    仮比重　　作土の深さ　　10a

一方，土壌100g当たり150mgは土壌100t当たり150kgと換算できるので，必要な石灰量をxkgとすれば，

100（t）：150（t）＝150（kg）：x（kg）

の式より

$$x = \frac{150 \times 150}{100} = 225 \text{（kg）}$$

となる。

緩衝曲線による方法　すべての土壌に適用できる。土壌にはpHに対して緩衝能があって，pHをある目標値に上げるのに要する炭カル量は土壌によって異なる。したがって，土壌ごとに緩衝曲線をつくることによって，目標とするpH値に上げるために必要な炭カル量を知ることができる。土壌10g当たりの炭カル施用量とpHの関係を図示した緩衝曲線から，目標とするpHとするのに必要な炭カル量を求める。

（例）緩衝曲線から10gの土壌のpHを6.0に上げるのに必要な炭カル量は40mgと読みとることができる。これを，前出のように10a当たりに換算すると施用量が計算できる。

緩衝曲線

純水に酸あるいはアルカリを加えるとpHは著しく変化するが，土壌に多量の酸あるいはアルカリを加えても，pHの変化は小さい。これは土壌が酸あるいはアルカリに対して緩衝能を持つためである。この緩衝能は土壌によって異なるので，土壌のpHを適正にする中和石灰量を求

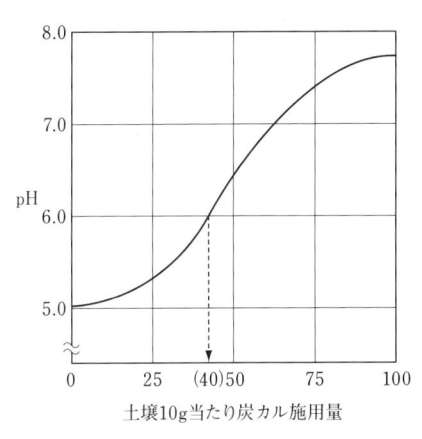

緩衝曲線による中和石灰量の求め方

めるためには，緩衝曲線（土壌10g当たり炭カル施用量－pH曲線）をつくる必要がある。緩衝曲線の求め方は，一般的に炭カル添加・通気法が用いられている。具体的には50mLのポリエチレンびんに風乾土10gをとり，炭カルをそれぞれ0mg，10mg，25mg……と段階的に加え，さらに純水25mLを加えてよく混和し24時間放置後，5時間振とうする。ついで細口のガラス管を通じてエアコンプレッサーで毎分約2Lの空気を2分間通気して過剰のCO_2を追い出したのち，ただちにpHを測定し炭カル施用量とpH値から緩衝曲線を作成する。

作物好適pH

作物生育に好適なpHは，一般に6.0～7.0の範囲にある。しかし，作物によっては好適pHや耐酸性が異なっている。

水稲，ジャガイモ，チャなどはpHが酸性側でも比較的生育が良好であるが，

各種作物の好適pH (H_2O)

水稲	5.0～6.5	スイカ	5.5～6.5	トールフェスク	5.0～6.0
オオムギ	6.5～8.0	カリフラワー	5.5～7.0	イタリアンライグラス	6.0～6.5
コムギ	6.0～7.5	ホウレンソウ	6.0～7.5	オーチャードグラス	5.5～6.5
ダイズ	5.5～7.0	ナス	6.0～6.5	チモシー	5.5～7.0
アズキ	6.0～6.5	トマト	6.0～7.0	ソルゴー	5.5～7.0
ラッカセイ	5.3～6.6	キュウリ	5.5～7.0	エンバク	5.5～7.0
インゲン	5.5～6.7	イチゴ	5.0～6.5	ライムギ	5.5～7.0
エンドウ	6.0～7.5	ニンニク	5.5～6.0	赤クローバ	6.0～7.5
トウモロコシ	5.5～7.5	ニラ	6.0～6.5	白クローバ	6.0～7.2
サトウキビ	6.0～8.0	サラダナ	5.5～6.5	ラジノクローバ	6.0～7.2
タバコ	5.5～7.5	エダマメ	6.0～6.5	アワ	6.0～7.5
ソバ	5.0～7.0	ショウガ	5.5～6.0	クワ	5.0～6.5
カンショ	5.5～7.0	コマツナ	5.5～6.5	チャ	4.5～6.5
ジャガイモ	5.0～6.5	キク	6.0～7.5	リンゴ	5.5～6.5
サトイモ	5.5～7.0	ツツジ	4.5～5.0	ブドウ	6.5～7.5
テンサイ	6.5～8.0	カーネーション	6.0～7.5	オウトウ	5.0～6.0
タマネギ	5.5～7.0	テッポウユリ	6.0～7.0	クリ	5.0～6.0
ニンジン	5.5～7.0	ラン	4.0～5.0	アンズ	6.0～7.0
ダイコン	6.0～7.5	シャクナゲ類	4.5～6.0	モモ	5.0～6.0
カブ	5.5～6.5	ブナ	5.0～6.7	パイナップル	5.0～6.0
アスパラガス	6.0～8.0	シラカバ	4.5～6.0	ブルーベリー	4.0～5.0
キャベツ	6.0～7.0	ツガ	5.0～6.0	ミカン	5.0～6.0
ハクサイ	6.0～6.5	ミズゴケ	3.5～5.0	日本ナシ	6.0～7.0
レタス	6.0～6.5	タンポポ	5.5～7.0	カキ	6.0～7.0
カボチャ	5.5～6.5	アルファルファ	6.0～8.0		

注）農水省地力問題研究会，1985およびフォス，1977より改変

タマネギ，ホウレンソウ，ナスなどは中性に近いところで生育がよい。また，水稲，ダイズ，トウモロコシなどは好適pHの範囲が広く，ラッカセイ，トマトなどは範囲がせまい。耐酸性という観点から作物の生育の良否をグループ分けすると，ウリ科，ナス科，キク科，セリ科，アカザ科の作物は弱く，マメ科作物は中位で，イネ科作物は強い種が多い。

このように，作物の種によって好適なpHや酸性に対する抵抗性が異なっているが，この原因はつぎのとおりである。

①水素イオン濃度の上昇，②低pHで可溶化するAl, Mnの害作用，③リン酸の不可給態化による不足，④Ca, Mg, Kなどの塩基不足，⑤B, Zn, Cu, Moなどの微量要素の過不足，⑥微生物相の変化などに対する抵抗性。これらが作物の種によってそれぞれ異なるからである。

酸化還元

酸化還元

酸化とはある物質が酸素と結びつくか水素を奪われることで，還元とは酸化の逆の現象である。より厳密にいえば，ある物質から電子が失われる場合を酸化といい，電子が与えられる場合を還元という。これらの反応例をつぎに示す。

$$C + O_2 \underset{\text{還元}}{\overset{\text{酸化}}{\rightleftarrows}} CO_2$$
炭素　酸素　　　　　　二酸化炭素

$$(CH_2COOH)_2 \underset{\text{還元}}{\overset{\text{酸化}}{\rightleftarrows}} (CHCOOH)_2 + H_2$$
コハク酸　　　　　　　フマール酸　　水素

$$Fe^{2+} \underset{\text{還元}}{\overset{\text{酸化}}{\rightleftarrows}} Fe^{3+} + e^-$$
二価鉄　　　　　　　三価鉄　　電子

土壌中の物質は，酸化および還元によってその型を変える。その結果，土壌の肥沃性や有害物質の量などが影響を受ける。

湛水された水田土壌には酸化層と還元層ができる。湛水初期には，微生物が有機物の分解に酸素を使うので，作土表面にも還元層ができる。しかし，分解しやすい有機物が減ってくると，田面水からの酸素の供給が微生物の酸素消費にまさ

土壌の酸化還元の状態と化学性

項目	酸化	還元
酸　素	多	少
窒素の有効化	少	多
リン酸の有効化	少	多
マンガンの有効化	少	多
有害物質(有機酸,銅,ヒ素)	少	多
カドミウム	多	少
pH	低	高
Eh	高	低

るようになり，鉄は酸化されて褐色の三価鉄となる。こうして水田土壌の表層部(通常数ミリ～数センチ)は，酸化層となって安定する。一方，その下層は酸素がきわめて少なくなり，還元層ができて青みを帯びた二価鉄の色になる。畑地は，ほとんど酸化状態にあるが，局部的には還元状態も見られる。

このように酸化，還元は土壌中のさまざまな物質の変化に深く関わっており，土壌微生物も酸化還元の過程でエネルギーを得て増えてゆく。

Eh

土壌の酸化還元の強さを表わす単位で，酸化還元電位とも呼ばれている。土壌は，Ehの値が大きいほど酸化状態，小さいほど還元状態にある。通常，畑地のEhは＋0.6～＋0.7Vであるが，湛水下の水田土壌では有機物の分解により酸素が消費されるため還元が進み，－0.2～－0.3Vくらいまで低下する。Ehは，水田土壌の還元状態がどのくらいであるかを知る目的で測られることが多く，Ehメーターで測定する。

EhはpHの高低によって変わる。それは土壌中のさまざまな物質が，酸化還元の過程でEhやpHに関与しているからである。したがって，Ehの表示はpHを併記する。

異常還元

水田に未熟な有機物が多量に施用されると，湛水後土壌微生物が急速に有機物を分解するために酸素を使うので，Ehが急激に低下し，土壌は短期間に強還元状態になる。この現象は排水不良田ほど顕著で，異常還元という。異常還元になると，有機酸の蓄積，硫化水素の発生，可溶性の鉄やマンガン含量の増加などが起こり，水稲の生育が阻害される。

有機酸

堆肥，稲わら，家畜ふん尿などの有機物を施用した水田や黒泥土あるいは泥炭土の水田では，地温が高まる5～6月にブクブクとガスがわくことがある。このガスは，有機物が微生物によって分解されて生成した最終産物のメタン(CH_4)，炭酸ガス(CO_2)，水素(H_2)，酸素(O_2)である。有機酸はこの分解途中の段階で生成され，水田では酢酸＞酪酸＞ギ酸が主である。有機酸の害は通常問題にならないが，未熟な有機物を多量に施用した場合や還元状態の強い水田では，水稲

根の生育が阻害されることがある。また，寒冷地帯では分解が不十分なため，有機酸のまま土壌中に蓄積されることがある。とくに，寒冷地の針葉樹林土壌などでは，低温，低湿のため，有機物分解が不十分で，中間物質として有機酸が集積する。これが酸性土壌，ポドゾル土壌生成の原因となっている。

硫酸根

土壌中の硫酸イオン（SO_4^{2-}）。多くは，硫安，過リン酸石灰，硫酸カリなどの硫酸を含む肥料の施用に由来する。施設栽培土壌では硫酸根が土壌中の塩類濃度上昇の原因になることもある。また，盛夏時の遊離酸化鉄が0.5%程度しかない水田では余剰の硫化水素が水稲の根を直接いためる。

硫化水素

硫酸根が土壌中で還元されて発生し，水稲の根をいため，養分の吸収をわるくする有害物質である。活性の鉄が少ない水田では水稲根が障害を受け，根腐れが起こる。硫化水素の発生田では，①含鉄資材施用，②無硫酸根肥料施用，③客土，④水管理の適正化などの対策をたてる。

遊離酸化鉄

土壌中の鉄はきわめて多様な形態をしている。比較的溶解度の高い形態の酸化鉄を遊離酸化鉄という。遊離酸化鉄が1%以上ある水田では硫化水素による根腐れは起こらない。

二価鉄

還元状態で土壌中の遊離酸化鉄は還元されて酸化第一鉄（FeO）が生成する。酸化第一鉄の鉄原子は二価の荷電を持ち，一般的に二価鉄（還元鉄）と呼ばれ，二価鉄含量が増加するに従いEhは低下する。

三価鉄

二価鉄は，酸化され三価の荷電を持つ三価鉄になり，これに従い土壌の色は黄褐色あるいは褐色を呈する。

湛水土壌中で，溶解度が大きい二価鉄は下層に溶脱し，下層の酸化層で溶解度の低い三価鉄に変わり，沈澱集積する。

斑　紋

水田土壌の断面などで，土壌本来の色（基色）と異なる赤色，赤褐色，黄色，黄褐色，黒色などの種々の紋様が観察される。これらの紋様は鉄やマンガンの酸化物で，それぞれ斑鉄，マンガン斑と呼ぶ。斑紋はこれらの総称である。斑紋は水の影響で還元状態となって可溶化した鉄やマンガンが再び酸化されて沈積したものである。これらの存在量は，水田土壌では乾田化の程度と地下水位の動き，畑土壌では還元過湿の程度を示す。

湛水状態土壌中における微生物代謝の段階的進行

湛水後の日数	物質変化	開始時期の土壌 Eh(V)	予想される微生物のエネルギー代謝形式	アンモニアの生成	有機酸生成	分解形式	発生する問題
初期	分子状酸素の消失	0.6～0.5	酸素呼吸	活発に進行する	集積しない（ただし、老朽化水田あるいは緑肥添加の場合は初期から集積する）	好気的および半嫌気的分解過程	
	硝酸の消失	0.6～0.5	硝酸還元				脱窒
	Mn^{2+}生成	0.6～0.4	Mnの還元				水田の老朽化
	Fe^{2+}生成	0.5～0.3	Feの還元				水田の老朽化
後期	硫化物生成	0～-0.19	硫酸還元	緩慢に進行する	初期：生成集積顕著 後期：メタン生成と対応して著しい減少	嫌気的分解過程	根腐れ
	水素の生成	-0.15～-0.22	発酵				ごま葉枯れ
	メタン生成	-0.15～-0.19	メタン発酵（炭酸還元を含む）				メタンの発生

注）高井1961，山根1956～1959，松尾1959，浅見1961の報告から作成

結 核

斑紋の一種で，鉄やマンガンが酸化沈積し，周囲の土壌と比較して硬い核を形成したものである。形状は直径5～6mmの粒状が一般的である。酸化と乾燥を強く受けたものほど硬い。土壌断面内で観察される結核は，一般的にマンガン結核が多く，色は暗褐から黒色を呈している。

斑 鉄

斑紋の一種で，常時湛水条件下にあった土壌が一時的に乾いたとき，還元状態で生成した二価鉄が根の跡や土壌構造などの亀裂面で酸化され沈積したり，灌がい水による影響で構造面が灰色になり酸化部分が残って斑紋となっているものをいう。斑紋は土壌生成環境を知る指標として重要である。水稲根の跡に沿って析出したものを糸根状，構造面などの割れ目に沿って析出したものを膜状という。そのほか，雲状，管状，糸状，点状，不定形などに分類される。

地力

地力

　作物の生産に関与する土壌の能力のことで，土壌肥沃度，土壌生産力は類似語である。土壌の持つ固有の性質にもとづく自然条件だけでなく，栽培される作物の種類や栽培法などの人間の営為の条件も含めた場合の土壌の能力であるとみなされている。また，今後は作物の生産に関与する能力だけでなく，肥料成分の溶脱防止など環境保全機能も含めた概念とすることが重要となる。

　地力の要因　物理的要因，化学的要因，生物的要因に分けて考えられる。物理的要因には，作土層や有効土層の厚さ，耕うんの難易，排水性や保水性，耐風食性や耐水食性などがある。化学的要因には，養分保持力や固定力，養分供給力，pHなどの緩衝力，酸化還元電位，有害物質の有無などがある。生物的要因には，有機物分解能や窒素固定能，病虫害に対する緩衝力などがある。

　土壌生産力可能性分級　地力保全基本調査（1959～1978）では，地力を評価するために，土壌の持つ土壌生産力の可能性をⅠ等級からⅣ等級に区分している。Ⅰ等級は，正当な収量をあげ，正当な土壌管理を行なううえで，ほとんど阻害要因のない良好な土壌，Ⅱ等級は若干問題のある土壌，Ⅲ等級はかなり大きな阻害要因を有し問題のある土壌，Ⅳ等級はきわめて問題が多く，耕地として利用するのが困難な土壌である。

　また，等級を評価するには示性分級式を用い，土壌生産力に対する制限要因，阻害要因あるいは土壌悪化の危険性の種類と程度を，簡略な記号をもって表示している。示性分級式は基準項目および要因項目からなる。基準項目は等級を決定するのに用いる項目で等級値で表わし，要因項目は基準項目の要因とみられる項目で，要因強度を数値で表わす。なお，基準項目には表土の厚さ，有効土層の深さ，表土の礫含量，耕うんの難易，湛水透水性，酸化還元性，土地の乾湿，自然肥沃度，養分の豊否，障害性，災害性，傾斜，侵食の13項目がある。示性分級式は必要に応じ簡略分級式をもって表示するが，たとえば，Ⅲ（w）fⅡneの簡略分級式は，「過乾（w）のおそれが大きく，自然肥沃度fはかなり低い。表土の養分nはやや少なく，侵食eのおそれがある」ということを表現している。［→「分級式表」（80～81ページ）を参照］

　地力増進基本指針　地力増進法（1984）では，地力増進基本指針により，土壌の性質の基本的な改善目標などを定めている。とくに，1997年には一部の農地における環境への負荷の懸念を背景に，負荷の軽減に配慮しつつ地力の増進が

地力保全基本調査における生産力可能性分級基準 (一部改変)

基準項目	表示記号	I 水田	I 畑 畑作物	I 畑 普通作物	I 畑 桑茶	I 畑 果樹	II 水田	II 畑作物	II 普通作物	II 桑茶	II 果樹	III 水田	III 畑作物	III 普通作物	III 桑茶	III 果樹	IV 水田	IV 畑作物	IV 普通作物	IV 桑茶	IV 果樹
表(作)土の厚さ	t	15cm以上		25cm以上			15cm以下		25cm~15cm					15cm以下					15cm以下		
有効土層の深さ	d	100cm~50cm		100cm以上			50cm~25cm		100cm~50cm			25cm~15cm		50cm~15cm		50cm~25cm	15cm以下		15cm以下		25cm以下
表(作)土の礫含量	g	20%以下	5%以下		10%以下	20%以下	10~50%		5~20%	10~20%	10~50%	20~50%		10~50%		20~50%	50%以上		20%以上		50%以上
耕うんの難易	p	耕起、砕土が容易である					耕起、砕土がやや困難である					耕起、砕土が困難である									
湛水透水性	l	小~中					大					極大									
酸化還元性	r	還元化が弱く木稲の根系障害がほとんどない					還元化が進み水稲の根系障害のおそれがかなりある					還元化をきわめて強く水稲の根系障害がはなはだしいかそのおそれがきわめて大きい									
土地の乾湿	w	過湿または過乾のおそれがないか、またはまれない					過湿のおそれがある					過湿のおそれが多い					過湿のおそれがはなはだしい				
	(w)						過乾のおそれがある					過乾のおそれが多い					過乾のおそれがはなはだしい				
自然肥沃度	f	高					中					低									
養分の豊否	n	多					中					少									
障害性	i	有機物およひ物理的障害なし					障害程度の小さい有害物質ありまたは除去の困難な物理的障害あり					障害程度中位の有害物質ありまたは除きわめて困難な物理的障害あり					障害程度の大きい有害物質あり				
災害性	a	増冠水、地すべりなどの災害を受ける危険性がほとんどない					増冠水、地すべりなどの災害を受ける危険性が多少ある					増冠水、地すべりなどの災害を受ける危険性がかなり大きい					増冠水、地すべりなどの災害を受ける危険性が大きい				
傾斜	s	3°以下	8°以下		15°以下		3~8°	8~15°		8~25°		8~15°	15~25°				15°以上	25°以上			
侵食	e	侵食のおそれがないかまたはきわめて少ない					侵食のおそれがある					侵食のおそれが大きい					侵食のおそれがはなはだしい				

地力 79

基準項目	要因項目	1	2	3	4
湛水透水性	作土下50cmの土性	SC, LiC, SiC, HC	SCL, CL, SiCL	SL, FSL, L, SiL, S, LS	
	作土下50cmの最高ち密度	硬度計の読み25以上	硬度計の読み24〜11	硬度計の読み10以下	
		微		細	
		密		疎	
酸化還元性	作土の易分解性有機物含量	風乾生成量および高温生成量が10以下	風乾生成量が10〜20および高温生成量が10〜15	風乾生成量が20以上および高温生成量が15以上	
		少		多	
	作土の遊離酸化鉄含量	1.5以上	1.5〜0.8	0.8以下	
		多		少	
	グライ化度	50cm以内にグライ層のないもの	50cm以内より下部にグライ層のあるもの	全層グライ、作土直下からグライ層のあるもの	
		弱		強	
自然肥沃度	保肥力	CEC20以上	CEC20〜6	CEC6以下	
		大		小	
	固定力	リン酸吸収係数700以下	リン酸吸収係数700〜1,500	リン酸吸収係数1,500〜2,000	リン酸吸収係数2,000以上
		ごく小		中	大
	土壌の塩基状態	pH (H₂O) 5.5以上で置換性石灰飽和度50%以上	pH (H₂O) 5.0〜5.5以上で置換性石灰飽和度50〜30%	pH (H₂O) 6.0以下で置換性石灰飽和度30%以下	
		良		不良	
養分の豊否	置換性石灰含量	200mg以上 (100g当たり) または置換性石灰飽和度50%以上	200〜100mg (乾土100g当たり) または置換性石灰飽和度50〜30%	100mg以下 (乾土100g当たり) または置換性石灰飽和度30%以下	
		多		少	
	置換性苦土含量	25mg以上	25〜10mg	10mg以下	
		多		少	
	置換性カリ含量	15mg以上	15〜8mg	8mg以下	
		多		少	
	有効態リン酸含量	10mg以上	10〜2mg	2mg以下	
		多		少	
	有効態窒素含量	風乾生成量20mg以上	風乾生成量20〜10mg	風乾生成量10mg以下	
		多		少	
	有効態ケイ酸含量	15mg以上	15〜5mg	5mg以下	
		多		少	
	微量要素含量	欠乏症状がまったく、あるいはほとんどない	欠乏症状がかなり発生する	欠乏症状がはなはだしく発生する	
		弱		強	
	酸度	pH (H₂O) 6以上または3以下	pH (H₂O) 6〜5または3〜6	pH (H₂O) 5〜4.5または15〜6	pH (H₂O) 4.5以下または15以上
			中	強	ごく強

示性分級式と簡略分級式の例 (高橋, 1998)

示性分級式		水田	畑地
土壌生産力可能性等級		Ⅲ	Ⅲ
表土の厚さ	t	Ⅰ	Ⅰ
有効土層の深さ	d	Ⅰ	Ⅰ
表土の礫含量	g	Ⅰ	Ⅰ
耕うんの難易	p	Ⅰ	Ⅰ
(表土の土性)		1	1
(表土の粘着性)		1	1
(表土の風乾土の固さ)		1	2
湛水透水性	l	Ⅰ	—
(作土下50cmの土性)		1	—
(作土50cmの最高ち密度)		1	—
酸化還元性	r	Ⅰ	—
(易分解性有機物含量)		1	—
(遊離酸化鉄含量)		1	—
(グライ化度)		1	—
土地の乾湿	(w)w	—	Ⅲ
(透水性)		—	1
(保水性)		—	3
(湿潤度)		—	1
自然肥沃度	f	Ⅲ	Ⅲ
(保肥力)		2	2
(固定力)		3	3
(土壌の塩基状態)		3	3
養分の豊否	n	Ⅱ	Ⅱ
(交換性石灰含量)		1	1
(交換性苦土含量)		2	1
(交換性カリ含量)		2	2
(有効態リン酸含量)		1	2
(可給態窒素含量)		1	—
(有効態ケイ酸)		2	—
(微量要素含量)		1	1
(酸度)		1	1
障害性	i	Ⅰ	Ⅰ
(有害物質の有無)		1	1
(物理的障害性)		1	1
災害性	a	Ⅰ	Ⅰ
(増冠水の危険度)		1	1
(地すべりの危険性)		1	1

傾斜		s	I
（自然傾斜）		—	1
（傾斜の方向）		—	S
（人為傾斜）		—	1
侵食		e	II
（侵食性）		—	2
（耐水食性）		—	1
（耐風食性）		—	2
簡略分級式	水田	III f　II n	
	畑地	III (w) f II ne	

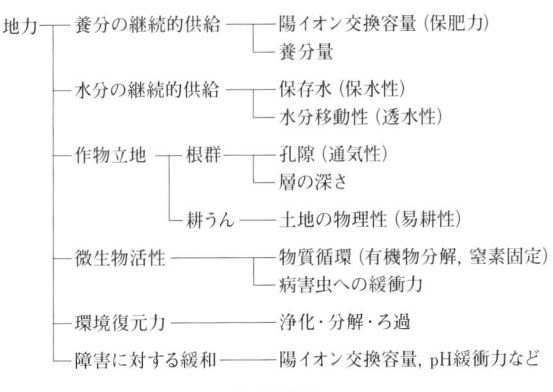

```
地力─┬─養分の継続的供給─┬─陽イオン交換容量（保肥力）
     │                   └─養分量
     ├─水分の継続的供給─┬─保存水（保水性）
     │                   └─水分移動性（透水性）
     ├─作物立地─┬─根群─┬─孔隙（通気性）
     │           │      └─層の深さ
     │           └─耕うん─土地の物理性（易耕性）
     ├─微生物活性─┬─物質循環（有機物分解，窒素固定）
     │             └─病害虫への緩衝力
     ├─環境復元力─────浄化・分解・ろ過
     └─障害に対する緩和──陽イオン交換容量，pH緩衝力など
```

地力の概念

図られるよう改正が行なわれている。このなかでは，改善目標値は上限値または下限値であることが明記され，堆きゅう肥などの有機物や肥料の適正施用を中心とした土壌管理の推進が進められている。

自然肥沃度

原則として，土壌の本質的性質による化学的な面の生産力を指す。土壌生産力可能性分級の基準項目としては，保肥力，固定力，土層の塩基状態を要因項目とし，要因強度からI～III等級に総合判定する。土壌改良資材投入による交換基の変化など，人為による変化は考慮に入れて判定する。ここでは，保肥力とは土壌の陽イオン（塩基）保持力を意味し，陽イオン交換容量（CEC）によって区分する。固定力とは土壌のリン酸の吸収固定力を意味し，リン酸吸収係数によって区分する。土層の塩基状態は，交換性カルシウムの飽和度とpH(H_2O)によって区分する。

自然肥沃度の高い土壌が，必ずしも高い土壌生産力を示すとはかぎらない。高い生産力は自然肥沃度の基礎のうえに，作物の栄養生理に適合した養水分管理がなされて，初めて生み出される。

土壌肥沃度

地力と類似語であるが，地力が総合的な土壌の生産力を指しているのに対して，自然肥沃度と養分の豊否を中心とした地力の化学的側面を重視したニュアンスを持っている。とくに，地力窒素などの潜在的な土壌の養分供給力にウエイトをおいている。

天然供給量

土壌，降雨，灌がい水，大気などから天然供給される養分量を指す。土壌からの供給量は，土壌母材や風化条件などによって異なる。火山灰土壌では，ケイ酸の供給量が多く，腐植質土壌では窒素の供給量が多い。微量要素の供給量は土壌pHの影響を受け，酸性土壌では不足しやすい。また，都市近郊では灌がい水中の養分濃度が高まる傾向にあり，水田や灌がい畑では天然供給量が多くなっている。

地力窒素

土壌中の窒素は，有機態窒素と無機態窒素に大別され，作物によって直接利用されるのはアンモニア態窒素や硝酸態窒素のような無機態窒素である。しかし，土壌中の無機態窒素の割合はきわめて小さく，大部分は有機態窒素で存在する。有機態窒素の大部分は難分解性であるが，一部は土壌微生物によって徐々に分解され，無機態窒素に変化して作物に利用される。この有機態窒素のうち，無機化して有効化する窒素を地力窒素という。

地力窒素の形態 地力窒素の給源である有機態窒素は，もともと母材中に存在していたのではなく，長い時間をかけて動植物や微生物の遺体が変化してできたものである。農耕地土壌の場合は，作物の根株，堆きゅう肥，緑肥なども重要な供給源となる。

土壌中の有機態窒素のうち易分解性の部分が地力窒素の給源であり，主としてタンパク態窒素，アミノ糖態窒素などである。無機態窒素が微生物の菌体に取り込まれ，有機化された窒素もこのなかに含まれる。農耕地土壌には0.1～0.8％の窒素が含まれるが，有機態窒素から無機化される窒素量はそのうちの1～5％ぐらいである。

地力窒素の診断 地力窒素は，従来は土壌肥沃度の指標として評価されてきたが，環境保全型農業や低コスト農業推進の立場から無駄のない窒素施肥をするためには，地力窒素がどの時期にどれだけ発現（無機化）するのかを知ることが重要である。地力窒素の診断法は主に水田土壌を中心に開発されており，乾土効果

による窒素無機化量の推定法，有効積算温度による窒素無機化の推定法，速度論的地力窒素無機化量の予測法がある。また，現場に即応した簡易な方法として，リン酸緩衝液抽出による地力窒素の評価法がある。

乾土効果

　水田土壌を風乾処理したのちに湛水保温静置すると，無処理の土壌に比べて多量のアンモニア態窒素が生成する現象のことをいう。同様の現象は水田土壌以外でもある程度認められる。この現象は，微生物菌体や植物遺体などの易分解性有機態窒素が風乾処理によって微生物による分解を受けやすい形態に変化したためと考えられる。

　乾土効果は，堆きゅう肥や緑肥の連用によって有機物含量の多い土壌で大きく，土壌の乾燥の強弱によっても違ってくる。土壌のpFが4以上になると乾土効果が発現し，土壌が乾燥する機会の少ない湿田ではpF4.5程度の乾燥でも効果が大きい。しかし，しばしば乾燥する乾田や畑では，pF5以上に乾燥させないと効果は小さい。また，冬季積雪の多い地方は，積雪量が少なく土壌が凍結する寒冷地より乾土効果が大きい。乾土効果は風乾土を湛水あるいは畑状態で，30℃ 4週間保温静置し，無機化した窒素量を土壌100g当たりのmgで表わす。

地温上昇効果

　温度上昇効果ともいう。地温が上昇すれば土壌微生物の活動が活発になり，水田土壌中の地力窒素の無機化が促進される。このことを地温上昇効果という。一般に夏季高温の年は，地温上昇効果による窒素供給量の増加もあって豊作の年が多い。この効果は乾田よりも湿田で大きいが，湿田で生育後期に地温が上昇すると，窒素の過剰供給と異常還元により根の活性が阻害され減収することもある。

　地温上昇効果は，湛水あるいは畑状態の土壌を30℃および40℃で4週間保温静置し，生成したアンモニア態あるいは硝酸態窒素を測定して，両者の差から求める。

アルカリ効果

　水田土壌に消石灰などを施用して土壌をアルカリ性にすると，土壌中の有機態窒素の一部（アルカリ可溶性窒素）の無機化が促進され，多量のアンモニア態窒素が生成する。このことをアルカリ効果という。この効果による窒素供給量の増加を期待するときには，湛水後に消石灰を田面に散布するとよい。畑状態のときに散布しても効果は劣る。また，ケイカルや熔リンを多量施用した場合も同じ現象が起こる。

有機態窒素の有効化

　土壌中の窒素の大部分は有機態窒素で存在するが，そのままでは作物に利用されない。有機態窒素が土壌微生物によって分解され，無機態窒素に変化して作物

に利用されるようになることを有機態窒素の有効化という。

土壌中の有機態窒素の大部分は難分解性であり，微生物に対する抵抗性が強く容易に無機化しない。自然状態で有効化する割合は，土壌中の窒素含量の1〜5％ぐらいである。

土壌中の有機態窒素の無機化を促進するには，乾土効果，地温上昇効果，アルカリ効果を利用するとよい。すなわち，耕起などによって土壌の乾燥を促進させたのちに湛水する処理，土壌に石灰資材を加えて一時的に土壌反応を高める処理，湛水中の土壌の地温を高める処理などによって，より多くの窒素が有効化してくる。ただし，土壌に有機物を補給しないで毎年このような処理を繰り返すと土壌中の有機態窒素が消耗し，有効化する窒素量は減少する。

窒素の無機化

土壌中の動植物遺体，微生物菌体，有機質肥料などに含まれる有機態窒素が，土壌微生物の働きによりアンモニア態や硝酸態などの無機態窒素に変化することをいう。有機態窒素の無機化速度は，有機態窒素の種類，土壌水分，地温などの影響を受ける。また，土壌の全窒素に対する無機化した窒素の割合を窒素の無機化率という。

窒素の循環

大気中のガスの80％が窒素ガスであるが，高等植物は直接これを利用できない。大気中の窒素ガスは土壌中の根粒菌やラン藻などの窒素固定生物により窒素固定され，タンパク態などの有機態窒素に変化する。光化学反応により生成された大気中の窒素酸化物も雨により土壌に降下する。また，ハーバー法によって人為的に窒素固定されたアンモニア肥料も土壌に施用される。

土壌中の有機態窒素は土壌微生物によって分解され，アミノ酸を経てアンモニア態窒素に変化する。アンモニア態窒素は硝酸化成作用によって，亜硝酸を経て硝酸態窒素に変化する。土壌中の硝酸態窒素やアンモニア態窒素は植物の根により吸収され，植物体や，食物連鎖によって動物体中の有機態窒素となる。これら動植物の遺体（作物残渣など），ふん尿，堆肥などは土壌に有機態窒素として供給される。

また，土壌中の硝酸態窒素は，脱窒菌などの土壌微生物の働きにより窒素ガスや亜酸化窒素ガスに変化して，再び大気中に戻る。

このように，窒素は大気→土壌→植物→動物→微生物→水→大気と循環する。

窒素収支

農耕地に持ち込まれる窒素は，化学肥料および有機質資材（堆肥，収穫残渣など）が中心で，そのほかに用水・雨水による流入，空中窒素の生物固定によ

るものがある。一方，持ち出される窒素は，収穫物中の吸収窒素が多く，そのほかに表面流去水（地表排水）と地下浸透水による溶脱窒素および脱窒（ガス化）による損失が見込まれる。窒素収支のバランスを保つことは，施肥効率を高め，地力を維持・増強するとともに，湖沼や河川への流出負荷や地下水の汚染を防止して水環境を保全し，温室効果ガス（亜酸化窒素）の発生を抑制して地球環境を保全するうえでも重要である。

水田での測定例を見ると，施肥と流入（用水＋雨水）によるインプット（収入）よりも，収穫物（モミ＋わら）と流出（地表＋浸透）によるアウトプット（支出）のほうが多く，作物残渣（わら）の還元や堆肥などの施用が必要となる。また，窒素濃度が高い用水の利用，効率的な施肥・水管理などを実践すれば，流入量よりも流出量のほうが少なく浄化型になり，水田の水質浄化機能が発揮される。なお，生物の窒素固定と脱窒は測定が困難で不明な点も多いが，通常は両者がほぼ均衡している。

一方，畑地では灌がい水による供給が少ないが，マメ科作物の栽培時には根粒による固定窒素の供給が期待される。一般に施肥量が水稲に比べて多く，地下浸透による硝酸態窒素の溶脱が多くなりやすく，窒素の出入りが大きいので，施肥効率の向上と有機物の適正施用が重要である。

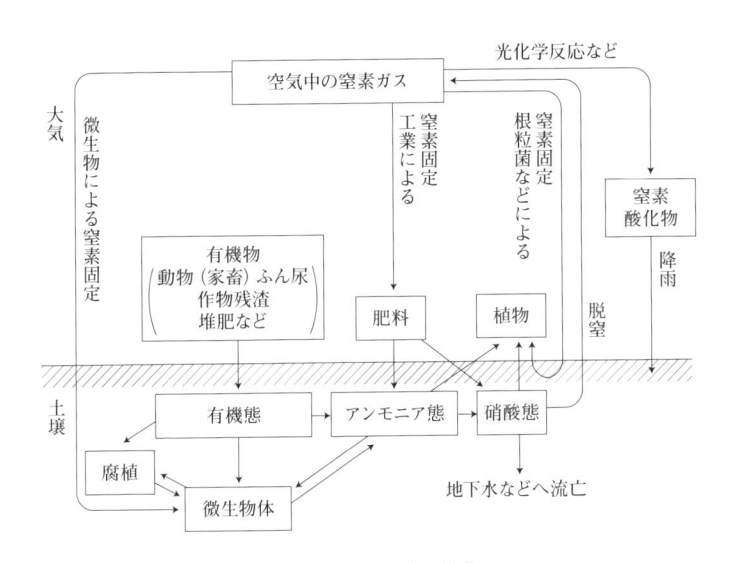

農耕地をめぐる窒素の循環

窒素の形態変化

　土壌中の窒素は有機態と無機態に大別される。これらは，種々の環境条件のもとに，土壌微生物によってさまざまな形態の窒素に変化する。土壌中の窒素の大部分である有機態窒素は，土壌微生物の働きにより分解されアンモニア態や硝酸態の無機態窒素に変化する。植物に吸収されたり，微生物の菌体に取り込まれた無機態窒素はタンパク態などの有機態窒素に変化する。微生物の菌体に取り込まれた窒素は，再び無機化して地力窒素の給源となる。このように，土壌中の窒素は有機態から無機態に，無機態から有機態に変化している。

　水田土壌中での変化　湛水条件下の水田土壌では，作土の大部分は還元状態である。したがって，好気性菌である硝酸化成菌は活動できず，アンモニア態窒素は土壌に吸着された形で安定に存在する。しかし，田面から酸素が供給される作土表層は酸化状態であり，アンモニア態窒素は硝酸態にまで変化する。それらの大部分は浸透水とともに還元状態の下層に移動し，脱窒菌によって窒素ガスに変化し大気中に揮散する。脱窒を防ぎ施肥窒素の利用率を高めるために，基肥の表層施肥を避け，全面全層施肥や，側条施肥などの局所施肥が行なわれている。

　畑土壌中での変化　畑土壌は酸化状態であり，アンモニア態窒素は硝酸態にまで変化する。硝酸態窒素は土壌に吸着されないため，雨水の浸透などにともなって容易に下層に溶脱する。したがって，作物などに利用されない過剰な窒素は，地下水まで流亡し環境に負荷を与えることもある。また，過剰な窒素の一部は，硝酸化成の段階で亜酸化窒素ガスに変化して大気中に揮散し，地球温暖化を促進する温室効果ガスとなる。

　施設土壌中での変化　施肥量が多いと生成されたアンモニア態窒素によって土表面がアルカリ性となり，アンモニアが揮散することがある。また硝酸態窒素が過剰になると，硝酸化成菌の活動が不十分となり，亜硝酸ガスが生成されやすい。施設は閉鎖的環境にあるので，これらアンモニアガスや亜硝酸ガスの障害が起こることがある。

　硝酸態窒素の流亡による窒素の損失と環境負荷を防ぐためには，肥効調節型肥料や硝酸化成抑制材の利用などが行なわれているが，作物の養分吸収特性や地力窒素の発現に即した適切な施肥を行なうことが肝心である。

アンモニア化成作用

　土壌中で有機態窒素が土壌微生物によって無機化され，アンモニアに変化する反応をいう。土壌有機物や施用された有機物中のアミノ基から，細菌，糸状菌，原生動物などの産生する加水分解酵素によってアンモニアが生成する。生成したアンモニアは，好気的条件では一般にすみやかに硝酸化成作用を受けるが，嫌気的条件ではそのまま土壌に吸着されたり作物に吸収されたりする。

アンモニアの固定

　交換性または水溶性のアンモニウムイオンが，バーミキュライトやスメクタイトのような2：1型粘土鉱物の層間に強く吸着され，非交換性となることをいう。固定されたアンモニウムイオンは，作物による吸収や硝化菌による硝酸化成が遅くなる。しかし，徐々に土壌溶液中に放出されるので，水田土壌や溶脱の激しい土壌では，施肥窒素の利用率が最終的にはむしろ高くなる場合もある。

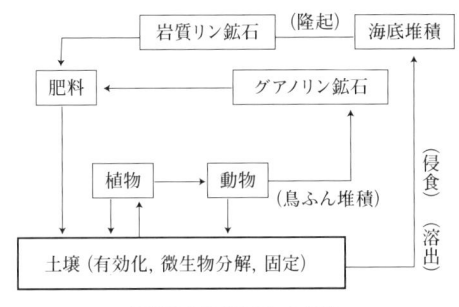

農耕地をめぐるリンの循環

硝酸化成作用

　アンモニア態窒素が硝酸化成菌の働きで酸化され，亜硝酸態窒素や硝酸態窒素が生成する反応をいう。土壌中では，通常は硝酸化成作用によって亜硝酸態窒素が集積することはなく，アンモニア態窒素は硝酸態窒素まで酸化される。

脱　窒

　土壌中の硝酸態窒素が，脱窒菌の働きにより嫌気的条件下で亜酸化窒素を経て窒素ガスに変化する反応をいう。一般に，有機物量が多いほど脱窒は進む。脱窒菌の最適pHは7～8で酸性条件に比較的弱く，酸性条件では亜酸化窒素の発生割合が高まる。最適温度は30℃だが，低温性や高温性の脱窒菌も存在する。また，最近は環境保全対策の視点から，高窒素負荷排水からの窒素除去技術としての利用も注目されている。

リン酸の循環

　土壌中で植物に利用されるリン酸は，リン酸イオンである。リン酸イオンは土壌に吸着される傾向が強く，拡散による土壌中の移動は非常に遅い。土壌中のリン酸イオンは，リン鉱石を原料とするリン酸肥料の施用や有機物の微生物分解によって土壌にもたらされる。リン酸イオンは植物や土壌微生物によって吸収利用され，有機態リン酸となる。有機態リン酸は植物を摂取した動物にも移行する。これら動植物の遺体や動物の排せつ物は，土壌微生物によって分解され，再び土壌中のリン酸イオンとなる。また，リン酸イオンはきわめて反応性に富むため，リン酸の固定により植物に利用されにくい非可給態のリン酸となることも多い。

　自然界におけるリンの循環は，岩石（リン鉱石）→土壌→植物→動物→海→岩石の経路をたどるが，その循環速度はきわめて遅い。

リン酸収支

　農耕地に持ち込まれるリン酸の由来は，化学肥料，堆きゅう肥などの有機質資材が中心で，用水や雨水による流入は少ない。一方，持ち出されるリン酸は，収穫物中に含まれるものが多く，そのほかに表面流去（地表排水）と地下浸透による流出が見込まれるが収穫物より概して少ない。

　火山灰土壌の畑作圃場の測定例では，リン酸肥料の施用（収入），収穫による持ち出し（支出）と作土のリン酸集積（残存）でほぼ均衡し，農耕地系外への排出はほとんど認められない。

　一方，水田では，水稲栽培期間中の湛水にともなって鉄型リン酸が可給化し，作物の利用率が高くなる。また，流出負荷についても，代かきと田植え前の強制落水による流出が比較的大きく，流入量よりも多くなる測定例が多い。琵琶湖など閉鎖性水域の水質保全対策として，浅水代かきや施肥田植機の利用は流出負荷削減効果が高い。

　わが国では，これまでリン酸の土壌集積傾向が続いてきたが，環境保全や省資源の観点から，リン酸の利用効率を高めるとともに，収支バランスを保ち，土壌条件や作物に合った施肥を行なう必要性が高まっている。

リン酸の形態

　土壌中の全リン酸は，無機態リン酸と有機態リン酸に大別される。わが国の農耕地土壌中では普通無機態リン酸のほうが有機態リン酸よりも多く，両者とも吸着態に偏っているが，一部は溶存態で存在し，生物体内にも両者が存在する。リン酸イオンは，酸性土壌では主に鉄やアルミニウムイオンと，塩基性土壌では主にカルシウムイオンと反応し，難溶性のリン酸塩として沈澱し，土壌に蓄積する。また，土壌生物に吸収利用され，微生物菌体リン（微生物バイオマスリン）としても土壌中に存在しており，微生物の代謝（無機化）や菌根形成などを通じて作物へ供給される。

　リンは天然ではリン酸塩として存在し，リン酸肥料原料であるリン鉱石の主要鉱物はフッ素アパタイトで溶解度が低く，植物に吸収されにくいので，酸分解や熱分解によって溶解しやすい形態（肥料）にして施用する。リン酸肥料は，水に易溶性のものから比較的難溶性のものまで多様である。

可給態リン酸

　土壌中に含まれるリン酸のうち，作物が吸収利用可能なものをいう。有効態リン酸ということもある。土壌中のリンの形態は有機態リン酸と無機態リン酸に大別でき，無機態リン酸は形態別にカルシウム型，アルミニウム型，鉄型に区別できる。カルシウム型リン酸は，作物に利用されやすい可給態リン酸であるが，アルミニウム型リン酸や鉄型リン酸は作物に利用されにくい難溶性リン酸であ

る。ただし，難溶性リン酸もまったく作物に利用されないわけではなく，とくに水田では，還元が進むにつれて鉄型リン酸が可給化してくる。

可給態リン酸の測定法は，トルオーグ法，ブレイ第二法などがあるが，最もよく使われているのは，トルオーグ法である。トルオーグ法は，風乾細土を薄い硫酸で抽出するもので，主にカルシウム型リン酸を溶解する。また，ブレイ第二法は，カルシウム型リン酸のほかにアルミニウム型リン酸や鉄型リン酸の一部も溶解する。

リン酸の固定

土壌に施用されたリン酸肥料は，一部は可給態リン酸として残るが，大部分は土壌中の活性アルミニウムや鉄と結合して難溶性リン酸に変化する。このため，作物によるリン酸の利用率は3〜15％と低く，土壌中にリン酸が集積する原因ともなっている。リン酸の固定力は，活性アルミニウムの多い黒ボク土が最も強く，灰色低地土や砂丘未熟土などの沖積土壌は弱い。

リン酸吸収係数

土壌100gが吸収固定するリン酸の量をmgで表わしたものである。わが国で広く用いられている方法は，土壌50gに2.5％リン酸アンモニウム溶液100mLを加えてかく拌し，24時間放置後にろ液中に残存するリン酸量を測定する方法である。リン酸吸収係数は，リン酸肥料の施用量や肥効を評価するために，また，黒ボク土をほかの土壌と区別するために重要な指標となる。一般に，黒ボク土では1,500以上の値を示す。

カリウムの形態

土壌中でのカリウムは，そのほとんどが無機化合物の形で存在しており，作物への有効性・供給力からみて水溶態，交換態，固定態の三つの形態に区分している。水溶態は，土壌溶液中に硫酸塩，塩酸塩，塩化物，炭酸塩として存在しており，作物の生育にただちに利用できるのは水溶態であるが，土壌中での存在量はきわめて少ない。交換態は土壌や有機物の陰イオンに吸着され，ほかのイオンと容易に交換される。通常はこの形態が最も多い。固定態は，粘土鉱物の層間内に取り込まれ，作物に利用されない。

土壌中では，各形態のカリウム間の平衡関係が成立しており，土壌溶液中（水溶性）のカリウム濃度が減少すると，ほかの形態から土壌溶液中に放出・供給される。

カリウムの固定

土壌中のカリウムのほとんどは，非交換性カリウムとして一次鉱物や粘土鉱物の結晶中に含まれている。また，少量は土壌の表面に吸着され，交換性カリウムとして存在する。さらに，ごく少量は水溶性カリウムとして土壌溶液中に含まれ

ている。バーミキュライトなどの2：1型粘土鉱物を含む土壌にカリ肥料を施用した場合，施用されたカリウムはまず交換性カリウムとなるが，次第に粘土鉱物の層間に取り込まれ非交換性カリウムとなる。このことをカリウムの固定という。

この反応は，アンモニアの固定と同様のメカニズムで起こる。これは，カリウムイオンとアンモニウムイオンとが類似したイオン径を持つためである。したがって，固定されたカリウムもアンモニアと同様に，次第に土壌溶液中に浸出される。

▎拮抗作用

作物によるイオン吸収が相互のイオンによって妨げられることをいう。拮抗作用は，陽イオン相互間，陰イオン相互間に認められ，一般には等荷電どうしの間で強い。もちろん，荷電が違ったものの間でも拮抗作用は存在する。

作物にとって重要な陽イオンは，カルシウム，マグネシウム，カリウムの3成分である。これらの間にはつぎのような関係がある（←→拮抗作用）。

　　カリウム←→カルシウム，マグネシウム

　　カルシウム←→マグネシウム，カリウム

すなわち，土壌中でカリウムやカルシウムの含量が増加すると，右側の成分の吸収が抑制されるのである。

土壌改良資材や有機物が過剰施用されると土壌中の成分間に不均衡が生じ，拮抗作用が起こる場合が少なくない。したがって，成分間のバランスを考慮した施用が大切である。交換性カルシウム，マグネシウム，カリウムの土壌中におけるバランスは，それぞれの含量をミリグラム当量（カルシウム＝28mg，マグネシウム＝20mg，カリウム＝47mg）で割ったミリグラム当量比で，カルシウム：マグネシウム：カリウム＝65～75：20～25：2～10に保つようにする。この交換性陽イオンバランスの適正値幅にも作物間差異があり，レタス，ホウレンソウ，キュウリ，トマト，ハクサイは適正値幅が小さい。

なお，そのほかにつぎのような成分の間に拮抗作用がある。

　　鉄←→マンガン，鉄←→アンモニア，銅←→鉄・マンガン

これに対し，作物による土壌中のイオン吸収が相互のイオンによって促進されることを相助作用（相乗作用）という。相助作用は，窒素とリン酸，リン酸とマグネシウムなどとの間に認められる。

▎溶　脱

土壌中の浸透水に溶解した可溶性成分が，土層内を表層から下層へ移動したり，あるいは土層系外へ除去される過程をいう。土壌中の粗粒物質が懸濁液として移動する場合，微細粒子がコロイド溶液として移動する場合，あるいはキレート化合物として移動する場合も含めると洗脱といわれる。流亡も洗脱と同義語である

が，土層系外への除去のニュアンスで使われることが多い。

畑土壌での溶脱は，主に水や炭酸などの無機酸，および腐植による溶解作用による。施肥量の多い樹園地などでは，過剰な硝酸態窒素などの影響を受けて成分の溶脱が増加する。そして水田土壌では，これらに加えて，土層内の酸化還元状態の変化によって生じる物質の溶解性の難易が大きく影響する。

また，溶脱する陽イオン濃度の合計と，溶脱する陰イオン濃度の合計はほぼ等しく，これらは付随的に溶出するといわれている。

連作障害

同じ種類の作物を同じ圃場に連作したことによって，その作物の生育，収量，品質が，原因のいかんにかかわらず低下する現象のすべてをいう。いや地も，徳川時代から使われている類似語である。

連作障害の原因 古くから連作障害の原因とされているものに，土壌養分の消耗，土壌反応の異常，土壌物理性の悪化，植物由来の有害物質，病害虫を含む土壌生物の関与がある。このうちの土壌養分の消耗については，野菜の連作障害が表面化してからは問題となりえず，むしろ土壌中に蓄積した過剰養分に起因する問題が表面化している。また，最近の野菜の事例では，土壌伝染性病害を原因とするものが最も多い。

連作障害の対策 連作障害の特徴は，輪作によって障害が消失すること，土壌中に原因が蓄積し次作に障害を及ぼすことである。したがって，輪作をするか，養液栽培などの手段で毎作の培地を更新すれば，連作障害は起こりえない。しかし，連作を行なう場合には，土壌診断にもとづく施肥管理の適正化，良質有機物の施用，深耕・土層改良，抵抗性品種の導入，無病苗の使用，土壌消毒などを，複数組み合わせて実施する。

いや地

連作障害の類似語で，徳川時代から使われている。特徴的な症状を示さずに全身的な生育低下を起こして原因の特定しにくい連作障害，あるいは作物自体の生成する有害物質に起因する連作障害に限定して用いる場合もある。

土壌有機物

土壌有機物

土壌中の有機物すべてを意味し，①分解程度の異なる動植物の遺体，②微生物の菌体とその分解産物，③さまざまな分解産物から理化学的，生物的に再合成された腐植物質から構成される。腐植を土壌有機物と同義語に用いることもあるが，

本来，土壌有機物は腐植物質と非腐植物質とに分けて考えられる。

土壌有機物の含有量 土壌有機物の自然含有量は，主に気候，植生，母材，地形などの土壌生成因子によって規制される有機物の動態に対応して定常状態を示す。自然土壌を農耕地化すると，通常は土壌有機物含量の減少が起こり，やがて土壌，作物，栽培条件などに応じた平衡状態に達する。堆肥や緑肥などで，土壌に有機物が施用されれば土壌有機物含量はより高い水準に保たれる。

腐植物質の合成と分解 腐植物質は，動植物や微生物の遺体の分解と再合成によりつくられ，土壌中の金属イオン，遊離酸化物，粘土鉱物と複合体を形成して安定化する。また，腐植物質も徐々に分解され，微生物菌体，代謝産物，二酸化炭素に変化する。新鮮有機物の供給が続くかぎり，新たな腐植物質がまた合成され，腐植物質の更新が行なわれる。

土壌有機物の機能 土壌有機物は，土壌の物理性，化学性，生物性に影響して，植物の生育に寄与している。土壌有機物は土壌の団粒形成を促進し，保水性，透水性などを良好にする。また，土壌有機物の分解過程で，窒素，リン酸などさまざまな養分が無機化して植物の養分供給源となる。腐植物質は多量のカルボキシル基を有するため，陽イオン交換容量（CEC）が増大し養分保持能が高まる。さらに，土壌有機物中の炭水化物は土壌微生物のエネルギー源としても重要である。

粗大有機物

広義には，堆きゅう肥および新鮮有機物などの農耕地に施用される有機物全般を指す。狭義には，新鮮有機物と同義に用いられる。また，土壌中の非腐植物質全体を指す場合もある。広義に解釈すると，堆きゅう肥などの腐熟の進んだ有機物から，わら類，緑肥，おがくず，収穫残渣などの新鮮有機物，汚泥肥料，都市コンポストなどの再生利用有機物など，実に多くの種類がある。

新鮮有機物

わら類，緑肥，おがくず，収穫残渣などの，微生物による腐熟の進んでいない新鮮な植物遺体をいう。微生物に利用されやすい易分解性有機物が多く，炭素率が高いことが多い。したがって，新鮮有機物の施用直後には窒素飢餓，有害物質の生成，ピシウム菌のような土壌伝染病菌の増殖などが起こりやすい。新鮮有機物を施用する場合は，播種や移植時よりも1カ月以上前に施用するか，窒素を添加して腐熟を進めるようにする。

易分解性有機物

微生物によって容易に分解される有機物のことをいう。土壌有機物中の易分解性有機物を指す場合と，新鮮有機物のような土壌に施用される有機物中の易分解性有機物を指す場合とがある。

土壌有機物中の易分解性有機物は、地力窒素の給源であり、乾土効果や温度上昇効果などによって無機化が促進される。その主体は、微生物菌体由来のタンパク様物質、多糖類、腐植化度の低い腐植などと考えられる。

施用有機物中の易分解性有機物は、糖類、デンプン、タンパク質の多い新鮮有機物がこれに相当する。これに対して、リグニンの多いものは難分解性有機物である。新鮮有機物のなかでも、一般に炭素率の低いものは易分解性有機物である。これらの易分解性有機物は緩効性の窒素やリン酸を含み、土壌への養分供給効果が大きい。

C/N比（炭素率）

全炭素と全窒素との比率であり、炭素率ともいう。全国の水田土壌や畑土壌の表土の平均値は10程度である。ただし、土壌のC/N比は土壌中の有機物含量によって異なり、黒ボク土の樹園地土壌では15程度、泥炭土の水田土壌では14程度と高い値を示す。微生物菌体をはじめ土壌有機物の炭素率は10程度である。

農耕地土壌に施用される有機物のC/N比は有機物の種類により大きく異なり、たとえば家畜ふん堆肥では20程度、青刈りライムギは40程度、稲わらは60～80、おがくずは400程度である。C/N比によって土壌中での分解が異なる。C/N比が高い（20以上）有機物では土壌物理性の改善効果が期待されるが、分解の際に土壌中の無機態窒素が微生物に利用され、作物は窒素飢餓となるので施用のうえで注意を要する。また、C/N比が低いと（10以下）、無機態窒素が有機物からすみやかに放出されて作物に供給され、肥料的効果が高い。

腐　植

広義には、微生物菌体と新鮮動植物遺体を除くすべての有機物を意味し、土壌有機物と同義に用いられることもある。狭義には、土壌中で微生物によって動植物遺体などの分解と再合成によってつくられた、土壌固有の暗色無定形の高分子化合物のことを意味する。

腐植の分類　形態的、機能的、物質的立場から分類される。形態的には、生成環境および形態により、陸成腐植、半陸成腐植、水成腐植に分けられる。機能的には、作物の生育環境としての機能面から、栄養腐植と耐久腐植に分類される。物質的分類は大きく二つに分けられる。概念的な分類としては、腐植物質と

腐植の分類

形態的分類	機能的分類	物質的分類
陸成腐植	栄養腐植	（概念的分類）
a) 粗腐植	耐久腐植	腐植物質
b) ムル		非腐植物質
半陸成腐植		
a) 泥炭		（化学的分類）
b) 黒泥		腐植酸
水成腐植		フルボ酸
a) 腐泥		ヒューミン
b) guttja		

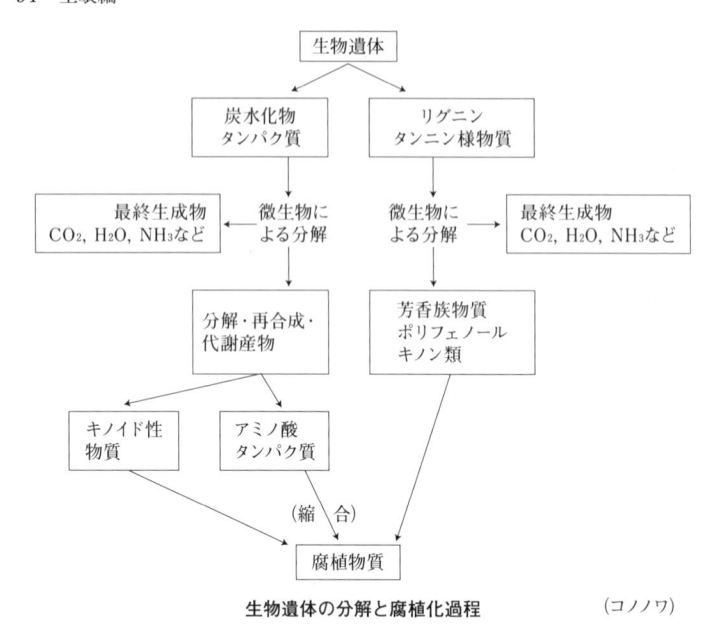

```
                        ┌─────────┐
                        │ 生物遺体 │
                        └────┬────┘
                    ┌────────┴────────┐
                    ↓                 ↓
            ┌──────────────┐   ┌──────────────┐
            │  炭水化物    │   │  リグニン    │
            │ タンパク質   │   │ タンニン様物質│
            └──────┬───────┘   └──────┬───────┘
```

┌──────────────┐ 微生物に   微生物に ┌──────────────┐
│ 最終生成物   │←による分解 による分解→│ 最終生成物   │
│CO₂, H₂O, NH₃など│   │   │CO₂, H₂O, NH₃など│
└──────────────┘   ↓   ↓   └──────────────┘
            ┌──────────────┐   ┌──────────────┐
            │ 分解・再合成・│   │ 芳香族物質   │
            │ 代謝産物   │   │ ポリフェノール│
            └──────┬───────┘   │ キノン類   │
                   │   └──────┬───────┘
         ┌─────────┼─────────┐   │
         ↓   ↓   │   │
    ┌────────┐ ┌────────┐   │   │
    │キノイド性│ │アミノ酸 │   │   │
    │物質   │ │タンパク質│   │   │
    └────┬───┘ └────┬───┘   │   │
         │   (縮 合) │   │   │
         └─────┬────┘   │   │
               ↓   ↓   ↓
                    ┌──────────────┐
                    │   腐植物質   │
                    └──────────────┘

生物遺体の分解と腐植化過程　　　　　（コノノワ）

非腐植物質とに大別する。腐植物質とは，土壌固有の暗色無定形の高分子化合物のことで，狭義の腐植を意味する。それ以外の動植物遺体およびその分解産物などの有機物は，非腐植物質と呼ばれる。また，腐植は試薬（一般にアルカリ性の溶媒が用いられる）に対する溶解性から，腐植酸，フルボ酸，ヒューミンに区別される。

腐植の生成と集積　動植物遺体は土壌動物や土壌微生物によって分解され，多くは炭酸ガス（二酸化炭素），水，アンモニアなどの最終生成物となる。一部は低分子有機化合物となり，ついでこれらは重縮合して暗色無定形の高分子化合物，すなわち腐植物質となる。また，腐植の集積量は，加えられた有機物量と腐植の分解量に左右される。

腐植の役割　腐植の形態により異なる。栄養腐植は，分解により作物に養分を供給する。耐久腐植の大部分を占める腐植酸は，団粒の形成，陽イオン交換容量（CEC）の増加，緩衝力の増大などに役立つ。フルボ酸は，鉄，アルミニウムなどの金属と化合してキレート化合物をつくり，水溶性とし，土壌中を移動させたり可給態にしたりする。

▋栄養腐植

　腐植は機能的な面から，栄養腐植と耐久腐植に分類される。腐植のうち，土壌微生物によって比較的分解されやすい部分を栄養腐植という。その分解にともなって窒素やリン酸などの無機養分を放出し，土壌からの養分供給の源となり，作物の生育に対して重要な役割を果たしている。また，土壌微生物の活性を高めて，作物根圏などの土壌環境を健全に保つ面でも重要である。

▋耐久腐植

　腐植のうち，土壌微生物によって比較的分解されにくい安定した部分を耐久腐植という。耐久腐植は，土壌が団粒を形成する際の接合物質として，土壌の物理性を良好に保つ働きをしている。また，水分や陽イオンの吸着保持力が強いので，養水分の保持能力あるいは土壌の緩衝力を高めるうえで重要である。

▋腐朽物質

　動植物遺体が腐植化する過程における初期段階の未熟なものであり，初生腐植物質とも呼ばれる。腐朽物質は土壌微生物の分解を受けて，水，炭酸ガス，無機養分を生成し，同時に腐植化も進行して真正腐植酸に移行する。栄養腐植の大部分は腐朽物質と考えられる。未耕地が熟畑化する場合や湿田が乾田化する場合に，腐朽物質が減少し，真正腐植酸が増加する。乾土効果の主体をなすものも腐朽物質と考えられる。

▋フルボ酸

　土壌からアルカリによって抽出される有機物のうち，酸性（pH1）にしても沈澱しない画分をいう。溶液の色は黄色から褐色を呈し，腐植酸よりも分子量が小さい。土壌中では鉄やアルミニウムの遊離酸化物，粘土鉱物などに吸着されて存在し，また多数の解離基によって交換性陽イオンを保持している。したがって，これら陽イオンの可給性，移動・集積，土壌環境の変化に対する緩衝作用などに深く関わっている。

▋ヒューミン

　腐植のうち，土壌からアルカリによって抽出されない有機物画分をいう。土壌の無機鉱物と強く結合しているため，容易に抽出されない有機物部分である。全腐植に占める割合は土壌によって異なるが，20〜50％と広範囲に及ぶ。本質的には，腐植酸と同質の有機物画分が主体と考えられているが，分析の操作上，未分解の生物体組織や植物の炭化物も含まれる。

▋腐植酸

　土壌からアルカリによって抽出される有機物のうち，酸性（pH1）にして沈澱する画分をいう。赤褐色から暗褐色を呈し，カルボキシル基やフェノール性水酸基によって酸としての性質を示す。土壌中では粘土鉱物の表面に吸着されたり，

各種の陽イオン，鉄，アルミニウム，カルシウムなどと難溶性の塩を形成して存在している。腐植物質の性質を代表するものであるが，腐植化度の程度によって腐朽物質，真正腐植酸に区別される。

真正腐植酸

腐植酸のなかでも，腐植化度の高いものを呼ぶ。腐植化度は，単位濃度当たりの腐植酸の600nmの吸光度および吸収スペクトルの傾きを指標に定義され，A, B, Rp, Pの4型に分類される。A型腐植酸は，最も腐植化の進行した腐植酸であり，黒ボク土のA層や石灰質土壌などから主に得られる。これらの土壌では，活性アルミニウムやカルシウムとの結合によって分解から保護されている。

粘土腐植複合体

狭義には，2:1型粘土鉱物の層間の水分子と腐植とが置き換えられた層間複合体のことをいう。広義には，化学的あるいは物理的相互作用によって土壌中の腐植と粘土鉱物との間で形成される有機無機複合体のことをいう。粘土腐植複合体（広義）は，土壌中での腐植の集積・分解に大きく関与する。一般に，粘土と複合体を形成した腐植は，団粒の形成などを通じて，分解に対する抵抗性が大きくなる。

キレート

金属原子を中心原子に，それにほかの原子団（配位子）が主として配位結合によって結合して形成されている原子集団をいう。土壌中での金属イオンのキレート化は，その溶解性やイオンとしての挙動に影響を及ぼす。植物の微量要素となる金属イオンは，有機酸などとのキレート化によって土壌中での移動性が増大し，有効性が高まる。

キレート鉄

キレートを形成している鉄のことをいい，作物が吸収利用しやすい。エチレンジアミン四酢酸（EDTA）のようなキレート試薬（金属と結合しやすい有機化合物の試薬）によって土壌中から抽出された鉄（EDTA鉄）や，有機物とキレート結合した鉄などがある。

有機物施用

農耕地土壌では，収穫物の形で土壌から有機物を収奪し続けている。したがって，土壌中の有機物は次第に分解減少するので，土壌中の有機物含量を維持し土壌を肥沃な状態に保つためには，たえず外から有機物を補給しなければならない。

このために，従来から堆きゅう肥が施用されてきた。堆きゅう肥を中心とした有機物の適正な施用は，地力の維持や不良土壌の改良だけでなく，農耕地の環境負荷を軽減するための環境容量向上の手段としても重要である。しかし，稲わら，家畜ふんなどの原料の不足，担い手の高齢化などによる労力不足などから，堆きゅ

各種有機物資材の性状および施用効果

(安西, 1996)

有機質資材の種類	素材(原材料)	水分(%)	1t当たり成分量 (kg)					1t当たり有効成分量 (kg)			C/N比	施用効果		
			窒素	リン酸	カリ	石灰	苦土	窒素	リン酸	カリ		肥料的	化学性改善	物理性改善
植物素材堆肥	稲わら, 麦わら, 山野草など	75	4	2	4	5	1	1	1	4	15〜30	中〜小	小	中
モミ殻堆肥	モミ殻	55	5	6	5	7	1	1	3	4	30〜45	小	小	大
木質系素材堆肥	バーク, おがくず, チップなど	61	5	3	3	11	2	0	2	2	20〜40	小	小	大
家畜ふん堆肥	牛ふん尿と敷料	66	7	7	7	8	3	2	4	7	15〜20	中	中	中
	豚ぷん尿と敷料	53	14	20	11	19	6	10	14	10	10〜15	大	大	小
	鶏ふんとわらなど	39	18	32	16	69	8	12	22	15	8〜10	大	大	小
家畜ふん木質混合堆肥	牛ふん尿とおがくず	65	6	6	6	6	3	2	3	5	20〜25	中	中	大
	豚ぷん尿とおがくず	56	9	15	8	15	5	3	9	7	15〜20	中	中	大
	鶏ふんとおがくず	52	9	19	10	43	5	3	12	9	10〜15	中	中	大
都市ゴミコンポスト	家庭のちゅう芥類など	47	9	5	5	24	3	3	3	4	10〜20	中	中	中
食品製造かす堆肥	食品製造かすと水分調整材	63	14	10	4	18	3	10	7	3	8〜10	大	中	小
下水汚泥堆肥	下水汚泥と水分調整材	58	15	22	1	43	5	13	15	1	5〜10	大	大	小

注1) 有効成分量は施用後1年以内に有効化すると推定される成分量
2) 藤原(1988), 松崎(1992)のデータから作表した

う肥の製造体制は必ずしも十分でない。また、労力不足は堆きゅう肥の施用意欲をも抑えがちである。

有機物の効果 有機物の施用は、物理性、化学性、生物性の、三つの面を改良する効果がある。物理性の改善効果は、土壌の団粒化の促進による保水性、透水性、通気性などの向上、作物の根系の発達促進などである。化学性の改善効果は、①窒素、リン酸などの養分の供給、②保肥力（CEC）の増大、③作物に対する生理活性物質の供給、④腐植のキレート作用、⑤緩衝能の増大などである。生物性の改善効果は、土壌微生物活性を促進することによる土壌伝染病菌の抑制などである。

有機物の施用法 施用される有機物の種類は多様であり、その腐熟度や含有成分などに応じた施用法の確立が必要である。炭素率が高く易分解性有機物含量の高い新鮮有機物は、窒素飢餓などの障害を起こさないよう施用法に留意すべきである。家畜ふん堆肥のような肥料成分含量の高い有機物は、その肥効も考慮して有機物や肥料の施用量を決定する必要がある。とくに、大量施用は、窒素の流亡、リン酸の過剰集積、カリウムの過剰集積による塩基バランスの悪化を招くので注意を要する。

土壌侵食

▍土壌侵食

雨水または風の作用によって土壌が流失または飛散移動する現象である。前者を水食、後者を風食と呼ぶ。いずれの場合も、肥沃度の高い表土が失われるので土壌の性質はきわめて悪化し、作物の生育は阻害される。とくに山間傾斜地が多く、降雨量も多いところでは土壌侵食は大きな問題となる。

▍水　食

通常つぎの三つに分けられる。①土壌の表面がほぼ一様に流亡する表面侵食（シートエロージョン）、②表面侵食にともなって、小さな溝状の侵食が起こる雨裂侵食（リルエロージョン）、③雨裂侵食がさらに強くなり、時によって大規模な侵食になる谷状侵食（ガリエロージョン）。

水食の原因 水食は地表流去水により引き起こされるが、地表流去水は降雨量が土壌の浸透力と保水力を超えたときに発生する。地表流去水の量と速度は、①降雨の性質、②土地の傾斜と面積、③土壌表面の浸透能、に左右される。降雨量は、積算降雨量だけではなく単位時間当たりの降雨量（降雨強度）が問題になる。水食が起こる降雨強度は、腐植の多い黒ボク土では3mm/10分程度、赤・黄色土で

は3mm/30分程度であるとされている。なお、降雨強度が弱くても、降雨時間が長く土壌が飽水状態になった場合には発生するが、細粒質の土壌は粗粒質の土壌よりも飽水状態になりやすい。このほか、傾斜度と傾斜の長さが影響するが、とくに傾斜度が重要である。黒ボク土では20度付近から、赤・黄色土では15度付近から水食による流去土量が著しく増加する。

水食の対策　水食防止対策としては、①降雨強度の大きい降雨にも対処できるように土壌の透水性を高める、②雨量が多くかつ降雨強度の大きい時期には、裸地にせず、できるだけ作物などを栽培して土壌表面を被覆する、③傾斜をゆるやかにしたり、傾斜面を短くする、などがある。とくに、①が重要であるが、そのための基本的方策は、土壌改良資材、有機物利用による耐水性団粒の形成を基幹とする土壌構造の発達と保持である。それによって、雨水の円滑な浸透と保持のバランスが図られ、余剰流去水は流速が抑制され侵食を起こすことなく流出する。

風　食

主に関東以北の火山灰土畑作地帯、日本海沿岸、東海地方沿岸などの砂丘未熟土地帯で問題になる。とくに、冬季は大陸からの季節風が吹き、表日本では乾燥した晴天と相まって表土が飛散し、作物に著しい被害を与える。土壌が乾燥状態にある条件では、風速3〜5m/秒で土壌の飛散が起こり、発生する。季節的には、東北以北では4〜6月、関東以南では1〜3月に発生が多い。

対策は、防風林、防風垣によって風を弱める方法が一般にとられる。また、前作の刈り株の利用、不耕起播種、灌水などもある。土壌改良によって耐風食性を高めるためには、乾燥時の土壌凝集力を増加させる必要があり、ベントナイトのような膨張格子型の結晶格子を持つ粘土の施用が効果的である。

等高線栽培

傾斜地の作物栽培において、うね（あぜ）の立て方には傾斜に沿った上下うねと、傾斜の等高線に沿った等高線うねがある。後者を等高線栽培という。勾配や斜面の長さが大きくなるにつれて、上下うねでは降雨時の地表流去水の水量が増加するが、等高線うねでは地表流去水の流速を緩和させ、水食を少なくすることができる。また、斜面が長いところでは、多年生牧草を適当な間隔で等高線状に作付けし、流出する雨水を取り込む承水路を設けると有効である。

山成工法

傾斜地で草地や耕地を造成する場合に、ほぼ地形なりに現状の傾斜を利用して農地を造成する、最も経済的な工法である。これまでは、かなりの傾斜地でも山成工による造成が多かったが、機械化営農などの進展にともない、切盛土による地形修正を加えた改良山成工法が多くなった。この場合、切盛土による土量が大きくなるため、熟畑化、農地保全や防災対策、さらには環境との調和が必要であ

る。

▌テラス工法

　傾斜地で草地や耕地を造成する場合に，畑面そのものの傾斜，斜面長を修正し階段状に造成する工法である。緩傾斜の場合は，畑面すべてを利用して傾斜を修正する分水テラス，傾斜が8度以上の場合は，畑面と法面を分けて法面は侵食防止のため草生，石やコンクリートで保護するベンチテラスの工法がある。

植物栄養編

要 素

必須元素

植物の必須性の証明は大別して二つの方法がある。一つはアーノンとスタウトの方法でつぎの三つの条件をすべて満たすときである。①その元素を欠くと植物が栄養生長,生殖生長の全過程を完成できず,どこかに異常(欠乏症状)を示す。②その欠乏症状は,その元素のみに特異的であって,当該元素を与えることによってのみ回復し,ほかの元素では代替できない。③その元素は,培地の改善など間接的な効果でなく,植物の栄養に直接関与する。

ほかの一つは,その元素が働く生体反応を明らかにして必須性を認める生化学手法である。すなわち,その元素が植物の基本的生体反応で重要な役割を果たしている物質の構成元素であり,その反応がほかの元素によって代替されないことの証明がなされれば,その元素の必須性が確認されるとする。ただし,この場合は代謝経路にしても種々のバイパスを持つため,その必須性を厳密には証明しがたい。

その点,前者の方法は元素の機能が不明でも水耕により確実に証明することが可能である。現在植物の必須元素とされている16元素は,すべて前者の基準を満たしている。

高等植物において必須とされている元素に,マーシュナーはニッケルを加えている。これは尿素を分解するウレアーゼ1分子当たり2個のニッケルが含まれていて,尿素を唯一の窒素源としてニッケル欠如下で植物を栽培すると体内に尿素が異常に集積し生育障害を生じるためである。しかし,硝酸態やアンモニア態を窒素源にすると生育障害を生じないため,前者の基準を十分に満たしていないという異論もある。

動物に必須と認められている元素は27種あり,植物よりはるかに多い。研究の進展あるいは必須性の定義の再考などにより,植物にも必須と認められる元素が今後増加する可能性はある。また,必須と認められていなくともイネにケイ素,窒素固定植物にコバルトは重要である。

多量要素

必須元素は,植物が必要とする量から便宜上多量要素と微量要素に大別されている。多量要素は水素,炭素,酸素,窒素,カリウム,カルシウム,マグネシウム,リン,硫黄の9元素である。水素,炭素,酸素については,植物は大気中の二酸化炭素(CO_2)を葉より,水(H_2O)を根より吸収して,光合成により炭水

多くの高等植物における必須元素の生体内充足濃度など

(Stout, 1961より Epstein, 1972)

元素記号	諸物に利用される形態	原子量	乾物中濃度 ppm	乾物中濃度 %	Moを1としたときの原子比
Mo	MoO_4^-	95.95	0.1	0.00001	1
Cu	Cu^+, Cu^{2+}	63.54	6	0.0006	100
Zn	Zn^{2+}	65.38	20	0.002	300
Mn	Mn^{2+}	54.94	50	0.005	1000
Fe	Fe^{3+}, Fe^{2+}	55.85	100	0.01	2000
B	BO_3^{2-}, $B_4O_7^{2-}$	10.82	20	0.002	2000
Cl	Cl^-	35.46	100	0.01	3000
S	SO_4^{2-}	32.07	1000	0.1	30000
P	H_2PO_4, HPO_4^{2-}	30.98	2000	0.2	60000
Mg	Mg^{2+}	24.32	2000	0.2	80000
Ca	Ca^{2+}	40.08	5000	0.5	125000
K	K^+	39.10	10000	1.0	250000
N	NO_3^-, NH_4^+	14.01	15000	1.5	1000000
O	O_2, H_2O	16.00	450000	45.0	30000000
C	CO_2	12.01	450000	45.0	35000000
H	H_2O	1.01	60000	6.0	60000000

化物に変えて利用している。水は水素の供給源のみでなく重要な生体構成成分で作物栽培上欠かすことができない。炭素も二酸化炭素として大気中より自然に吸収され、二酸化炭素濃度は光合成能に大きく影響する。窒素、カリウム、リンは肥料の三要素として施用されてきた。硫黄はわが国では天然供給量が多いが、古代より溶脱が進んだ大陸では肥料として施用の必要な地域もある。カルシウムは石灰として、マグネシウムは苦土石灰などの形で、土壌の酸度きょう正用に施用されてきた。両者とも作物生育には多量に必要とされる。植物は多量要素の含有率が乾物あたりおよそ0.1％（1,000ppm）以上で正常な生育をする（すなわち充足濃度）。ただし実際の植物の元素含有率はそれより高いことが多い。

微量要素

必須微量要素はモリブデン、銅、亜鉛、マンガン、鉄、ホウ素、塩素の7元素である。これらはおのおの生体内における機能も明らかにされている。機能は不明の部分もあるが、これらにニッケルを加えた8元素を必須微量元素とする考え方もある。植物は微量要素の含有率が乾物あたりおよそ0.01％（100ppm）以下で正常な生育をする（充足濃度）。

動物ではかつては有害元素と考えられていたものが、その後必須の栄養素とし

て新たに認識されるようになった例が多い。ヒ素, セレン, クロム, カドミウムなどの微量元素である。すなわち, 微量元素は生体内における濃度が高いときには毒性を示すが, 微量では不可欠の生体機能を持つことも多い。

窒　素
　農業生産上最も重要な元素で, 作物の生育・収量に大きく影響する。作物体には乾物あたり1～5％含まれており, 必須元素のH, C, Oについで多い。タンパク質, 核酸, クロロフィル, 補酵素など多くの生体構成成分になり, しかも各種生体反応に関与しているためである。土壌中の窒素は降雨などで流亡しやすく, 過剰の窒素は作物生育に悪影響を及ぼすため, 適正量の施肥が必要である。植物根はアンモニア態あるいは硝酸態窒素の形で吸収する。

リ　ン
　核酸やリン脂質の構成元素である。糖リン酸エステル, ATPの形態でエネルギー代謝や光合成にも重要な働きをし, 無機リンは代謝制御にも関与している。根に吸収された無機リンは細胞内で数分以内にATPなどの有機態になるが, 根の導管を通って地上部に転流されるときは, ほとんど再び無機リンとなって移動する。無機リンは十分にリンの供給があるときは細胞内の85～95％が液胞中に存在する。リンの供給を停止すると液胞中の無機リンは大きく減少するが, 細胞質ではそれほど低下しない。

カリウム
　生体内では不溶性の化合物をつくらず, イオンとして浸透圧の調節, pHの安定化に重要な役割を担っているほか, 多くの酵素の活性化, 膜透過, および気孔の開閉に関与している。細胞膜上のポンプ機構などによって制御されているため, 細胞質での濃度が100～200mMという狭い範囲に維持されていることが特徴的である。多くの酵素タンパクはカリウムが100～150mM共存すると水和しやすく安定化する。

カルシウム
　細胞壁成分の一つであるペクチン酸のカルボキシル基と架橋をつくることによって, 細胞壁の構造と機能の維持に関わっている。大半は細胞壁や細胞膜などのアポプラスト部分に存在し, 細胞質内の濃度はごくわずかで, シュウ酸と不溶性の塩をつくって液胞中に存在する。細胞質内ではカルモジュリンと結合し, セカンドメッセンジャーとして機能している。そのほか, ATPase, ホスホリパーゼなど膜結合性酵素を賦活化する。

マグネシウム
　葉に含まれる約10％はクロロフィルの構成成分となっているが, 70％は水溶性で, 多くの酵素の活性化や細胞pH調節, アニオン（陰イオン）のバランス維

持に重要な役割を果たしている。酵素タンパクとATPとの間に架橋をつくりリン酸化反応を助ける。また，グルタミン合成酵素の活性化やタンパク質合成の場であるリボソームの立体構造の維持に関与する。

■ 硫　黄

植物は根からSO_4^{2-}の形で吸収する。葉からも少しではあるが空気中のSO_2ガスを吸収する。SO_4^{2-}は還元されて含硫アミノ酸などの有機化合物に変化し，一部はそのまま膜のスルホリピドに組み込まれる。硫酸還元は一般的に葉のほうが根よりも数倍活発に行なわれ，フェレドキシンが関与しているので，光が関与する。適量幅は乾物あたり0.2〜0.5％で，要求性はイネ科で最も低く，マメ科，アブラナ科の順に高くなる。

■ 鉄

植物体中含有率が微量元素のなかで最も高い部類に属する。生物から単離された全金属酵素のなかで鉄酵素の数は最も多い。光合成による光エネルギーの捕捉と，生成された糖の呼吸による酸化分解によるエネルギー獲得は，ともに鉄を活性中心に持つ分子種を中心とする電子伝達系によってきわめて効率よく行なわれる。クロロフィルの生合成にも関与し，カタラーゼ，ペルオキシダーゼなどの酸化酵素の活性中心としても機能している。また，硫黄の同化過程における亜硫酸の還元にも鉄が必要である。

■ マンガン

高等植物の葉中に含まれるマンガンの60％以上が葉緑体中に存在し，水の光分解による酸素放出に関して重要な機能を営んでいる。光化学系Ⅱの反応中心に少なくとも4原子のマンガンが必須である。そのほかの機能では，二価マンガンが解糖系やTCAサイクルにおける脱水素酵素や加水分解酵素，RNAポリメラーゼなど多くの酵素の活性化因子となるが，これらはマグネシウムなどほかの二価金属イオンで代替可能な場合が多い。

■ 塩　素

1954年にトマトの水耕により必須性が確認されたが，塩素を含むタンパク質などの高分子化合物は知られておらず，酵素反応への寄与も明らかでない。しかし，光合成における水の光分解（酸素発生）には関与しており，マンガンの補欠因子として作用する。ただ，この機能は臭素によって代替される。浸透圧や膨圧の調整，気孔の開閉に関与するカリウムの随伴アニオンとしての機能，液胞と原形質間のpH勾配形成への機能なども知られている。

■ ホウ素

動物では必要なく，植物でも必須性が確認されているのはシダ植物以上の維管束植物に限られることから，進化の過程で参入したと考えられる必須元素である。

浮力の支えを失った陸上植物はホウ素で細胞壁を補強することにより，直立するための支持組織を得た。細胞に含有されるほとんどが，細胞壁に局在するペクチン質多糖の一種であるラムノガラクツロナンⅡと結合して存在することが近年明らかにされている。

モリブデン

必須微量元素のなかで植物体中に存在する量はニッケルについで最も少なく，0.1ppm程度である。しかし，植物に対する適量幅はきわめて広く4桁の開きがあり，過剰障害が出にくい。高等植物で認められているモリブデン酵素は，硝酸から亜硝酸への還元を触媒する硝酸還元酵素のみである。モリブデン欠乏になると本酵素活性は著しく低下し，硝酸が蓄積される。モリブデンは本酵素の構成要素のみならず，酵素の生合成にも必要とされている。窒素固定微生物に特有な酵素であるニトロゲナーゼにも必要である。

亜　鉛

植物の含有率は20ppm程度と少ないが，亜鉛を含む酵素は生物全体で多数知られており，鉄についでその数が多い。同じ遷移元素である鉄，マンガン，銅，モリブデンが酸化還元機能を持つのに対し，亜鉛はd軌道が飽和しているため，酸化還元機能を持たない。加水分解，水和反応を触媒する酵素で機能していることが多い。タンパク質合成系に関与しているため，欠乏条件では遊離のアミノ酸やアマイドが増加する。

銅

植物体内の含有率は6ppm程度と低いが，その生理作用はよく研究されている。葉緑体中に含まれる銅の約半分がプラストシアニンの形であり，1分子当たり銅1原子を含み，光合成の電子伝達系のなかで重要な役割を担っている。ラッカーゼ，アスコルビン酸オキシダーゼなど一群の銅を含む酸化還元酵素は，銅原子を2個以上含み，分子状酸素による基質の直接酸化を触媒する。高等植物のスーパーオキシドジスムターゼ（SOD）の大部分は銅と亜鉛を含む。

ケイ素

最初は植物の必須元素に入れられていたが，現在は認められていない。動物ではムコ多糖代謝に関与し，欠乏すると結合織構造・骨形成が不全になることから1972年に必須元素と認められている。イネはケイ素を窒素の約10倍吸収し，不足すると明らかに生育，収量が低下する。ケイ素は茎葉を剛直にして倒伏を防止するとともに光合成量を増加し，病害虫の侵入を防ぐ。

アルミニウム

土壌pHが5以下の酸性になると土壌溶液中に溶出し，作物の生育やリンなどの吸収を阻害する。作物種により抵抗性は異なり，ビートやオオムギでは1ppm

でも生育が阻害されるのに対し、イネでは30ppmでも阻害されない。チャやアジサイなどはむしろアルミニウムを好む。アジサイの花色はデルフィニジンによるが、それが遊離のまま存在すると花色は赤に、アルミニウムと錯体を形成すると青色になる。

ニッケル

尿素をアンモニアとCO_2に加水分解する酵素であるウレアーゼに含まれる元素である。肥料として土壌に施用された尿素が微生物により分解されてアンモニアが生じるのはこの酵素の働きによる。植物では普遍的に生じる尿素を分解して再利用するために働いている。植物におけるニッケルの必要量はモリブデンよりも少ないとされ、自然界では欠乏することはほとんどないと思われる。

レアメタル（希土類元素）

Rare metals Handbook（1961）では、地球上に比較的少量しか存在しない元素、および存在量は少なくないが高品位の鉱石が少ない元素、また純粋に取り出すのが、技術的、経済的に困難なため利用可能な量が限られるような元素とし、アルカリ金属、アルカリ土類金属、遷移金属、希土類などの54元素を対象元素としている。しかし、学術的に明確に定義されていないため、地殻における存在度が低い金属元素であって先端技術産業にとって不可欠な素材を指す研究者もいる。資源の偏在などの点から、Cr、Mn、Co、Niなどもレアメタルと呼ばれることがあるなど、定義は流動的である。植物の生育との関係は明らかではないものが多い。

同位元素

原子番号が同じで、原子量の異なる元素、たとえば水素と重水素のようなものをいう。同位元素が互いに同一の化学的性質を持つことを利用して、ある元素の行動を追跡するために用いられる同位元素をトレーサーという。^3H、^{14}C、^{32}P、^{35}S、^{45}Caなど放射性同位元素が物質代謝、養分の転流実験などによく用いられているが、近年は質量分析機器の発達にともない非放射性の同位元素^2H、^{13}C、^{31}P、^{15}Nなども用いられる。

養分吸収・同化

養分吸収

植物は炭素以外の成分は基本的に根から吸収して、体内で各種の化合物を合成する。植物が養分として体内に取り入れる元素は生育に欠くことのできない必須元素（16～）17種を含めて50種以上に及ぶ。これらの養分が吸収されるしくみ

については諸説あるが，一般に受動的吸収と積極的吸収に分けて考えられる。受動的吸収はエネルギーを消費しない吸収過程で，拡散説，交換吸着説，マス・フロー説などがある。拡散による吸収は養分濃度の高い外液から根の細胞間隙や細胞壁の濃度の薄いところに濃度勾配に従って移動吸収されるもので，全吸収に占める割合は小さい。交換吸着による吸収は根の細胞壁表面のマイナス荷電に吸着された陽イオンが順次吸着基を伝って内部へ移動していくしくみとされる。マス・フローによる吸収は水に溶けている養分が水の移行と一緒に植物体内に吸収される過程で，カルシウムの吸収はこの代表とされる。

一方，積極的吸収はエネルギーを必要とし，代謝と密接に関連している。濃度勾配に逆らった吸収や養分の選択的吸収はこれによるものである。単独では吸収されにくい養分が膜内のアミノ酸，ポリペプチド，タンパク質などと結合し吸収移行されやすい形態となって膜の内側まで移行し，そこで解離放出されるタイプの吸収は担体による吸収といわれ，ATPのエネルギーで膜の内外にプロトンの濃度勾配をつくり，これに従って別の部位でプロトンが流入するとき養分が吸収されるタイプをプロトン・ポンプによる吸収という。

養分輸送

養分の細胞膜における輸送については，運ばれる養分がそれぞれ膜の内外の濃度差（養分がイオンの場合はその電荷の差も含まれる）に従う場合と逆らう場合に大きく分類される。濃度差に従い最終的に膜の内外の濃度が等しくなるまで進行する輸送形式を受動輸送と呼ぶ。一方，濃度差に逆らって進行する輸送形式を能動輸送と呼ぶ。

受動輸送ではエネルギーは必要とされない。受動輸送において，養分が輸送体を介さないで直接膜を通過する場合を単純拡散，チャネルなどの輸送体を介して通過する場合を促進拡散という。チャネルは細胞膜を貫通する親水性の小孔を持ち，この孔が開いているときだけ養分を通す。チャネルは膜電位の変化，Ca^{2+}（カルシウムイオン）やH^+（プロトン）などとの結合，あるいはチャネルタンパク質のリン酸化などで，孔の開閉の制御を行なっている。

能動輸送ではエネルギーの供給を必要とする。この輸送では，ATPのエネルギーで膜の内外にH^+の濃度勾配をつくり，これに従ってトランスポーターなどの輸送体を介してH^+とともに養分が吸収される。ほかにもCa^{2+}やCl^-（塩化物イオン）の濃度勾配を利用した輸送がある。

無機イオン吸収

根により吸収される養分の大部分は水に溶けた状態の無機塩で，多くの場合，イオンの形で吸収される。たとえば，硝酸カルシウムや塩化カリウムはそれぞれNO_3^-（硝酸イオン）とCa^{2+}（カルシウムイオン），あるいはCl^-（塩素イオン）

とK$^+$（カリウムイオン）のように解離されて取り込まれる。このときイオンは細胞膜を横切る。細胞膜はリン脂質からなる二重膜で、本来であれば電化を持ったイオンなどは通しにくい。しかし、実際には細胞膜は種々のイオンを通過させる特別なしくみを持っており、これには細胞膜にある多くの輸送体タンパク質が関わっている。たとえば、イオンチャネルやトランスポーターなどである。養分の選択的な吸収は、これら輸送体タンパク質がそれぞれの養分に対して特異的に機能するためである。

なお、尿素などでは分子の状態で吸収されることも明らかにされている。

▌有機物吸収

植物は無機物を吸収し生体内で各種有機物を合成している一方で、比較的低分子の糖や有機酸、アミノ酸などの有機物を直接吸収する能力を持つことが認められている。有機物の吸収には①細胞壁の透過性、②細胞膜への吸着性、③細胞膜の透過性、④生体内での代謝の難易度などが影響している。したがって有機物の性質により吸収の難易性は異なり、親水性で、プラス荷電を生成しやすく、養分代謝がスムーズに回転する貯蔵型のものほど吸収されやすい。しかし、根からの有機物吸収を証明した試験は無菌的な条件、あるいは水耕栽培で行なわれており、土壌中での効果については判然としていない。また、葉面からの有機物吸収もグルコースや尿素、プロリンなどでは経根吸収より効率的で、低温・寡日照などの条件（冷害年など）では効果が期待されるものの、吸収量自体はわずかで太陽光のもとでの生合成にはかなわない。

▌積極的吸収

根が養分を吸収する場合、根の周囲の養分濃度のごく薄い養液中から、植物体内の養分濃度の高い細胞中に吸収・集積する。このような濃度勾配に逆らった吸収はエネルギーの消費をともなうもので、積極的吸収という。積極的吸収は二つの過程に分けられ、一つは根の表面への吸着や組織内への拡散作用、もう一つは代謝にともなう細胞中への取り込みである。養分間ではカリウムやリン酸などがこの作用で吸収されている。

▌選択吸収

植物は養分を土壌中や水耕液中に存在する比率で一様に吸収するのではなく、あるイオンは多く、あるイオンは少なく吸収している。このような現象をイオンの選択吸収といい、植物の養分吸収の重要な特徴の一つである。トマトやダイズは窒素、リン酸、カリウム、マグネシウムなどに比べカルシウムを、イネではケイ酸を養液中の比率よりも多く吸収する傾向が認められ、これは選択吸収によるものである。

ぜいたく吸収

作物の生育と養分供給の関係を概観すると，つぎの四つの段階に分けられる。①養分供給が低く，養分の供給量が増加するにつれて生育量が増加し，また，養分含有率も上昇する欠乏段階，②生育量は増加するが含有率はあまり増加しない正常段階，③含有率は上昇するが生育量には顕著な変化が認められないぜいたく段階，④ぜいたく段階を超えて養分が供給されて生育量が減少する過剰段階。このうち③の段階の吸収をぜいたく吸収という。したがって，施肥の適正量の判定は正常段階とぜいたく段階の変化点から求めるべきであるが，欠乏段階や過剰段階は障害が発現し外見できるものの，正常段階とぜいたく段階の区別を厳密につけることは難しい。

水分ストレス

植物への水分供給が減少し，作物の水要求量を下回るようになると，植物体内の水分（水ポテンシャル）も低下する。このような水分欠乏の状態を水分ストレスという。生長の遅延，生長点の枯死，葉の肥厚化，茎の細小化など形態的に種々の反応が認められる。ほぼすべての養分吸収量が低下するが，茎・葉・果実中の含有率はカルシウム，マグネシウムが顕著に低下する一方で，窒素やカリウムは増加することが多い。体内組織にプロリンをはじめとするいくつかの遊離アミノ酸が増加し，タンパク質含有率が低下することが知られている。また，果実糖度の上昇や切り花の日持ちをよくするために軽度の水ストレスを積極的に利用する栽培も行なわれている。

蒸散抑制剤

サツマイモなどの苗が挿苗後にしおれないように，前もって葉の表面を処理する資材。パラフィンを主な成分とする液剤で，40倍程度に薄めて使用する。苗全体をこの養液に漬け，すぐに引き上げ，乾いてから挿苗すると，苗の活着をよくするだけでなく，大イモを減らし，品質を向上するといわれている。

浸透圧

溶媒と養液が半透膜によって隔てられたとき，溶質分子は膜によって拡散を妨げられ，溶媒分子のみが膜を通って養液中に移動し，拡散圧を減少させるように働く。このときに生じる圧力を浸透圧という。植物細胞では細胞壁が溶質を完全に透過させるのに対し，原形質膜や液胞膜は半透性の膜である。したがって，土壌の乾燥や多量の施肥など，植物根を取り巻く土壌溶液中の溶質濃度が上昇すると，その高い浸透圧に対抗できずに水の吸収が阻害され水ストレスを生じる。

移行率

根から吸収された無機養分や植物体内で生成された糖やデンプン，さらに，窒素化合物などの同化産物は，生育時期に応じて各器官へ転流，貯蔵され，また，

再分配される。移行率はこれらの物質の貯蔵，転流の関係を説明する場合に用いられ，たとえば，炭水化物の移行率は次式で示される。

$$移行率 = \frac{最高時の全炭水化物量 - 最低時の全炭水化物量}{最高時の全炭水化物量} \times 100$$

同化産物について植物体内の移行状態を明らかにすることは，各器官の機能が理解され，生育や生産性との関連で重要である。しかし，さらに正確な物質の移動をとらえるには，アイソトープを用いたトレーサー法が有効である。

■ 拮抗作用

土壌溶液や水耕培養液などに，多数のイオンが同時に存在する場合には，作物根による各イオンの吸収は互いに影響されることが多い。この場合，相手のイオン吸収を抑制することを拮抗作用といい，反対に促進する場合は相助作用（相乗作用）という。拮抗作用はカチオン相互あるいはアニオン相互で荷電の強さが同じ場合ほど強く，また，カリウムイオンとアンモニウムイオンなど，イオン半径が等しいものほど強く働く。硫安の多施用によるカリウム欠乏の発生，カリウム肥料の多施用によるマグネシウム欠乏の発生など施肥の現場でもしばしば認められる。

■ 吸収阻害

作物の養分吸収に影響を及ぼす外的要因には気温，地温，光，酸素，土壌のpH，有害物質の存在などがある。これらは主として植物の呼吸作用を阻害して養分吸収を著しく低下させることがある。低温期のイネでは時としてカリウム，リン酸の吸収量が激減し，窒素過多的症状が現われる。また，照度が極端に低下した場合もカリウムやリン酸の吸収が低下する。有害物質としては，水田の場合，硫化水素，有機酸などが典型的なものである。吸収阻害は同一要因による場合でも，作物の種類によって異なった症状を呈することがあるが，これは作物が原産地の環境から獲得した性質によるものと考えられる。

■ 葉面吸収

植物は基本的には根から養分を吸収するが，葉面からもいろいろな養分を取り込むことができ，葉面からの養分供給法を葉面散布と呼ぶ。根に障害を受けて養分吸収が阻害された場合，微量要素欠乏症が発現した場合など葉面吸収のほうが能率的で効果的である。とくに，微量要素の葉面散布は効果が高いとされ，これは植物の要求量が少ないため葉面からの補給でまかなえること，土壌中のような養分の不可給化が起こらないため少量の施用で足りること，土壌施用に比べて速効的であることなどによる。しかし，葉面吸収は植物の種類，散布時の気象により効果が変動するほか，使用濃度や散布量を誤ると薬害のおそれがあるので，使

用基準を忠実に守ることが大切である。

抗酸化物質

油脂をはじめとする種々の食品成分や化学合成高分子物質などは光や熱などにより酸化され変質や劣化を招く。この反応に対し，フラボノイド類やカテキン類，アントシアン類などのポリフェノール類，カロチノイド類，アスコルビン酸（ビタミンC），トコフェロール（ビタミンE）などは酸化反応を防止する作用を持っており，抗酸化物質といわれる。ビタミンCはジュースや茶などの清涼飲料水に，また，ビタミンEは熱に安定なので，ポテトチップ，揚げ菓子などの高温加工食品に多く使用されている。

食物に含まれる抗酸化物質は，炎症や感染に関与する過酸化物ラジカルや活性酸素を消去する働きが認められているため，これらを多く含む食品が機能性食品として再評価されつつある。いわゆる緑黄色の葉菜，野草，茶などに多く含まれるが，栽培法，品種，栽培時期によっても含有量が変化する。

窒素代謝

植物が根から吸収した窒素をアミノ酸やタンパク質などの窒素化合物に生成する作用である。吸収される窒素の形態は，畑作物の場合，90％以上が硝酸態窒素であり，残りがアンモニア態窒素とそのほかの有機態窒素である。このほか，マメ科作物のように根粒菌と共生関係にあって，空中窒素の固定を行なうものがある。

硝酸態窒素が植物に吸収されると，まず細胞質で亜硝酸に，ついで，細胞顆粒などでアンモニウムに還元される。アンモニアの大部分はグルタミン合成酵素でグルタミンのアミドとなり，一部は脱水素反応を受けてグルタミン酸に同化される。この反応が出発点となり，さらに，アミノ基転移反応により，各種のアミノ酸が生成される。

一方，アンモニア態窒素は大部分が細胞内で直接グルタミン合成酵素によりグルタミンへ同化される。代謝されないアンモニアは少しでも過剰となるとアンモニア毒の害を生じる。

亜硝酸態窒素は，硝酸からアンモニアに還元される過程の中間産物として生成される。しかし，亜硝酸還元が硝酸還元よりも速く進行するため，通常の植物組織中に検出されることはきわめて少ない。

窒素同化産物

植物が養分として吸収する窒素のほとんどは無機態窒素であり，体内に吸収されて有機化合物へと代謝される。この過程の第一は無機態窒素（硝酸態あるいはアンモニア態窒素）からグルタミンへの同化，第二はグルタミンとα-ケト酸とのアミノ基転移反応による一次アミノ酸（グルタミン酸，アラニン，アスパラギ

ン酸など）の生成，第三は一次アミノ酸からそのほかのアミノ酸への転換，さらに，ペプチド，タンパク質，核酸など複雑な窒素化合物へと変化する。これらはすべて酵素反応により生成されるもので，窒素同化産物という。

■ タンパク質

生きた細胞によってのみ生成される窒素を含む高分子の有機物で，生体の主要な構成成分である。多くは生理的な機能を有し，酵素やホルモンとして生体反応で重要な役割を果たしている。基本構造は多数のアミノ酸がペプチド結合したもので，加水分解により低分子のポリペプチドやアミノ酸に分解される。溶解性にもとづきアルブミン，グロブリンなど六つに分類されるが，いずれも窒素含量が近似値を与え約16％であるので，窒素量に6.25を乗じてタンパク質量を求めることができる。

■ 糖質（炭水化物）

甘味資源として古くから研究の対象とされてきた化合物で，その多くが分子式 $Cm(H_2O)n$ で表わされることから炭水化物とも呼ばれてきた。消化性の炭水化物はすべての生物の栄養源，エネルギー源となる重要な物質で，植物が太陽エネルギーを利用して行なう光合成により生産される。糖質は分子の大きさにより，単糖類，少糖類，多糖類に大別される。少糖類はグルコース，フルクトースなどで植物体内におけるさまざまな化合物生成の原料となり，また，呼吸基質として重要である。少糖類は単糖類が重合したものでオリゴ糖とも呼ばれ，自然界に存在するのはショ糖，麦芽糖，乳糖など五糖類以下のものである。多糖類はデンプン，セルロースに代表されるように，貯蔵物質あるいは生体組織の構成物質としての役割を持っている。

■ 有機酸

カルボキシル基（－COOH）を持った酸であり，クエン酸，リンゴ酸，コハク酸，酒石酸など各種のものが高等植物に見出される。その存在割合は植物の種類によって異なるほか，生育にともない変化する。とくに，果実類では成熟が進むにつれて，クエン酸が増加し，リンゴ酸が減少することが多い。また，クエン酸，イソクエン酸，ケトグルタル酸，コハク酸，フマル酸，オキサロ酢酸などはTCAサイクルを構成する有機酸で重要な生理作用を行なう。また，ホウレンソウ，シュンギクなどでは多量のシュウ酸を含有する場合がある。

■ TCAサイクル（有機酸サイクル，クレブスサイクル）

植物は光合成で生成した糖を材料とし，これを炭酸ガスに分解する過程でエネルギーを獲得している。この過程の中間産物であるピルビン酸が各種有機酸を経て炭酸ガスへ酸化分解される物質変化のプロセスをTCAサイクルと呼んでいる。このサイクルで重要な反応は酸化的脱炭酸反応であり，脱炭酸と脱水素が同時

に行なわれる。1モルのピルビン酸から3モルの二酸化炭素が生成されるとき、4モルのNAD (P) H_2と1モルの$FADH_2$、さらに1モルのATPが生成される。

ATP

プリン塩基（アデニン）と五炭糖（リボース）がグリコシド結合したヌクレオチド（アデノシン）のリン酸エステルである。アデノシン三リン酸を略称してATPという。ATPは炭水化物の酸化過程で放出されるエネルギーを受けとめ、植物の行なう各種の代謝においてエネルギーを供給する役目を担っている。ATP分子内の3番目に結合しているリン酸は、それが切り離されるときに放出されるエネルギーが7.3kcal/molと高いため、高エネルギーリン酸と呼ばれている。このリン酸が切り離された化合物がADP（アデノシン二リン酸）である。ADPは代謝過程で生じる高エネルギー化合物からリン酸基を受け取って再びATPに戻る。

光合成（明反応，暗反応）

緑色植物は葉緑体上で太陽の輻射エネルギーを利用し、それを化学エネルギーに変換することによって、空気中の二酸化炭素（CO_2）と根から吸収した水（H_2O）から有機物を合成し、酸素を発生する。この反応を光合成という。光合成に関与する反応は二段階で説明される。その第一段階は、水が光分解されて酸素と還元剤（$NADPH_2$）を生じ、さらに、光リン酸化反応によってATPが生成される。これらの反応は光を必要とするので明反応と呼ばれる。これに対し、第二段階は二酸化炭素が還元反応により糖へと変化するプロセスであり、光を必要としないので暗反応と呼ばれる。

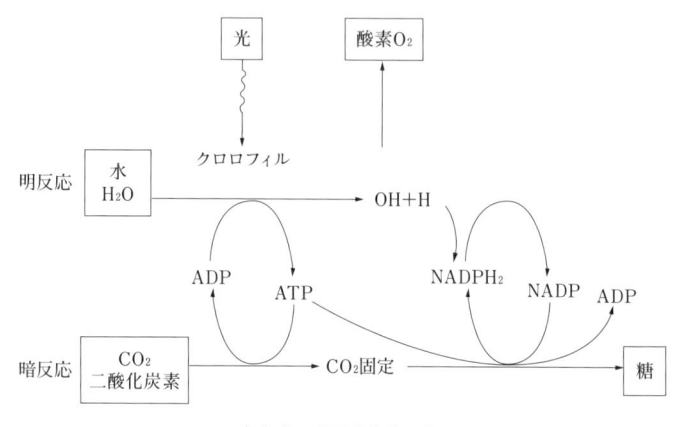

光合成の明反応と暗反応

光合成は光のない状態では起こらず、光があたり始めると光の強さに比例して増大していき、ある段階で二酸化炭素の吸収と酸素の放出が外見上認められなくなる。その段階の光強度を光の補償点という。さらに、光強度が増すと比例関係は成り立たなくなり、光合成速度は増加しなくなる。このときの光強度を光飽和点と呼び、ここでは光以外の要因が光合成速度を制約している。光と同様に、二酸化炭素濃度についても補償点と飽和点が認められる。

植物が光合成に利用できる太陽光の波長は400～800μmの範囲であり、全エネルギーの40％程度である。しかし、光エネルギー利用率、光合成に及ぼす環境要因（光強度、温度、二酸化炭素、土壌養分など）、さらに、糖合成過程でのエネルギー転換効率、さらに呼吸気質としての消費を考慮すると太陽光の輻射エネルギーの固定率は著しく低いものとなり、0.5～2.0％といわれる。したがって、施設栽培など人為的な環境制御が可能なところでは、保温、二酸化炭素供給源としての堆肥施用、あるいは炭酸ガス施肥などの光合成能を高める努力が生産力や品質の向上につながっている。

C_3植物

イネ、コムギ、ダイズ、トマト、ホウレンソウなど一般的な作物や樹木で認められているように、光合成における二酸化炭素の固定がカルビン―ベンソン回路のみによって行なわれるタイプの植物をいう。炭酸固定の第一産物がC－3化合物であることからこの名がある。カルビン―ベンソン回路では、まず、二酸化炭素がブロース二リン酸カルボキシラーゼの触媒によってリブロース二リン酸（RuBP）に取り込まれホスホグリセリン酸（PGA）が2分子生成される。ついで、PGAの一方は明反応で生成した$NADPH_2$とATP、さらにトリオースリン酸デヒドロゲナーゼの作用により三炭糖に還元され、さらに、フルクトース二リン

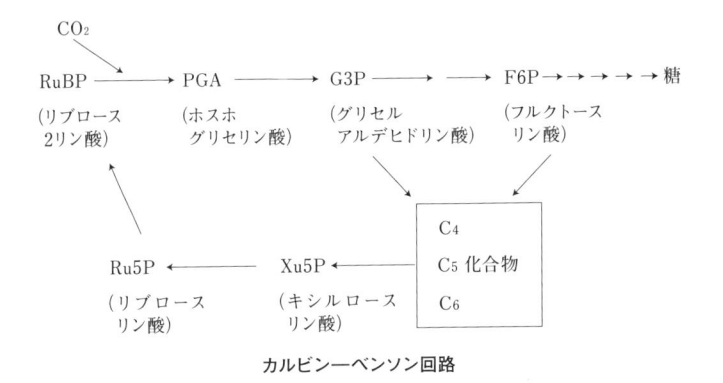

```
        CO₂
         ↓
RuBP ───→ PGA ───→ G3P ───→ → → → F6P → → → → 糖
(リブロース    (ホスホ      (グリセル           (フルクトース
 2リン酸)     グリセリン酸)  アルデヒドリン酸)    リン酸)
                                  │                │
                                  ↓                ↓
                              ┌──────────────┐
  ↑                           │  C₄          │
  │                           │  C₅ 化合物   │
 Ru5P ←────── Xu5P ←──────────│  C₆          │
(リブロース    (キシルロース    └──────────────┘
 リン酸)      リン酸)
```

カルビン―ベンソン回路

酸（FBP）を経てショ糖となる。他方，PGAの残りは四炭糖，五炭糖，六炭糖および七炭糖を中間体とする一連の反応を経て，最終段階でさらにATPを消費しRuBPを再生産し，再び二酸化炭素の受容体となる。

形態的には葉肉細胞のみに葉緑体が存在し光合成を行なうという特徴がある。C_4植物に比べ，光呼吸が高く，光飽和点・光合成速度・光合成至適温度など光合成能は劣る。また，窒素利用効率など乾物生産能も低い。

C_4植物

サトウキビやトウモロコシで認められているように，カルビン—ベンソン回路に加えてハッチ—スラック回路（C_4ジカルボン酸回路）を有し，光合成における炭酸固定の第一産物がC−4化合物のオキサロ酢酸である植物群をいう。ハッチースラック回路では二酸化炭素はまずホスホエノールピルビン酸（PEP）に固定され，そののちRuBPカルボキシラーゼによって脱炭酸されてRuBPへと変化する過程がカルビン—ベンソン回路に上積みされている。熱帯原産のイネ科を中心に，カヤツリグサ科，ヒユ科，アカザ科などの植物が知られている。形態的には，葉肉細胞と維管束鞘細胞の双方に葉緑体を有し光合成を行なう。C_4植物はC_3植物より光飽和点，光合成至適温度が高い。しかも，光呼吸が低いので光合成効率が高く，高温強光度環境への適応に優れた植物といえる。

クロロフィル

光合成を行なう植物の葉緑体に含まれる最も代表的な同化色素で，葉緑素のことである。クロロフィルは構造的にはポルフィリンのMg塩であるが，ピロール環の側鎖が異なるa～dの4種類の存在が知られている。高等植物に認められるのはaとbでほぼ1：3の割合で含まれ，クロロプラストの約7％（乾物重量）を占めている。クロロフィルは光合成色素のなかでも重要な役割を占めており，ほかの色素によって吸収された光エネルギーもクロロフィル分子に伝達されて化学エネルギーへの転換が行なわれる。

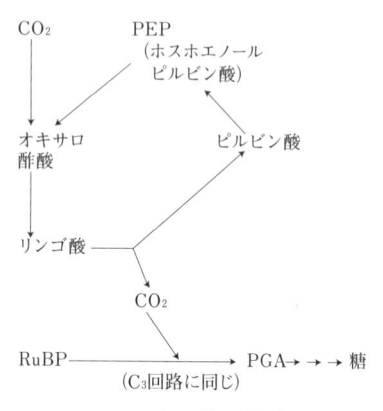

ハッチースラック回路

CO_2 → オキサロ酢酸
PEP（ホスホエノールピルビン酸） → オキサロ酢酸
オキサロ酢酸 → リンゴ酸
リンゴ酸 → CO_2 + ピルビン酸
CO_2 + RuBP → PGA → → 糖（C_3回路に同じ）

養分の欠乏と過剰

養分の欠乏と過剰

　元素には養分欠乏や過剰障害を生じやすいものと生じにくいものがある。これは作物の土壌中濃度に対する許容範囲の違いによるもので，前者には窒素，ホウ素，銅，カドミウム，ヒ素，後者にはリン，カリウム，カルシウム，ケイ素，モリブデンがあげられる。亜鉛はやや前者に，マンガンは後者に近い。微量必須元素であるホウ素や銅は適濃度範囲が低いため，欠乏対策として施用する際には過剰害に細心の注意が必要である。逆に過剰障害の出にくいリン，カリウムは無駄な施用となりやすい。

　元素の溶解度は土壌pH，Eh（酸化還元電位）の影響が非常に大きい。土壌pHが低下するに従って鉄，マンガン，亜鉛，カドミウム，ホウ素，アルミニウムは可溶化しやすくなり，モリブデンや同じ陰イオンのリン，ヒ素はpHが上昇すると可溶化する。重金属元素の過剰障害対策には土壌pHの上昇が効果が大きいが，ヒ素を含む複合汚染の際にはpH上昇によりヒ素が可溶化してくる。

　酸化還元電位は水はけの良し悪しで変わる。湛水下の水田は酸化還元電位が低い。畑は酸化還元電位が高いが，有機物を施用して部分的に水はけがわるいと，そこは酸化還元電位がやや低くなる。低い酸化還元電位でマンガン，鉄，リン，ヒ素は可溶化する。逆にカドミウム，銅，亜鉛は硫化物になり不溶化する。このことは非常に重要で，水田では水をためるだけで土壌中に固定されていたリンが可溶化するし，排水不良の畑で栽培された作物はマンガン含有率が高い。鉱毒によるヒ素汚染田も畑作では障害が出にくく，水田でのイネの生育はわるい。

　作物の養分欠乏は外観症状としてクロロシスを生じることが多い。必ず上位の新しい葉から出るのは，植物体内を移動しにくい鉄，カルシウム，ホウ素欠乏で，下位の古い葉から出るのは窒素，カリウム，マグネシウム欠乏である。重金属過剰障害は生育全体がわるくなるが，鉄欠乏も誘発しやすい。

　養分の欠乏・過剰の診断は，土壌や作物体の分析も必要だが，以上のような観点が重要である。

窒素欠乏症

　下位葉より退色が始まって黄化する。生育はわるく，草丈・分げつは抑えられ，葉は小さくなるが，組織は一般に強健となる。窒素欠乏によるクロロシスは葉脈も含めた葉全体に，しかも必ず下位葉の古い葉より生じる。窒素の生体内での再利用，再転流能力はきわめて高い。

■ 窒素過剰症

葉色は濃緑色になり、生育は全体に旺盛になる。しかし、光合成で生成した炭水化物はタンパク質への利用が多くなり、繊維質をつくる割合が減るため、作物体は軟弱になり、病虫害の被害を受けやすく、熟期は一般に遅れる。果樹や果菜類の落蕾、落果、花芽分化の遅延障害のみならず、カルシウム欠乏症の発生も要因の一つとなる。外見上障害はなくとも、テンサイなどでは体内糖含有率が低下し品質が低下する。

■ リン欠乏症

生育不良で葉色が濃くなり、登熟が遅れる。葉色が濃緑となるのは、クロロフィルは十分あるのに葉の伸展が妨げられるためである。またトウモロコシでよく知られているように、品種によっては葉にアントシアニンが大量に生成され葉全体が赤紫色になる。火山灰土壌はリンの吸着力が強く、明治初期にリン肥料が普及する以前はリン欠乏土壌が多かった。作物は通常乾物あたり0.3〜0.5%のリンを含む。

植物の低リン濃度に対する耐性（低リン耐性）には作物間差がある。イネやトウモロコシ、アズキは低リン耐性が強く、ついでビート、トマト、ハクサイは低リン耐性が弱い。タマネギ、ホウレンソウ、シュンギク、レタスなどはトマトなどよりもさらに弱い。

■ リン過剰症

作物の外観的症状として現われることはきわめて少ない。しかし、水稲育苗期に窒素の3倍以上のリンを施肥すると葉先枯れを生じる。光の影響も大きく、暗所では葉先が赤茶ける程度だが、明所では白化し枯れる。寒冷紗被覆あるいは窒素施用量を増しても症状は軽減する。ダイズで亜鉛欠乏の誘発例があり、タマネギでは玉が軟弱化するため乾腐病の引き金になることが明らかにされている。

■ カリウム欠乏症

果実はカリウムの要求性が高く、不足すると、果実が肥大する頃に急激に果実周辺の葉が枯れる。再転流しやすい元素のため、緩慢な欠乏では下位葉より欠乏症状を呈する。欠乏症状は作物の種類によって異なるが、葉縁より黄化し縁枯れを示す場合が多い。葉面に不規則なクロロシス斑点を生じる場合もある。水稲の特殊なカリウム欠乏症に青枯れがある。登熟期に茎内の貯蔵デンプンが穂へ移行するにともないカリウムも穂に集まり、茎基部のカリウムが減少し、膨圧を失う結果、急に青枯れ症状になり、茎が軟弱になり倒伏しやすくなる。

■ カリウム過剰症

過剰障害は生じにくくその適量幅も広い。作物のカリウム含有率は乾物あたり約2%あれば正常に生育し、カリウムを多く与えると5〜6%になるまで吸収す

るが，生育・収量は増加しないため，ぜいたく吸収となる。しかし，多量のカリウムはマグネシウムの吸収を拮抗的に阻害する。生体内でも過剰のカリウムはマグネシウムと競合してタンパク質合成能を低下させる。

▌カルシウム欠乏症

植物体内でカルシウムが欠乏状態になるとペクチンを分解するポリガラクチュロナーゼの活性が増大し，細胞壁や組織の崩壊が起こる。トマトの尻腐れ，ハクサイ・キャベツの心腐れ，リンゴのビターピットなど，関連の生理障害は多い。カルシウム欠乏は土壌中にカルシウムが十分存在していても，窒素過多，高温乾燥などの要因により発生する。窒素過多，高温乾燥下では土壌溶液濃度が上昇し，根の吸水力低下によってカルシウムの吸収が阻害される。また，根から吸収されるカルシウムの分配は主として蒸散流の流れに従うため，高温，乾燥下では蒸散の激しい外葉部に転流してしまい，蒸散の少ない果実や内葉部へのカルシウムの移行量が少なくなる。さらにカルシウムイオンは篩管転流能がないため，一度吸収されたカルシウムの生体内での再転流はほとんどない。そのため，欠乏症状は新葉部に発生する。対策は窒素の適量施用，品種の選別が重要である。労力はかかるが水溶性カルシウムの根圏施用，葉・果面散布も導管による吸収・転流はスムーズなため，若干の効果がある。施設では適正灌水も求められる。

▌カルシウム過剰症

高濃度のカルシウムを人為的に供与するとリンの不溶性化や高浸透圧，マグネシウムとの拮抗による障害などを生じるが，自然には生じにくい。カルシウムはかなり高濃度に存在していても，細胞質のカルシウム濃度はきわめて低く，過剰のカルシウムはシュウ酸塩の形で液胞中に不溶化される。好石灰植物の細胞質内ではカルシウム結合性タンパク質が高濃度に存在することが明らかにされ，細胞質内の低カルシウム濃度の維持に関与しているらしい。

▌マグネシウム欠乏症

マグネシウムは生体内を再転流しやすいため，欠乏症状は通常古い下位葉から葉脈間の黄化などとして生じる。ただし果実肥大期には，果実に大量のマグネシウムが必要なため，スイカやメロンの葉枯れ症に見られるように果実近傍の葉より欠乏症状を生じる。対策は1～2％の硫酸マグネシウムを症状が激しくなる前に，1週間おきに3～5回葉面散布する。土壌中の置換性マグネシウムが10mg以下のときは，炭酸苦土石灰などのマグネシウム含有土壌改良資材を80～100kg/10a施用する。カリウム含有率が高くマグネシウム含有率の低い牧草を飼料とする牛は，グラステタニーという病気になり問題になった。本病は血中のマグネシウム含有率の低下が特徴で，ささいな刺激で興奮したり，けいれんなどの神経症状を示す。マグネシウム投与で回復するが，カリウムやクエン酸，トラン

スアコニチン酸の過剰も発病要因とみなされている。

マグネシウム過剰症

外見的症状として現われにくい。同浸透圧（1.49気圧）になるようカルシウム，カリウム，ナトリウム，マグネシウム濃度を調節しキュウリを砂栽培した研究によると，マグネシウム区の草丈が最も劣り，とくに根の発育低下が著しかった。塩類濃度障害は硝酸イオンを中心に考えられているが，マグネシウムにも注意が必要である。陽イオンのなかではカリウムなどと異なり，土への吸着力も弱く，土壌溶液中に多く存在するためである。

マンガン欠乏症

下位葉より葉脈間クロロシスを生じ，やがて褐色の線状ネクロシスを生じる。老朽化水田など潜在的な欠乏土壌は多い。こうした地域では作物に外観的に特別な症状を示さなくともマンガン施用により増収する。土壌にマンガンを多く含む土壌改良資材や肥料をMnOとして2～5kg/10a施用するとよい。葉面散布では硫酸マンガンの0.2～0.5%液を散布するとよい。

マンガン過剰症

土壌中マンガンは二価と四価の形態で存在するが，土壌pHが低下して酸性化すると植物に吸収されやすい二価マンガンの割合が増加する。酸化還元電位の影響も大きく，電位が低下すると二価マンガンが増加する。したがって，低pH土壌や排水のわるい転換畑などで問題になる。過剰症状は作物の種類により異なるが，鉄欠乏の誘発と考えられる新葉の黄化やマンガンの集積による紫黒色の斑点症状，果樹の異常落葉などがある。

ホウ素欠乏症

生長点や伸長中の花粉管や急速に肥大する組織の細胞壁の崩壊を引き起こし，それが不稔や茎割れ，肥大根の空洞化などの症状となる。ホウ素がカルシウムとともに細胞壁のペクチン質多糖の架橋に重要な役割を演じているためである。土壌中ホウ素はpHと降雨の影響を受けやすい。高pHでは不溶化し，酸性化では降雨により流亡しやすい。熱水可溶性ホウ素が土壌中に0.8ppm程度以上存在していれば欠乏障害は発生しにくい。

ホウ素過剰症

ホウ素の含量や必要量は植物の種類によって1桁以上も異なる。イネ科などの単子葉植物は少なく，双子葉植物でもナス科，マメ科などは中程度で，アブラナ科のホウ素要求性は高い。ダイコンに必要なホウ素量でも後作のムギやダイズなどでは過剰障害が出る。作物の種類により異なるが，障害はほとんどの場合下位葉から生じる特徴があり，葉縁部から異常が生じて枯死する。

鉄欠乏症

　鉄は生体内を再転流しにくい。したがって，欠乏症状は新葉に現われ，白化と呼ばれるクロロシス症状を呈する。クロロフィル生合成系の鉄の関与する部位も近年明らかにされた。圃場では土壌pHが7以上になると土壌中の鉄が不溶化し，鉄欠乏障害が発生しやすい。重金属元素の過剰により鉄欠乏が誘導されることも多いが，バラなどではリン過剰，窒素過剰，濃度障害による根いたみでも鉄欠乏クロロシスが発生する。品種間差が大きいのも特徴である。

鉄過剰症

　通常の畑では可溶性鉄が過剰に存在することはないため，畑作物では起こらないが，水稲で強酸性土壌や土壌還元が極度に進んだ土では，土壌溶液中に遊離した二価鉄は数百ppmに及ぶため，葉に茶褐色の斑点を生じ，生育が極度にわるくなる。わが国の赤枯れ，韓国の秋落ちも鉄過剰が関与していると考えられている。

亜鉛欠乏症

　特殊な亜鉛欠乏土壌や蛇紋岩地帯，高pH土壌で生じ，外観的症状は作物により異なる。①葉身や節間伸張の悪化によって葉が横に広がるロゼット化，②葉柄や葉脈間に生じる褐色の小斑点，③葉脈や葉縁の緑を残して葉脈間が黄化するトラ斑といわれる症状。ただし，外観症状はなくても潜在的亜鉛欠乏土壌も多い。対策は硫酸亜鉛の0.1〜0.5%液の葉面散布あるいは2kg/10a程度の施用がよい。

亜鉛過剰症

　工場排水あるいは亜鉛鉱山からの排水が，用水として水田に入ったとき過剰になりやすい。水稲ではほとんど被害がなくとも，畑作で発生することが多い。水耕では新葉の黄化など鉄欠乏症状を誘発することもあるが，葉縁部に薄い黄化症状を示し，生育全体が低下することが多い。イチゴやダイズでは葉脈の部分的な赤色化が観察される。対策はアルカリ資材を施用し，土壌pHを7程度まで上昇させる。

硫黄欠乏症

　日本では少ないが，高湿度の熱帯地域など，古代より土壌が激しく溶脱を受けている地帯では硫黄欠乏は三要素とともに農業上の重要養分である。硫黄欠乏によりタンパク質合成が阻害されると窒素欠乏と同様にクロロシスを生じる。しかし，硫黄のほうが体内での再転流速度は遅い。硫黄を培地から除くと，生長点付近から黄化が始まり，それが次第に下位葉に広がる。硫黄不足下で収穫されたシステインの少ないコムギでパンをつくると焼きあがりがわるい。

塩素欠乏症

　植物体内の塩素濃度は比較的高く，乾物あたり0.2〜2%に達する場合が多いが，300ppm程度でも欠乏障害は出にくく，実際上塩素の欠乏症が問題になるこ

とはない。実験によると、欠乏に対する鋭敏さに大差があり、サイトウやカボチャで欠乏症状が出にくいのに対し、レタスやトマトは鋭敏で、頂端の小葉がしおれ伸張が停止する。そして部分的に矮小となるが、$2\mu g$の塩素の注入により症状は改善される。

塩素過剰症

塩素の過剰障害は発現しにくい。極端な例では30meq/Lの塩化ナトリウムを含む培養液でタバコを栽培し、乾物あたり10%以上の塩素を含んでいても、生育は正常との例もある。塩害の要因は、養液中の高塩類濃度による浸透圧の上昇による濃度障害と、高濃度に存在するイオンの特異的影響に大別される。すなわち、植物によっては硫酸塩に敏感なものと、塩化物に敏感なものとがあり、とくにマグネシウム塩や炭酸塩、重炭酸塩に対する耐性は一般に弱い。

モリブデン欠乏症

無菌状態で窒素源としてアンモニア態窒素を与えてカリフラワーを栽培すると、典型的な葉の奇形や萎縮症状が発生しないことから、モリブデンの植物体内での生理作用は硝酸還元酵素のみとされている。土壌中のモリブデンは酸性下で不溶化し、中性域になると可溶化する。土壌酸度のきょう正のみでモリブデン欠乏障害は改善されることが多い。葉面散布ならモリブデン酸ナトリウムの0.02%液、土壌施用なら100g/10aの施用でよい。

銅欠乏症

コムギ、エンバクなどムギ類は銅欠乏障害が激しく、北海道、青森、岩手、宮城の各県で問題になったが、これらの地方のタマネギ、ナタネなどでは生育不良が生じる程度である。銅欠乏では茎葉の生育も低下するが子実の減収が大きい。それは、主として雄性不稔である。銅欠乏コムギでは葯も花粉も小さくなっている。花粉母細胞の減数分裂に銅が関与していると考えられる。果樹のモモ、リンゴ、ナシなどでは、若枝の樹皮にゴム状の液ぶくれ症状が生じる。

生理障害

塩 害

塩水の浸潤、海水の流入、塩分含量の高い水の灌がいによる土壌の塩含量の増加、台風などの強い潮風による塩化ナトリウムの作物体への付着によって発生する障害である。

イネの塩害の作用機作は浸透圧上昇による水分吸収の阻害、ナトリウムや塩素イオンの多量吸収による生理異常であり、症状として生育期は葉が濃緑色、登熟

期では汚褐色となる。塩害の主体は塩素による障害と思われがちであるが、塩素自体の植物への毒性は低く、むしろナトリウムによる障害が塩害の主体と考えられる。イネが耐えることができる塩化ナトリウム濃度は生育時期、塩分に接する期間によって異なるが、土壌水中0.3％で障害が現われだし、0.5％以上で障害が顕著になる。生育ステージでは栄養生長期間よりも生殖生長期間に被害が激しく、開花受精機能が阻害され収量が激減する。ミカンでは塩化ナトリウムの付着によって葉がしおれたり、落葉したりする。

■ 耐塩性

土壌の高塩類濃度に対する作物の耐性であり、塩類障害は海水の影響を受けた地帯、高温で降水量が少ない地帯、施設栽培で起こりやすい。塩害を引き起こすのはナトリウム、カルシウム、マグネシウム、硝酸、硫酸、塩素などの各イオンである。高塩類による作物の症状は通常、浸透圧上昇によって水吸収が低下して起こる生育不良、体内の塩含有率上昇による生育阻害として現われる。耐塩性は種間差があり、アスパラガス、オオムギ、ソルゴーなどは耐塩性強、イネ、トウモロコシ、キュウリ、ニンジン、タマネギなどは耐塩性が弱いとされる。耐性の強い作物は高濃度のイオンをある程度吸収した後は吸収が少なくなる、根から地上部へのイオンの移行を抑制する、細胞内の塩類濃度を上昇させるといった特性を持つ。

■ 耐酸性（耐アルミ性）

酸性土壌に対する耐性をいう。酸性害の主な原因として、①低pH、②低pHで可溶化するアルミニウムやマンガン、③可給態リンの不足の三つをあげることができる。可給態リンは土壌のpHの低下にともない可溶化するアルミニウムと結びつき、難溶性の塩を形成し植物への吸収が低下する。一般に土壌のpHが5以下になると土壌溶液のアルミニウム濃度が数ppmから数十ppmに達し、最初は根の伸長阻害という形で作物生育に影響を与える。アルミニウム耐性はビート、ホ

各種作物の高アルミニウム耐性 （田中、早川ら）

強	イネ、シソ、ソラマメ、クランベリー、キャッサバ、チャ、バミューダグラス、モラッセスグラス
強～中	エンバク、トウモロコシ、キビ、ダイズ、ソバ、ギニアグラス
中	ライムギ、インゲン、エンドウ、キャベツ、ハクサイ、ゴボウ、ナス
中～弱	コムギ、ソルガム、ダイコン、カブ、トマト、トウガラシ、キュウリ
弱	オオムギ、タマネギ、アスパラガス、カラシナ、コマツナ、タイナ、ミズナ、チシャ、レタス、セロリ、シュンギク、ニンジン、パセリ、ビート、ホウレンソウ、ワタ、アルファルファ、ブッフェルグラス

ウレンソウで弱く、イネ、トウモロコシ、チャ、アジサイで強いなど作物種によって異なり、耐酸性との間には密接な関係がある。

▎耐乾性

植物は炭酸ガスを大気中から取り込む際、蒸散により水分を失っている。失った水分が根から十分供給されないと、水分不足によるストレスを受け、気孔の閉鎖、しおれ、代謝のかく乱を引き起こす。CAM植物は炭酸ガスの取り込みを蒸散の少ない夜間に行なうことで、水ストレスを回避し、砂漠や乾燥地への適性を高めている。作物種によっても耐乾性は異なり、耐乾性に関わる因子も多様である。マメ科ではキマメ＞クロタナリア＞ダイズの順で、耐乾性の弱いダイズでは水ストレスにより根の伸長が阻害されやすいなど、形態的な面から耐乾性の違いが説明されている。栄養面からはソルガムに対してケイ酸を施用することで耐乾性が高まることも知られている。イネ科作物ではモロコシとヒエは高い浸透調整能力によって、パールミレットは高い水分保持能力によってそれぞれ乾燥に耐えるが、トウモロコシは浸透調整能力および水分保持力がいずれも低く、耐乾性が低いとされている。また果菜類や果樹類では適度な水ストレスにより、窒素代謝を抑え糖度を向上する技術が普及している。

▎根の活力

根の主な働きは水および養分の吸収作用、物質の貯蔵、地上部の支持固定、生育調整物質そのほかの特殊成分の合成分解の四つの作用をあげることができ、このような機能を十分に備えた根が活力が高い。土改剤の施用や、深耕、排水、有機質資材を施用するのは作物の根の活力を高め、作物生産を円滑にするためである。肉眼では白くて弾力のある根がよく、黒変したり、もろい根は機能がおとろえていると判断される。

根の活力測定法としては、酸素吸収、炭酸ガスの発生量を測定するワールブルグ検圧法、根組織の酸化力、還元力を酵素活性の測定で見るα-ナフチルアミン酸化力測定法、TTC（トリフェニルセトラゾリウムクロライド）還元力測定法がある。

▎根の酸化力

通常の植物は湛水条件では過剰に存在する硫化水素や二価鉄など有害還元物質による障害を受ける。このような条件下でもイネなどの耐湿性作物では根の細胞間隙がよく発達し、これを通じて地上部から酸素が供給される。この酸素は根の呼吸に使用される以外に、水田の根圏土壌に存在する硫化水素や二価鉄などの有害な還元物質を根から分子状の酸素を放出して酸化し、無毒化する働きをする。

▎根の交換容量

根の表面にも負荷電が存在し、土壌と同様に陽イオンを交換保持する性質が

ある。交換容量の大きさは植物の種類によって異なり、キュウリ、イチゴ、シュンギク、豆類の双子葉植物は高く、イネ、トウモロコシ、ムギ、タマネギなどの単子葉植物は小さい。交換容量の大きい根はカルシウム、マグネシウムなどの二価の陽イオンを、小さい根はカリウムなどの一価の陽イオンを吸着する力が強い。

牧草のミネラル不均衡が牛のグラステタニー発生に及ぼす影響

牧草の K/(Ca+Mg)当量比	グラステタニー の発生率（%）
1.40以下	0
1.41〜1.80	0.06
1.81〜2.20	1.7
2.21〜2.60	5.1
2.61〜3.00	6.8
3.01〜3.40	17.4

▌グラステタニー

牛およびめん羊に発生し、マグネシウム含量が少ない牧草の給与が主な原因で低マグネシウム血症を起こし、興奮・痙れんなどの神経症状を示す疾病で、死に至ることも多い。

本症の発生と牧草の化学的成分との間には密接な関係があり、牧草のマグネシウム含量が0.2%以下で、窒素およびカリウム含量が著しく高く、K/(Ca+Mg)の当量比が1.8〜2.2以上のときに発生しやすい。原因は窒素とカリウムの多施用で、カルシウム、マグネシウムの吸収に対しカリウムは拮抗的に働くので、牧草中のK/(Ca+Mg)比が急激に上昇することにある。K/(Ca+Mg)比を高くしないためには、カルシウム、マグネシウム資材の施用とともに、窒素、カリウムを一度に多量に施用しないことや刈取りごとに分施する必要がある。

▌硝酸塩中毒

硝酸態窒素が乾物あたり0.2%を超える飼料作物を牛などの反すう家畜が摂取すると急性硝酸塩中毒、いわゆるポックリ病死を生じる危険が大きくなる。本病は硝酸態窒素が反すう家畜のルーメン中で亜硝酸塩に変化し、血中に吸収されてメトヘモグロビンに変化し、これが血液の酸素運搬機能を損なうために起こる。硝酸態窒素が少ない飼料を得るには肥料、きゅう肥の施用を適正に保つとともに熟期を確認し早刈りを避けることが必要である。トウモロコシでは稈中の硝酸態窒素を簡易測定して刈取り時期を判定する方法が確立されている。

▌クロロシス

植物体中の葉緑素が欠けて変色する生理障害の症状、葉全体が変色する場合や葉脈を残して変色する場合などがある。クロロフィルの構成元素である窒素やマグネシウムの不足や、クロロフィルの生成に関与する鉄やマンガンの不足などにより発生する。この場合要素により発生部位が決まっており、鉄欠乏ではクロロシスは上位葉に、マグネシウム欠乏は主に下位葉に、マンガン欠乏は上位葉ばかりでなく、中位葉、下位葉にも生じる。

ネクロシス

作物体の一部である器官，組織，細胞などが壊死することで，多くは葉の組織が部分的に褐変して枯死する。マグネシウム欠乏の初期では，葉はまだらな黄白化となるが，症状が進むと葉の一部分が褐変化しネクロシスを生じる。

黄化現象

黄化現象は二種類ある。一つは窒素，マグネシウム，鉄，マンガンなどの欠乏によって葉が黄色くなることで，クロロシスの一種である。もう一つは緑色植物を暗所で生育させるとクロロフィルの形成に必要な光が足りずカロチノイドの生成だけが進行し，緑色になるはずの部分が黄色のままでとどまる。

ガス障害

施設では低温期の保温を図るため，密閉環境下で栽培を行なうことが多い。そのため，有害なガスが発生して充満すると作物に大きな被害を与えることがある。ガス障害としては暖房機の不完全燃焼による一酸化炭素ガスによるもののほかに，施肥管理によって発生する被害が甚大なアンモニアガス，亜硫酸ガスによるものがある。

アンモニアガス障害は春季の施設栽培で多く発生する。アンモニアは中性またはアルカリ性の土壌にアンモニア性肥料や，有機質肥料を多量に施用したときに，その分解によってでき，土壌中にたまる。強い日射がハウスにあたると，温度が急激に上昇し，アンモニアがガス化してハウス内に充満してくる。アンモニアガスは作物の気孔から体内に入って細胞の酸素を奪うため被害は急激で，被害葉は黒ずんで萎凋するようになる。

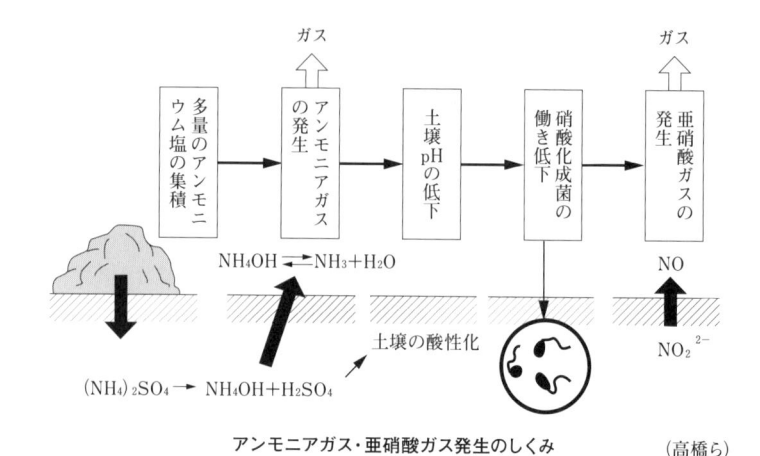

アンモニアガス・亜硝酸ガス発生のしくみ (高橋ら)

通常，土壌中のアンモニアはアンモニア酸化細菌（亜硝酸化成細菌）によって亜硝酸に，亜硝酸はただちに亜硝酸酸化細菌によって硝酸に変化するが，土壌のpHが5以下になると亜硝酸酸化細菌の活性が低下し，亜硝酸が土壌に集積してくる。このような条件のとき，ハウスに日射があたって温度が上昇すると亜硝酸がガス化してくる。被害は中位葉の葉縁部と葉脈間に水侵状の斑点ができ，これが黄褐色に変わったり，白色の斑点になる。被害が激しくなると熱湯でゆでたように枯れあがるが，新葉は中位葉，下位葉，上位葉に比べ被害程度は少ない。

　ガス障害を外観から識別するほかに，朝の換気前の露滴をとってpHを測定する方法があり，pHが4.6以下ならば亜硝酸ガス，7.0以上ならばアンモニアガスによる障害と判断できる。

　なお，最近では葉の光合成を高めるため，ハウス内に炭酸ガス発生装置を用いて炭酸ガスを施用することが普及しているが，ハウス内の炭酸ガス濃度が1,000ppmを超えるようになると中位葉を中心に葉身部に被害が認められる。

根腐れ

　一般に過湿により根に障害を受ける現象をいう。耐湿性のイネでも夏季に還元状態となり土壌の鉄含量が少ない場合は，根の表面の酸化鉄の防護がなくなって根が直接，硫化水素でおかされる。このようになると水稲根は白色となり，一部は硫化鉄によって黒色に汚染され，養分吸収阻害を起こす。

　畑，樹園地では，不透水層があって透水性が不良な重粘な土壌条件や隣接する水田がある場所で発生しやすく，地下水位が30cm前後に高くなると下層が還元状態となって根が腐るようになる。地下水位は畑では50〜60cm，樹園地では60〜100cm以下にする必要がある。

赤枯れ

　水稲の下葉に赤褐色の斑点が発生する栄養障害にもとづく生理病で，三つの型がある。

　泥炭土壌，湿田などで梅雨明けに地温が上昇すると発生する赤枯れは，カリウム欠乏によるもので，その誘因として土壌のカリウム含量が低いことや異常還元があげられる。対策としてカリウムの増肥とともに未熟有機物の施用を避け，代かきを簡単に行なうようにする。火山灰の林地開田に発生する赤枯れはヨウ素過剰によって起こるが，開田後数年を経過すると発生しなくなる。土壌のリン供給力が小さいことからリン酸の多量施用，間断灌がい，中干しを行なう。両赤枯れで共通する点は，土壌を酸化的に保つ対策が必要である。海成干拓田で亜鉛欠乏によって発生する赤枯れは，客土，亜鉛の施用が有効である。

青枯れ

　出穂後，20〜30日間の登熟期間に台風通過後の乾燥風と晴天の気象条件下に

遭遇した場合に生葉が緑色のまま脱水乾燥する現象である。青枯れは出穂期以降に生産された光合成産物のモミへの移行が高く，登熟期間の全炭水化物含量が低い品種に発生しやすい。基肥のみでは発生せず，穂肥，実肥の後期施肥を重点的に行なったときに被害が甚大なことから，登熟期間の窒素代謝も関与している。被害株では窒素/カリウム比，ケイ素含有率が低い。

異常穂

　水稲移植時に麦わらなどの未熟有機物をすき込むと発生することがある。矮化し葉鞘内に2～3粒の穎花を持つ穂軸または穂軸のみの不出穂の茎が混在したA型，草丈，稈長は正常であるが穂相の異常や穎花数が減少するB型，正常な穂相であるが不稔歩合が30～90％と高いC型に分けられる。原因として穂の形成期間中に未熟有機物が分解する際に発生する中間代謝物の影響が推察される。対策として穂首分化期からの落水，麦わらの圃場外搬出，深耕が有効で，作用機作は不明であるがマンガン，硫酸根の施用も改善効果がみられる。

植物生理

ケイ酸植物

　ケイ素はすべての植物に必要な必須元素ではないが，特定の植物の生育に好影響を与えることが知られている。このケイ素を好んで吸収する植物をケイ酸植物といい，イネはその代表作物である。高等植物の無機養分組成は種や科，属によって異なり，イネ科植物はケイ酸を非常に多量に吸収するが，マメ科作物ではたとえ同じ土壌に生育してもケイ酸の含量は少量である。このように植物は土壌中の養分をその存在割合に応じて吸収するのではなく，要求度の高いものは多く，あまり必要としないものは少量選択的に吸収している。イネに対するケイ酸供給の影響を時期別に見ると，栄養生長期には茎数に，生殖生長期には1穂粒数と登熟歩合に影響している。ケイ酸は体内で再移行しにくいと考えられ，その供給は生育全期間にわたって行なわれることが重要である。

石灰植物

　カルシウムは植物の無機養分含量で植物間差の最も大きい元素である。そのため，植物生理の分野では古くから好石灰植物と嫌石灰植物に分類し，前者を普通，石灰植物という。養分の吸収率に差が出るのは作物の養分選択性によるもので，ダイズ，ラッカセイなどのマメ科作物をはじめとしてトマト，キャベツ，タマネギ，サトイモ，ミカン，ブドウ，リンゴ，クワなどが好石灰作物に属する。嫌石灰植物の代表的なものはジャガイモやツツジ類などである。

好酸性植物

一般的に植物は土壌のpHが微酸性から中性でよく生育し，pHの低い土壌では生育障害が発現することが多い。これらはpHが低いことだけではなく，低pHによるアルミニウムやマンガンの過剰，リン酸の欠乏，さらに，微量要素の不溶化なども原因となる。しかし，植物のなかには酸性の強い土壌でも比較的良好な生育を示すものがあり，これらの植物を好酸性植物という。チャやツツジ科植物（ツツジ，シャクナゲ）などは多量の鉄分などを要求するために強酸性を好む。

好硝酸性植物

植物が吸収する窒素の形態はアミノ酸，アミド，核酸，尿素など有機態のものもあるが，無機態窒素のアンモニウムイオン，硝酸イオンの割合が多い。この二つの無機態窒素の形態が植物の生育に及ぼす影響は植物の種類によって異なり，窒素源がアンモニア態よりも硝酸態である場合に良好な生育を示す植物群を好硝酸性植物という。畑状態では施肥されたアンモニア態窒素はすみやかに硝酸に変わるため，畑作物には好硝酸性作物が多い。

好アンモニア性植物

植物が吸収する窒素形態をアンモニア態と硝酸態で比較した場合，全窒素供給のなかでアンモニア態で供給される割合が高い場合に良好な生育を示す植物群を好アンモニア性植物という。これらの植物はアンモニアイオンを選択的に吸収し，また，吸収されたアンモニア態窒素をすみやかにアミノ酸やタンパク質に同化する能力が高い。代表的な好アンモニア性植物にイネ，チャがある。

耐肥性

作物の収量は，施肥量が少ない段階では施肥量と直線的な比例関係を示すが，施肥量が多くなると次第に増加割合が低下し，さらに施肥量が増大すると増加が認められないか，あるいは逆に減少する。ところが，同一作物でも品種によっては，かなり高い施肥領域でも収量の増加が認められるものがある。これを耐肥性が強いという。たとえば，水稲ではジャポニカは耐肥性が強く，インディカは弱いものが多いが，この違いは草型の相違によるところが大きい。また，耐肥性の強弱は，作物が群落をなして栽培される場合に顕著に見られるものである。

指標植物

現在では二つの分野の事柄に使われることが多い。

一つは生育している土壌中の特定の金属の多少を示す性質の植物をいう。このため金属含有量の多いことを示す指標植物は金属鉱脈の探索に用いられる。いま一つは，環境の変化に対して特有の生育反応を敏感に示す植物である。土壌のpHや養分濃度に敏感な作物は古くから農業で利用されてきた。また，亜硫酸ガス，オキシダントなどの大気汚染や酸性雨に対しても指標植物が存在する。

植物ホルモン

　微量で植物の生理活性に影響を与える物質を「植物生長調節物質」と呼び，そのなかで植物体内で生合成され，それが植物の各器官に移動し，微量で生理活性を示す物質を植物ホルモンという。現在までに植物ホルモンとして認知されているのは，オーキシン類，ジベレリン類，サイトカイニン類，エチレン，アブシジン酸類の五つである。植物ホルモンの生理作用は細胞の伸長，根の分化，花芽分化，離層の形成，種子の休眠など数多くの植物の生長現象に関与している。

　オーキシン　インドール－3－酢酸（IAA）に代表される生理活性物質群をいう。植物体内では，アミノ酸のトリプトファンから誘導され，遊離状態で存在するほか，アスパラギン酸やグルコースと結合しても存在する。主な生理作用は細胞の伸長効果で，発根促進，離層形成の遅延，単為結果の促進などもある。

　ジベレリン　わが国でイネ馬鹿苗病菌から発見され，結晶化に成功した植物ホルモンである。非常に多種類の物質が知られ，慣用名でジベレリンA_3，A_7のようにAに番号を付して示す。体内でイソプレノイドと呼ばれる一群の物質から合成される。無傷植物の茎の伸長効果，休眠打破，発芽促進，開花促進，単為結果促進などの作用を示し，農業上の利用も多い。

　サイトカイニン　オーキシンやジベレリンが細胞の肥大伸長を促進するのに対し，細胞分裂を促進する。化学構造は核酸の構成物質であるアデニンを基本骨格とし，いろいろの誘導体が存在する。主として根で合成されていると考えられ，植物の溢泌液中にも多量に含まれている。細胞分裂のほか，老化防止，組織培養における再分化など，多岐にわたる生理活性を有する。

　エチレン　アミノ酸の一種であるメチオニンを出発物質として生成され，果実の成熟にともない多量に形成される。植物ホルモンでは最も簡単な構造を持ち，通常は気体として存在する。細胞の肥大のほか，器官の老化，離脱の促進などの作用がある。また，バナナなどの果実の熟成に利用されている。

　アブシジン酸　植物の生長抑制や休眠に関係する物質で，ジベレリンと拮抗的に作用する。構造的にはセスキテルペンの一種で，果実や葉の離脱を促進するほか，長日植物では開花を抑制し，あるいは短日植物では花芽形成を促進する作用を持つ。

生長調整剤

　植物ホルモンが植物体内で合成される物質であるのに対し，植物体中には存在が認められないが，植物ホルモンと同様に微量で植物の生長を調節できる物質である。2,4Dやナフタレン酢酸などが含まれる。これらの物質を植物体に作用させて，植物の生長あるいは発育過程を調節しようとすることを化学調節（ケミカルコントロール）と呼び，農業では除草や，生育，開花，着果などの調節に利用

している.とくに,植物に形態的な変化を引き起こさずに,細胞の伸長や分裂を遅らせ,生育を抑制する物質を生長抑制剤,あるいはわい化剤と呼ぶ.

Bナイン ジメチルアミノスクシンアミド酸で,葉面散布により生長を抑制する効果がある.主としてポットマムをはじめとする鉢花類や果樹などの伸長抑制に用いられ,わが国では最も広く使用される.ほかに着花増加,切り花の延命などの効果がある.

エスレル 2-クロロエタンホスホリク酸.pH4以上で植物ホルモンのエチレンを発生する.

アレロパシー

他感作用と訳され,原義は「ある植物が生産する化学物質によってほかの植物(微生物も含む)が何らかの作用を受ける現象」(Molisch, 1937)で,近年は動物や昆虫にまで対象を拡大して論じられることが多い.作用を示す植物を「他感植物」,原因物質を「多感物質」という.古くから経験的にある種の植物の周辺にほかの雑草が少なかったり,連作によるいや地現象の一部などが知られてきたが,科学的に証明された事例は意外と少ない.それは現象が「多感物質」によって引き起こされていることの証明が難しいためで,とくに光,水,養分の競合などとの識別は困難である.研究事例としてはマメ科のムクナがアミノ酸の一種であるドーパを多量に含み雑草抑制効果を示すこと,ヘアリーベッチがシアナミドを生成して雑草を抑制することなどが知られている.植物-昆虫-動物間では,アブラナ科植物が昆虫に食害されると揮発性物質が放出され,これを目印に鳥類が誘引されて,食害した昆虫を補食することも知られている.アレロパシー現象を引き起こすと考えられる候補物質としてはクマリン類,フェノール類,アルカロイドやテルペノイド,含硫黄化合物などがある.

作物栄養診断

作物栄養診断

作物が正常な生育を行なうためには多種類の養分がバランスよく供給されることが必要である.このバランスが崩れ,養分の過不足が生じると生育に異常をきたすようになる.生産を増大するために必要な施肥などの対策を決めるため,作物の栄養状態を何らかの方法で評価することが栄養診断である.

栄養診断には主につぎのような方法が用いられている.
①外部症状による診断,②作物体養分の分析,③組織検定法による診断(硝酸,アスパラギン,スターチ含量の測定),④生化学的診断法(酵素活性や代謝経路),

⑤症状の人為的な再現や回復による診断

　現在，簡便で広く行なわれている方法は外部症状による診断で，たとえばマグネシウム，カリウム欠乏は古い葉から，カルシウム，ホウ素，鉄欠乏は新葉から発生し，カリウムは葉縁の褐変・枯死，マグネシウムは葉脈間のクロロシス，カルシウムは新葉の褐変が見られるなど，各養分によって症状に特異性があるため，比較的正しい判断を下しやすい。

　化学分析による作物体養分の測定は外部症状による診断をより正確に裏付けるだけでなく，症状が類似して外部からはわからない養分の過不足を判断できるが，診断に際して多くの時間や費用を要する。

　このような，欠乏症や過剰症の概念とは別に，外部兆候として現われなくても，各養分の不足域，適正域，過剰域を明らかにし，作物の高品質生産を持続的に行なう診断技術も重要である。これは組織検定による診断を用いたもので，その場で汁液などの作物体養分を採取し，硝酸など簡易測定器具による値を診断基準値と照らし合わせ，追肥の要否を判定する方法で，とくに土壌の養分富化が顕著な施設園芸作物に適する。

葉色診断

　植物葉は緑色を示すが，これは葉緑体中のクロロフィルa，bという葉緑素によるものである。葉中の窒素含量と葉緑素含量の間には高い相関があることから，生葉の葉緑素含量すなわち葉色を判断することにより，作物の窒素の栄養状態を知ることが可能である。

　葉色診断は主に，①一定重量の葉からアセトンを用いて葉緑素を磨砕抽出して吸光度からクロロフィル含量を測定する方法，②淡緑から濃緑までの区分された葉色板によって判断する方法，③透過光を利用して葉中のクロロフィル含量を測定する葉緑素計による方法があるが，簡便性から非破壊的な②③の方法が多く使用される。

　葉色が濃いと光合成がさかんになり炭水化物生産が多くなるが，水稲では葉色が一定以上になると出穂後の繁茂や倒伏を助長して登熟歩合を低下させる。そのため，出穂前20〜25日頃一定面積あたりの茎数との関連において，葉色診断を行なうことが重要な技術となっている。

葉色板

　葉の緑色の程度を表わす淡緑から濃緑に区分された色票によって窒素の栄養状態を判断するもので，水稲，野菜，果樹用が開発されている。水稲では個葉に使用することもあるが，群落として見る場合，太陽を背に数メートル離れた位置から葉の色に近い色票を読み取る。そのため，入射光の波長の影響を受けにくい日中9〜11時，14〜16時頃に実施すると正確な色票値を判断できる。

葉緑素計

クロロフィルは670nm付近に吸収の極大値を持ち、ほかの色素などの影響を受けず安定した値を示す750nmでの吸収値との差として測定する。葉緑素計にはGM値（0〜4）とSPAD値（0〜80）の2種類がある。GM値（x）とSPAD値（y）の間には、$y = 33.7x - 8.8$の関係がある。またGM値（x）とクロロフィル含量（z）の間には、$z = 3.7 \times (x - 0.33)$の関係がある。現在用いられている表示はSPAD値が多い。携帯用でデジタル表示されるため実用的であるが、使用にあたっては測定部位を決め、葉肋、太い葉脈を避けることが必要である。

生育量

Wollnyによれば「必要な因子のうち一つでも不足するものがあれば、ほかの因子がいかに十分にあっても、作物の生育はその因子によって支配され、ほかの因子を増しても生育は多くならない」とし、これを最少律と呼んだ。最少律に従えば、制限因子の量を増大していけば生育量はそれに応じて増大するが、ある段階に達するとほかの因子が制限因子となって生育は頭打ちとなる。

実際の圃場条件下では複数の因子が働き生育量が制限される場合も多いが、一般的には収量と施肥量との間にはレスポンスカーブが成り立ち、施肥量を増加していくと、施肥効率は徐々に低下してくる。実際には土壌診断や栄養診断にもとづく施肥、さらに被覆肥料、局所施肥、養液土耕など新しく開発された新技術によって施肥効率を高めて、生育量の増加を図っていく必要がある。

汁液診断

キュウリ、トマト、ナス、イチゴなどの果菜類は、栽培期間が長い。安定生産に結びつく施肥管理のためには栄養状態をすぐに判定できるリアルタイム診断法が有効である。各果菜類では葉身よりも葉柄のほうが作物体養分を採取しやすい。採取した葉柄を2cm前後に切断して、にんにく絞り器で葉柄汁液を得る。汁液が採取しづらいイチゴでは乳鉢に一定量の水を加えて磨りつぶしてもよい。窒素の診断では、汁液中の硝酸濃度をメルコクァント硝酸イオン試験紙、コンパクト硝酸イオンメーター、小型反射式光度計などの簡易測定器具を用いてその場で測定して栄養状態を判定する。施肥管理は測定値を診断基準値と照らし合わせ、測定値が基準値内ならば通常の施肥を行ない、基準値より高ければしばらくの間追肥をひかえ、基準値以下ならば即座に

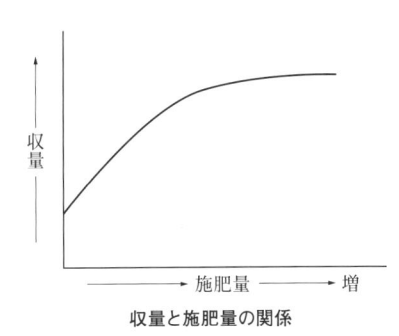

収量と施肥量の関係

栄養診断のための葉柄汁液の測定部位の例

(六本木, 山崎)

野菜名	測定部位
キュウリ	14〜16節の本葉または側枝第1葉の葉柄
イチゴ	最新の展開葉から数えた第3葉目の葉柄
トマト	収穫果房周辺の小葉の葉柄
ナス	最新の展開葉から数えた第3葉目の葉柄

追肥する。これにより効率的な施肥管理が可能になる。採取は早朝一定時に行なう。

硝酸以外の養分も可能で、キュウリではリンについて診断基準値が明らかにされている。正確な診断にあたっては、作物体中の硝酸濃度は部位によって濃度が異なるため前後の葉位と比べて変動幅の少ない部位を選ぶことが必要である。

品　質

農産物の品質

食品としての農産物に求められる品質は、安全であることを基本とし、一次機能として炭水化物、脂質、タンパク質、ミネラル、ビタミンなどの栄養的価値、二次機能として色、香り、味、物性など嗜好性、さらに栄養素の働きとは別に抗酸化性などの生体調節機能としての三次機能があげられる。そのほか、貯蔵性や加工特性、商品として適する大きさや形などさまざまな要素が付け加わる。

農産物の成分は品種によって異なるが、温度、光、土壌、施肥などの栽培環境も大きく関与する。旬の農産物はビタミンやミネラルが増加し、栄養価が高くなる。たとえば、秋冬が旬のホウレンソウを夏に栽培すると短期間で収穫できるが、水分含有率が高くビタミンやミネラルは少なくなる。光は光合成によって作られる糖類やビタミンに及ぼす影響が大きい。土壌中の養分量は農作物の生育や収量以外にも、タンパク質やミネラルなどの内容成分と関係が深い。とくに窒素施肥は、タンパク質、アミノ酸、硝酸の含有量に直接影響を与えるが、ブドウ糖やビタミンCなどにも大きく関係する。また、リン酸の過剰施肥は、カルシウムなどミネラルの吸収阻害を起こし、ミネラル不足になりやすい。総合的な品質向上のためには、農作物に応じた栽培条件で、適正施肥を心がける必要がある。

ビタミン

ヒトの体内では合成されない重要な栄養素で、とくにビタミンA、ビタミンC、ビタミンK、葉酸は農産物からの摂取割合が非常に高い。ビタミンAの主要な給源であるβ-カロテンはニンジンやホウレンソウ、カボチャなどの緑黄色野菜に多く含まれる。ビタミンCは野菜や果物全般に、ビタミンKと葉酸は緑葉野菜に

多く含まれる。

ビタミンC含有量は光の影響を大きく受け，晴天が続くと大幅に増加するが収穫後の減少も大きい。また，旬のものにも多いが，硝酸と負の相関があるため，施肥が窒素過剰にならないようにじっくりと生育させるとよい。さらに，ビタミンCやβ-カロテンなどいずれも糖が前駆体であるため，糖含有量が増加する栽培管理を必要とする。

食物繊維

ヒトの消化酵素では消化されない難消化性成分で，整腸作用や大腸がんの抑制，

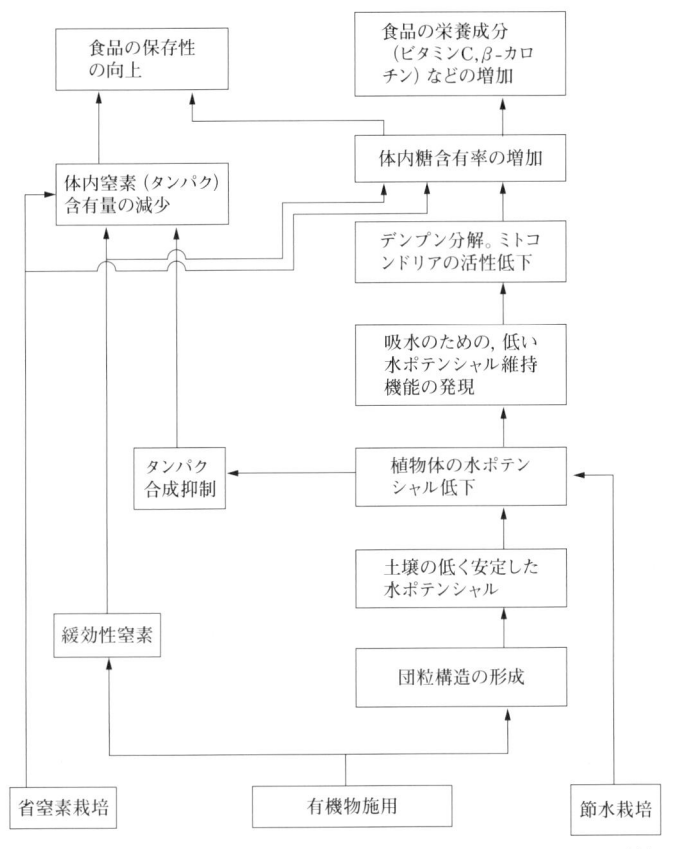

省窒素，節水栽培，有機物施用による「食品の品質」向上のメカニズム（森）

血中コレステロールの減少など健康面での効果を多く持つ。穀類や豆類に多いセルロースなど不溶性のものと,果物に多く含まれるペクチンなど水溶性のものとがある。

栽培管理において,難消化性多糖である食物繊維はブドウ糖などと同じような影響を受けると考えられ,キャベツでは窒素施用量が増加するほど食物繊維含有量が低下することが知られている。

▍糖

野菜,果実中に見られるブドウ糖,果糖,ショ糖は嗜好性に関与している。これらの含有量は窒素施肥,土壌水分,光条件などの栽培環境により大きく変化する。農作物にストレスを与えて高める方法では,水分ストレスによるフルーツトマトや寒締めホウレンソウなどがある。

▍タンパク質・アミノ酸

ヒトにとって重要な栄養源で,とくにダイズなどの豆類に多く含まれる。土壌から作物根に吸収された窒素が体内でアミノ酸を経てペプチド結合によりタンパク質に合成される。ヒトの体を作っているタンパク質は20種類のアミノ酸で構成され,これらのなかにはうま味や甘味,あるいは複雑な味を呈するものがあり,味覚のうえでも重要である。

窒素施肥によってタンパク質やアミノ酸が増加すると,野菜では糖類が減少して日持ち性が劣り,ミカンやリンゴなどの果実では果色がわるくなり,コメでは食味が低下する一方,コムギのグルテンが増加することやチャのうま味が向上するなど,農産物の品質に与える影響は大きい。

▍アミロース

デンプンはブドウ糖から構成されるが,ブドウ糖が直鎖状になったアミロースと枝分かれの多い網目構造となったアミロペクチンとに大別される。コメにおいてアミロース含有率は米飯の粘りと大きな関係があり,アミロース含有率が低くなるほど米飯の粘りが増加し食味は向上する。ウルチ米には16〜30％程度含まれ,モチ米は0％である。アミロース含量は栽培条件などの環境要因よりも,品種に依存する要因のほうが大きい。

▍脂肪酸

脂質の主要な構成成分であり,その種類によりさまざまな生理作用を有する重要な栄養成分である。飽和脂肪酸を一価不飽和脂肪酸と多価不飽和脂肪酸とに区別するが,これらのバランスがヒトの健康上重要で,とくに多価不飽和脂肪酸のα-リノレン酸などが有効といわれている。ナタネ,ダイズ,ナッツ類は種子中に貯蔵脂肪として多く含まれ,その含有量は原料品質の良否を決める要素となる。また,不飽和脂肪酸は酸化しやすく,コメにおいては貯蔵中における脂肪酸の酸

化，分解が古米臭の原因となるなど，品質に悪影響を及ぼす。

▌硝　酸

　畑作物は硝酸イオンの形で窒素吸収を好むので，施肥によって野菜の硝酸含有量は大きく変化する。硝酸塩が多く含まれている農産物はヒトの体内でニトロソアミンを生成するなど健康上好ましくない。このことから，たとえばホウレンソウの硝酸塩は100g新鮮物中300mg以下が望ましいなど，野菜中濃度の上限を設定しているところもある。緩効性肥料の使用など，植物の生育に応じた適正な施肥管理が求められる。

▌シュウ酸

　ホウレンソウなどのアカザ科の野菜に多く含まれ，主にカリウム塩として存在する。食味としてアクやえぐみに関与し，農産物の品質に対しては負の因子となる。健康面では過剰摂取すると尿路結石の原因に関与する。植物体内におけるシュウ酸の合成は，主に光呼吸経路であるグリコール酸回路において生成されるといわれているが，栽培条件による影響は明らかでない。

▌植物色素

　植物における色の発現に寄与する化学物質で，主なものはクロロフィル系，カロチノイド系，フラボノイド系などの色素である。クロロフィルは水に不溶で緑色，カロチノイドは黄色～赤色を示しカロチン類とキサントフィル類に分類されカンキツ類に多く含まれる。フラボノイド系は無色～黄色を示すフラボンやフラボノール，花や果物などの赤色～青色を表わすアントシアニンなどがある。近年，植物色素のなかにはβ-クリプトキサンチンなど機能性が報告されているものも多い。

▌食味計

　波長800～2,500nmの近赤外領域の光の吸収度合から，タンパク，水分含量などの特定成分を非破壊的に測定する方法を応用したものである。近赤外分光法によりコメの特定複数の成分や特性値を同時に測定して，官能検査に対する重回帰式から食味を評価する。短時間で多くの点数を評価できるが，相関式は各社により異なるので装置間の互換性はない。

▌食味試験

　試験者（パネル）が対象とする食品を実際に食べて評価する方法。総合的な評価だけでなく外観，香り，味，粘り，硬さなどの項目が評価できることから，基準的な方法となっている。一方，評価できる数に限界があり，パネルの能力，嗜好，地域性，年代の違いによる差や年度によって変化するデータは比較が難しいなどの欠点もある。

機能性成分

　食品の持つ一次機能の栄養素や二次機能の色素には三次機能としての機能性を有するものが多い。ポリフェノールやカロチノイドなどの色素類，ペプチドやアミノ酸などのタンパク質関連化合物，多糖類などの糖質，脂肪酸など多くの成分から抗酸化性，制がん性，血圧調節性，コレステロール調節性，整腸作用などの生体調節機能が見出されている。

　農産物にはこれら多種多様な機能性が多く認められ，とくに抗酸化性がよく知られている。β-カロテン，ビタミンC，ビタミンEのビタミン類やカロチノイドは緑黄色野菜に多く含まれている。フラボノイドのなかではケルセチン（クエルセチンともいう）はタマネギ，イソフラボン類はダイズ，アントシアニンはブルーベリーやナス，カテキン類はチャに多く含まれる。含硫化合物のイソチオシアネートはアブラナ科植物に多く含まれ制がん性効果も高い。

　機能性成分を多く含む農作物の品種開発により，アントシアニンを多く含む紫黒米，食物繊維の多い裸麦，リグニンを多く含むゴマ，抗アレルギー性機能を持つメチル化カテキンにより花粉症緩和が期待できるチャ品種などがある。

土壌改良・施肥編

水田

水田土壌

　主に水稲を栽培するために造成された土壌の総称である。水稲栽培期間と非栽培期間が交互に繰り返されるなかで、地下水の影響による物質変化、耕起や代かきなどの機械作業、有機物の施用、イネの植生と栽培管理などの人為的作用と、母材や堆積様式、気象条件などを反映した自然条件とが結合しながら土壌生成作用が進行し、土壌の種類を超えて水田土壌と一括して呼べる性質を有するようになる。

　こうした土壌生成作用を水田土壌化作用と呼び、水を張った後に起きる一連の化学変化がとくに重要である。水田の作土は、稲作期間中ほとんど水の下にあり、大気との接触がきわめてまれである。また、土壌微生物は、土壌中の有機物を栄養源として繁殖するため多くの酸素を必要とし、田植え後の時間とともに還元状態（土壌中の酸素が不足する状態）が発達する。そのため、土壌pHは中性付近に調節され、土壌窒素の無機化が促進するとともに、土壌中の不可給態のリン酸が溶け出してくるなど養分的に恵まれた状態が維持される。また、水田は多量の灌がい水による養分供給もあり、湛水条件に適応した水稲という作物と一体となって、省資源的で持続的な生産が保証されている。

　これらは水田土壌の持つ優れた機能によるものであり、とくに畑土壌と比較してみると、いかに水田土壌が地力温存的性格を有しているかがわかる。つまり、畑土壌は酸化的に経過するので、有機物を施用してもその年にほとんど分解してしまう。その点、水田は、有機物の分解と集積の関係から、地道に有機物の施用を続ければ、それに応じて地力窒素の給源としての易分解性有機態窒素が蓄積していく。

　日本に分布する水田土壌は、グライ土、灰色低地土、褐色低地土などいわゆる沖積土壌が大部分を占めるが、多湿黒ボク土、黒ボクグライ土のような火山灰土壌も10％程度存在する。地域的には、北海道、東北、関東および

わが国における水田土壌の種類と面積
（地力保全基本調査より）

土壌群名	面積(100a)	比率(％)
多湿黒ボク土	2,741	10
黒ボクグライ土	508	2
灰色台地土	792	3
黄色土	1,443	5
褐色低地土	1,418	5
灰色低地土	10,564	31
グライ土	8,879	31
黒泥土	759	3
泥炭土	1,059	4

北陸では，グライ土，泥炭土，黒泥土のような湿田型の土壌が広く分布しており，東海，近畿，中国，四国，九州では，灰色低地土，褐色低地土，黄色土のような乾田型の土壌が広く分布している。

▍秋落ち水田

水稲の生育相から見て，初期生育や栄養生長時の生育が順調であっても，生殖生長時である幼穂形成期や穂ばらみ期以降，生育が凋落し，思ったほど収量が上がらない現象を秋落ちといい，そのような現象を起こす水田を秋落ち水田と呼ぶ。

▍老朽化水田

作土から鉄分のほか各種塩基の溶脱も見られ，幼穂形成期頃から下葉の枯れ上がりが多くなり秋落ちする水田を総称して老朽化水田という。

▍黒ボク水田

火山灰を母材とする水田で多湿黒ボク土として分類している。わが国における分布状況は，東北，九州地域に多く，火山の東側の丘陵地や台地に広く分布している。その特徴は，表層が腐植にすこぶる富む土壌で，粘土鉱物の種類によってアロフェン質と非アロフェン質とに区分される。

黒ボク水田は土壌の仮比重が小さく漏水が激しいこと，リン酸吸収係数が高く有効態リン酸が極端に少ないこと，アンモニアなどの肥料吸着が弱く流亡しやすいこと，などが特徴としてあげられる。

▍黒泥水田

黒泥土は泥炭と無機質母材が混合し，よく分解して黒色の腐植を形成しているもので，泥炭層を挟む上下の層は黒泥化しているのが普通である。黒泥地帯は泥炭地帯に接して分布し，海浜や河川の流域に多い。

黒泥水田は，低湿な環境で豊富な易分解性有機物を含むため，地温上昇にともない還元状態となり，有機酸やメタンガスを生成したり，硫化水素などの有害ガスを発生する。そのため，水稲の根は，活力を失い養分吸収機能が低下したり，場合によっては根腐れを起こす。

黒泥水田の改良は，排水対策で全面的に地下水位を低下させる。排水により田面が沈下する場合は鉄含量の多い山土を客土する。そのほか，養分などの改善対策として塩基の補給も欠かすことができない。

▍泥炭水田

地表から50cm以内に泥炭層または泥炭を含む黒泥層を有し，その湿田的環境の不良性と土壌の還元化によって水稲生産が抑制される水田と定義している。

泥炭水田はその成因から，有機物含量が高く，容積重が小さい。鉱物成分が不足し養分保持力が弱い。有機物分解にともなう窒素供給が過多で，その発現時期

が水稲生育に適合しない場合が多い。さらに，還元の発達にともない根系障害を受けやすいなどの欠点を有している。改良対策は，排水改良を根幹とし，客土による土壌条件の改善，窒素以外の養分が少ないので養分条件に対応した塩基などの補給，生育に対応した窒素施肥法などである。

漏水過多田

通常，水田の減水深は10～30mm/日が適当とされている。いわゆるザル田や砂礫質の水田などでは，畦畔漏水や透水性が大きいため，減水深が異常に大きくなる。こうした水持ちのわるい水田を総称して漏水過多田という。漏水により土壌養分が流亡し，地温の上昇が妨げられ，水稲の生育も不良で後期の栄養状態の維持も困難なため収量も低い。

漏水対策としては，土質の改良を兼ねてベントナイトのような良質粘土を作土に混合する方法がとられている。また，後期の栄養状態の維持，肥効調節型肥料の利用が効果的である。

谷津田（谷地田）

台地や丘陵などが侵食され細長い谷間が生じるが，そこにある水田をいう。谷津田は，両端の台地や丘陵に接する地域では排水がわるく，グライ土や黒泥土などが出現し，中央部では比較的排水のよい土壌が多い。俗に沢田とも呼ばれ，山からの沢水を田越し灌がいで有効に利用しており，日本で最初に水稲栽培が行なわれた。平坦地に比べれば当然機械作業などが困難で，山間過疎地では耕作放棄地になって問題化している場合も多い。

棚　田

静かな山あいに，きれいな曲線美を見せ，場所によっては千枚田とも呼ばれている。稲作管理上はその立地条件，水利条件から見て，生育・収量とも不安定である。現在，景観保全上から保護されている場合も見られる。

天水田

灌がい水が乏しく，水稲栽培に必要な水の大部分を雨水に頼る水田で，山間地の棚田などとして分布する。降雨がなければ当然干ばつを受ける生産性の不安定な水田である。根本的な対策は用水を確保することであり，床締めや畦畔保持によって漏水防止に心がける。

乾　田

水田の排水の良否を示す基本的な分類基準で，落水期の田面の状態によって乾田と湿田に分けている。土地利用の立場から，非灌がい期間に，裏作物の栽培が可能かどうかを重視して分けることもある。なお，両者の中間を半湿田とする場合もある。

乾田は，排水のよい水田である。水稲を収穫してからの非灌がい期間に，水田

から水分が減少し土壌の酸化が進み，土壌断面（1m程度）を見ても，全層が酸化層となっている場合が多い。水稲の作付けされている期間でも下層に酸化層が存在することが特徴的である。なお，非灌がい期の地下水位の位置により，灰色層の出現の深さで80cm以下を乾田としている場合も多い。土壌分類では，灰色低地土，褐色低地土，黒ボク土などが乾田に相当する。水稲の生育は順調で収量性も高い。ただし，潜在地力は湿田より低いため，適切な有機物施用と土壌改良資材の施用が必要である。乾田では水田裏作が容易であり，汎用化水田を目指すためには，湿田の乾田化が重要なポイントとなる。

湿　田

乾田と違い，非灌がい期間でも排水が不良で，全層または作土直下の土層が還元を示すいわゆるグライ層となっている水田をいう。土壌分類では強グライ土，泥炭土，黒泥土，黒ボクグライ土などが含まれ，地下水位が高いことや重機械などの圧密により耕盤が形成され，透水性がわるい。

湿田の特徴は土壌が還元的に推移することにあり，土壌中の空気が不足し，有機物の分解にともない有機酸が発生する。また，第二酸化鉄化合物は亜酸化鉄化合物に，第二マンガン化合物は第一マンガン化合物に，硫酸は硫化水素に，というように還元された物質に変化し，これらが多量になると水稲の養分吸収を妨げ，場合によっては根系障害を引き起こす。一方，鉄と結びついて不可給態になっていたリン酸は，鉄の形態が上述したように二価鉄に変化することから可溶化し，水稲に利用されやすくなったり，窒素の無機化も促進されるようになる。とくに，湿田土壌はおおむね腐植が集積する方向に進み，潜在地力が高い傾向にあり，乾土効果も高い。

不耕起水田

不耕起水田には，不耕起移植水田と不耕起直播水田がある。不耕起移植水田は，耕起，代かきをせずに水稲移植栽培を行なう水田で，不耕起直播水田は，耕起せずに直播栽培を行なう水田である。不耕起栽培の利点は，省力，低コストだけでなく，水稲収穫後に水稲根や土壌収縮によって団粒構造と同等の機能を持つ縦浸透がある根穴構造が発達し，初期生育はやや不良であるものの，収穫期まで水稲根の活力が高く維持され，秋優り的生育を示すことである。中干しを行なわなくても土壌硬度が高く維持されるため，秋の不順天候下でも収穫機械作業が可能になる。欠点は，地下水位の低い水田などでは漏水過多になることである。

水田の改良

▎土地改良

　水田の土地改良は，水稲の生育・収量が安定するよう，用排水施設を基本として，水稲根がのびのび生長できる土壌環境を第一に考えて各種条件を整備する。高位多収穫田ほど作土深が確保されており，地下水位を低下させ，作土下の土壌構造の発達を促していることなどから，水稲根圏耕土層の改善が大きなポイントといえる。こうした改良対策にあたっては，土木的工事をともなう場合が多く，圃場の欠陥を的確に把握し，優先順位をつけて改良に取り組む必要がある。

▎土壌改良

　水稲はもともと地力依存度の高い作物であるが，永続的に生産を安定化させるためには，耕地生態系の循環を考慮し，生産物として持ち出されたものを補給するという再生産の理念が重要である。土壌の肥沃度を維持していくためには，つぎの二面的性格を重視する必要がある。第一は，養分的性格であり，良質米生産のための養分が十分にあり，またその養分バランスが適当で，かつ，その養分の供給過程が適切に行なわれること。第二は，肥料の保持力や緩衝能を含めた土壌の化学性，保水や排水の機能を含めた物理性，物質循環の基礎になる生物性などが，総合的に機能できる条件を備えることである。この二つの性格が長期的に安定して発揮できるようにすることが，土壌改良対策の基本である。

　具体的な対策としては，有機物と土づくり肥料の併用が重要である。

▎基盤整備

　わが国の水田は，地形的な理由から区画が小さく，整形でない状態のものが多かった。このような水田は労働生産性も土地生産性も低い。そのため，圃場区画を30a程度に拡大し，同時に農道や用排水路を整備して生産性の高い圃場に造成しなおすことを基盤整備という。とくに，平坦地水田における用排水管理は，水稲生産および水田の高度利用を図る観点からも地下水位の自由な調節が重要であり，そのためには，圃場の用水路と排水路を完全に分離した合理的な排水路網と排水施設が必要である。また，各水田に配水する用水路網も，計画的に必要な用水を供給するだけでなく，水管理が可能な施設であることが要求される。なお，近年，農村の恵まれた自然環境が新たな価値として評価されるに至っており，今後の水田基盤整備においては，この貴重な農村の自然環境，田園景観を保存する方向も十分考慮して整備する必要がある。

　基盤整備後の水稲作付けにあたっては，工事状況を見て，田面の高低状況や盛

土，切土の部分は地図に記入して，それにもとづいて均平化を行なう。初年目の施肥対策は，盛土部が明らかな場所では窒素量を減肥し，切土部が明らかな場所では堆きゅう肥を施用し，深耕する。なお，基肥窒素量は標準施用量とし，水稲の生育を見ながら追肥で対応することも重要である。

大区画水田
農業基盤整備により大規模農業を推進すべく，大型機械化体系に適合した圃場区画として，1ha以上に造成した圃場を大区画水田という。

客　土
土壌の持つ本質的な欠陥が生産力を阻害している場合，圃場外から改良目的に応じて土やベントナイトなどを搬入して土壌改良することをいう。

客土の方法には，土壌を運搬する搬入客土と泥水をパイプや水路を使って流入する流水客土がある。

深　耕
15～20cmの深さに耕す普通耕に対して，30～40cmの深さに耕起することをいう。

深耕する場合，田植機の走行や植付け精度などの関連で，急激な耕盤破砕を行なわないよう徐々に（毎年1～2cm程度）深くするよう留意する。

不透水層
ある一部の層の孔隙量が何らかの原因によって少なくなり，その層によって全体の透水性が不良となるような層を不透水層という。

透水性低下の要因は，転圧やこね返しによる孔隙率の減少や，従来水みちになっていた亀裂や粗孔隙が土の移動によって破壊切断される場合に起こる。重機械の転圧により透水性の低下する土層範囲は，機械の機種や地形勾配によって異なるが，田面下30～45cmの層に多い。

排　水
水田圃場では，地表排水と地下排水を考慮する必要がある。

水田における排水改良の意義は，土壌生産力の増大，土地利用の高度化，労働作業の効率化，水管理の適正化などがあり，生産性を高めるためには，水田の排水改良によって適度の透水性（透水量30mm程度/日）を持たせることが基本条件となる。

排水改良の主たる対象は湿田であり，湿田が乾田化されると水稲作は安定し，かつ収量も高まる。湿田では還元が進みやすく，有害な還元物質による生育阻害が起こりやすい。還元の緩和や有害物質を除去するためにも，暗渠施工による地下排水や透水を図る必要がある。排水によって酸素の供給が多くなり，グライ層が低下すれば根域が広がり，根の発達とともに養分供給量も多くなる。

水田の基本的な改良目標

土壌の性質	土壌の種類	
	灰色低地土, グライ土, 黄色土, 褐色低地土, 灰色台地土, グライ台地土	多湿ボク土, 泥炭土, 黒泥土, 黒ボクグライ土
作土の厚さ	15cm以上	
すき床層のち密度	山中式硬度で14mm以上24mm以下	
主要根群域の最大ち密度	山中式硬度で24mm以下	
灌水透水性	日減水深で20mm以上30mm以下程度	
pH	6.0以上6.5以下(石灰質土壌では6.0以上8.0以下)	
陽イオン交換容量(CEC)	乾土100g当たり12meq(ミリグラム当量)以上(ただし, 中粗粒質の土壌では8meq以上)	乾土100g当たり15meq以上
塩基状態 塩基飽和度	カルシウム(石灰), マグネシウム(苦土)およびカリウム(加里)イオンが陽イオン交換容量の70〜90%を飽和すること	同左イオンが陽イオン交換容量の60〜90%を飽和すること
塩基状態 塩基組成	カルシウム, マグネシウムおよびカリウム含有量の当量比が(65〜75):(20〜25):(2〜10)であること	
有効態リン酸含有量	乾土100g当たりP_2O_5として10mg以上	
有効態ケイ酸含有量	乾土100g当たりSiO_2として15mg以上	
可給態窒素含有量	乾土100g当たりNとして8mg以上20mg以下	
土壌有機物含有量	乾土100g当たり2g以上	—
遊離酸化鉄含有量	乾土100g当たり0.8g以上	

　表面水の排水は主として明渠(作溝)により, 地中水の排除は暗渠により行なわれる。さらに, 暗渠の効率を高めるには, 弾丸暗渠や心土破砕が行なわれる。作溝による地表水の排除は, 田面の乾きを早め, 中干しを効果的にする。また, 落水期の地耐力を高め, 収穫機械作業を容易にする効果も大きい。

暗渠排水

　地中に通水孔をつくり, 過剰の地中水を圃場外に排水する方法をいう。
　暗渠の材料は, 土管やプラスチック系などがあり, 材料費の点では土管が, 施工費の点では長尺物が可能なプラスチック系管が有利な場合が多い。
　機能的には, 圃場の目標水位まで排水する本暗渠と, 本暗渠に排水を導く補助暗渠とに分けられる。本暗渠の深さは, 土質, 土層断面, 栽培作目などによって

異なるが，通常は0.6～1.2mの深さに設置される。

フォアス（FOEAS）

農村工学研究所が開発した水位調節装置と暗渠管，弾丸暗渠を組み合わせた圃場の地下水位制御システムのことで，「農業新技術2008」に選ばれ注目されている。

雨の多い時期は排水溝，渇水期には灌がい設備の役割を果たす。水田として使う場合は地上20cmまで水を張ることができ，畑として使う場合には地下30cmまで水位を保つことができる。そのため，田畑輪換を容易にし，播種期や栽培方法の選択肢も広がる。

干拓地除塩

干拓とは，海面または湖面を堤防によって締め切り，内部の水を排除し，陸地を造成することである。干拓地水田での水稲栽培における主な障害は，塩害，強酸性害および異常還元などがある。

水稲の耐えうる塩分濃度は，その生育時期，塩分に接する期間などによって異なるが，土壌水中0.3％（NaClとして）で障害が現われ，0.5％で障害が顕著になる。除塩法としては湛水除塩法と浸透除塩法があり，湛水除塩法は作土を荒く耕起した後に湛水して除塩する。浸透除塩法は明渠や暗渠によって塩分を含んだ浸透水を排除する方法で，下層土の除塩に効果がある。

水田の管理

有機物施用

水田への有機物施用の減少にともなって，水田地力の低下が懸念されるようになって久しい。地力とは広義の意味で「作物の収穫をつくり出していく土壌の能力」と考えることができ，土壌の物理性，化学性，生物性が良好に維持されることが重要である。有機物の施用は幅広くそれぞれに作用し，とくに土壌窒素の根源である易分解性有機態窒素量を確実に増加させる。その結果，水稲生育期間中に，地温の上昇とともに微生物によってゆるやかに土壌窒素が無機化されて，生成するアンモニア態窒素の供給能が高まり，生育後半までその能力が維持される。窒素のほかにも，リン酸や硫黄が無機化して遊離し，水稲生育のための養分供給源となる。なお，土壌有機物は鉄やアルミニウムとキレートを形成するため，難溶性の塩を形成せず，リン酸の有効性が増大する。さらに，土壌有機物の最終産物である腐植物質は多量のカルボキシル基を有するため，陽イオン交換容量（CEC）が増大し，養分保持力が高まり，pH変化に対する緩衝能も高まる。

現在,水田に施用される有機物は,稲わら施用を主流に,家畜ふん尿を主体にした養分含量の高い家畜ふん堆肥が施用されるようになり,有機物施用といっても質的な面で多様化の様相を呈している。

代かき

水稲栽培では,田植え作業を容易にするため,均平な植え代をつくる必要があり,耕起した作土の土塊を湛水下でかく拌破壊し,あわせて,漏水を防止する作業を代かきという。代かき後の土壌は単粒化して膨軟になる。代かき用水量は整備された乾田では120～180mmが標準で,大区画田では,田面不均平を考慮して,それに10～20mm加算する。

また,代かき時には基肥を耕起前後に投入しておくことが一般的であり,代かきにより,作土全体が肥料を吸着し,水稲の初期生育の向上に大きく寄与する。また,代かきをすることにより除草効果もある。

直播栽培

育苗を行なわず,種籾を直接本田に播種することをいう。現在行なわれている直播栽培を大別すると,湛水直播栽培と乾田直播栽培の二つに区分できる。

湛水直播栽培は,田植えに代わって播種することと,出芽前後の田面水管理が必要なこと以外の作業は,耕起移植栽培とほとんど同じである。湛水直播栽培には,表層散播法,作溝条播法および土中点播法がある。表層散播法は,背負い式動散やヘリコプターを利用して播種する方式であり,最も省力的である。田面の硬さを調節するため播種時にいったん落水する必要があり,その調節がうまくいかない場合には,苗立ち不良や出芽した苗が浮かび上がる問題が発生することがある。このような苗立ち不良や浮き苗対策として,鉄コーティング種モミの利用が検討されている。

乾田直播栽培には,耕起乾田直播栽培と不耕起乾田直播栽培がある。乾田直播栽培は,乾田状態で耕起,砕土,播種を行ない,播種後30日程度経過して,イネが3～5葉期になったところで湛水する。耕起から播種の間に降雨があると播種作業に支障をきたすため,耕起,砕土,施肥,播種は同一工程,もしくは連続的に行なわれる。不耕起乾田直播栽培は,耕起乾田直播栽培の欠点である播種時の降雨対策として考えられた方法であり,耕起乾田直播栽培より播種作業が降雨の影響を受けにくく,より省力的である。

乾田直播栽培の欠点は,代かきを行なわないため,湛水開始時は漏水しやすく,頻繁に灌水する必要があることと,湛水切り替え以前は畑状態のため,除草体系もそれに合った対策が必要であることである。

一方,不耕起乾田直播栽培には,冬季間に代かきをして,落水して圃場を乾燥させ,圃場に地帯力をつけさせた後に播種をする方法がある。この方法は,不耕

起直播栽培で問題となる漏水過多，圃場の非均平化，雑草防除などに効果的な方法として検討されている。

北海道では，乾田に種籾を播いた後，出芽前に湛水を開始し，水の保温効果を利用してイネの生育を促進する乾田直播早期湛水栽培法が開発された。苗立ちの安定化のため，浸漬種籾に酸素供給剤を被覆して播種する。

水田転換畑

水田を転換して畑作物をつくる圃場をいう。この場合，果樹などの永年作物を栽培する永久転換畑と田畑輪換などで一定期間畑状態に置かれる輪換畑とがある。

畑作物は，過湿に非常に弱い反面，水分蒸散量が多く，常に適正な水分と通気性を兼ね備えた土壌環境が必要となる。したがって，転換畑が成立するためには，水田土壌の排水対策が前提となる。排水の目標は，一般畑作物の生理から見て相当大きな値（透水係数 $10^{-3} \sim 10^{-4}$ cm/sec）が要求される。また，地表排水の目標値としては，うね肩以上の湛水を認めず，4時間降雨を4時間のうちに排除する能力が求められる。さらに，降雨後2～3日で地下水位が40～50cm，7日後には50～60cm程度，作土の気相率が15～20％以上であることが望ましい。

一方，転換畑は，転換当初，土壌養分も多く，土壌中に有害生物が少ないなど，普通畑に比較して明らかに優れた面を持っている。したがって，転換初年目の排水対策を確実に行なえば，畑作物は増収する例が圧倒的に多い。しかし，畑地としての年数を重ねれば地力が消耗するため，有機物の補給を含めた土壌改良と高度な施肥管理が必要となる。

田畑輪換

水田状態，畑状態を交互に繰り返す方式をいい，地力の維持増進や連作障害回避のうえで効果的な土地利用方式である。

水田土壌と畑土壌の最も大きな相違点は，酸素の有無とそれに関連する土壌中の物質変化である。水田土壌は田面が湛水され，大気と遮断されるため，酸素の補給はきわめて少なく，土壌生物の酸素消費を補うことができず，土壌は還元状態になる。一方，畑土壌は粒子間の孔隙を通して土壌空気と大気との拡散が自由で，土壌中への酸素の補給度が大きく，土壌生物の酸素消費にかかわらず，土壌中には常に酸素が存在し，酸化的状態に保たれる。したがって，水田土壌では還元的な物質変化が進み，畑土壌では酸化的な物質変化が進行する。

田畑輪換の効果は，水田状態と畑状態を交互に繰り返す過程で土壌の理化学性や生物性が改良され，水稲の生産力向上や畑作物の選択拡大，連作障害軽減に作用する。なお，輪換周期は転換畑，輪換田とも，前歴である水田，畑の性質が残っていて，それが作物生産にプラスになりうる期間とすべきであり，おおむね2～

畑地化過程

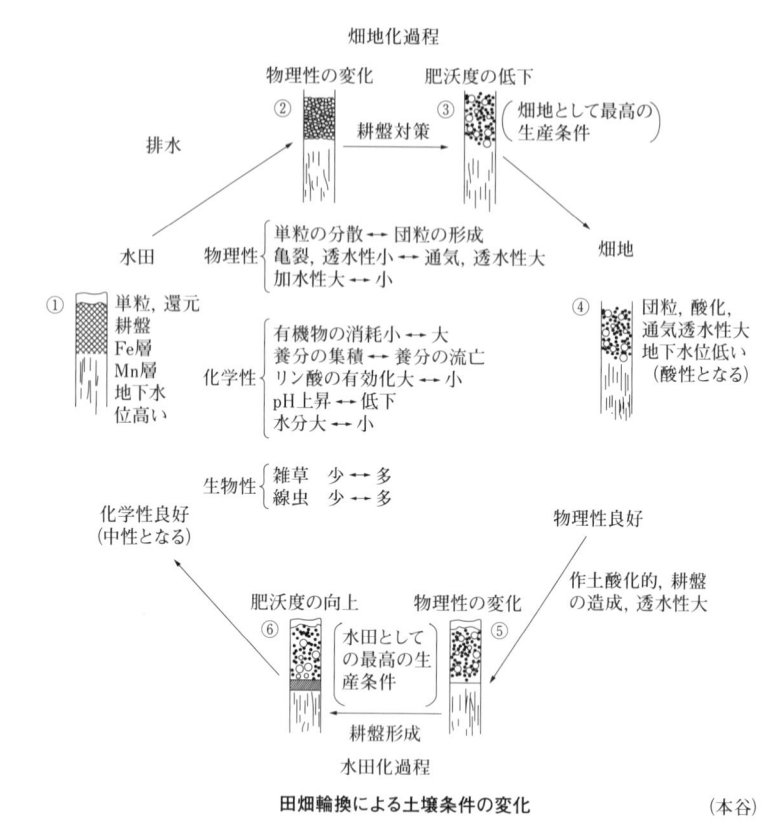

```
                    物理性の変化      肥沃度の低下
                        ②               ③
                              耕盤対策        （畑地として最高の
        排水                                   生産条件）

        水田    物理性 ┌ 単粒の分散 ↔ 団粒の形成           畑地
                      │ 亀裂, 透水性小 ↔ 通気, 透水性大
                      └ 加水性大 ↔ 小
    ①  単粒, 還元                                      ④  団粒, 酸化,
        耕盤   化学性 ┌ 有機物の消耗小 ↔ 大                  通気透水性大
        Fe層           │ 養分の集積 ↔ 養分の流亡              地下水位低い
        Mn層           │ リン酸の有効化大 ↔ 小              （酸性となる）
        地下水         │ pH上昇 ↔ 低下
        位高い         └ 水分大 ↔ 小

               生物性 ┌ 雑草 少 ↔ 多
                      └ 線虫 少 ↔ 多
   化学性良好                                          物理性良好
   （中性となる）
                                                     作土酸化的, 耕盤
                肥沃度の向上    物理性の変化                の造成, 透水性大
                    ⑥             ⑤
                          （水田として
                           の最高の生
                           産条件）
                              耕盤形成
```

田畑輪換による土壌条件の変化　　　　　　　　　　　　（本谷）

5年程度が適当である。

休耕田

　水稲の作付けを行なわない水田をいう。最近では，減反政策や担い手不足ともからみ，水田を放置する休耕田が山間部などに散在し，耕作放棄地として問題となっている。とくに，水田を放任しておけば2～3年で畑雑草が優先化し，みるも無惨なヤブ状態になってしまう。そのため，水田機能を維持するため水利条件のよいところでは，耕起，代かきをし，除草剤を散布し，湛水状態で管理する水張り管理が行なわれているところもある。

中干し

　水稲栽培は，移植当初の保温的水管理に始まり，分げつ期には分げつを促進さ

せる浅水管理や，逆に深水にして太くそろった分げつを確保する深水管理で経過するが，目標とする有効茎が確保され次第落水する。この時期に土壌を干すことを中干しという。

中干しの効果は，落水によって有機酸や硫化水素などの水溶性有害物の排除，土壌内への空気の侵入にともなう土壌還元性の弱化などによる水稲根の健全化や無効分げつの発生を抑制するとともに，下位節間の伸張を抑える。そして，土壌を固くすることで収穫機械作業に備える。また，イネの姿勢をよくし，登熟期での倒伏を防止する効果も期待できる。

中干しは，幼穂始原体形成期（出穂前35日頃）を中心として，無効分げつ期から分げつ衰退期にかけて行なうと効果的である。

秋　耕

水稲収穫後，秋のうちにトラクタで荒起こしすることをいう。稲わらや緑肥作物などを作土に混合し，分解腐熟を促進することをねらいとしている。また，秋耕を雑草防除の観点から実施している場合も多い。

レンゲ栽培

徳川中期以降，レンゲを土地を肥やす目的で緑肥とした記録が残されている。そして，本格的に緑肥として栽培が奨励されたのは明治後期である。レンゲは水田裏作として栽培され，空中窒素を肥料化する重要な役目を担っている。

水田の施肥

天然養分供給量

水田土壌は，肥料を一切施用しないで水稲を栽培しても，200〜400kg/10a程度の玄米収量が得られる。これは，肥料を施用する慣行栽培の70％程度の収量水準にあたる。その養分供給源は，土壌，灌がい水，雨水，大気（ラン藻などによる空中窒素固定）などである。すなわち，肥料からでなく，土壌や灌がい水など自然環境から水稲が吸収する養分の量を天然養分供給量という。天然養分供給量は，目的の養分を欠如した施肥をしたときに，水稲が吸収したその養分量から知ることができる。その量は，水稲の栽培条件や土壌などで異なり，一般に，灌がい水や土壌有機物の富化している水田ほど多い。

窒素施肥量8kg/10aで玄米収量600kg/10aが得られたとすると，玄米100kgを生産するのに必要な養分吸収量はおおよそ窒素2.1kgなので，12.6kgの窒素を吸収していることになり，施肥量を仮に8kgとし，窒素の利用率を50％と想定すれば，それ（4kg）を差し引いた8.6kgの窒素が天然供給量（主に土壌窒素＋灌がい水）

となる。当然、これはネットの供給量でグロスで考えた場合は、土壌窒素および灌がい水中窒素の利用率を30～50％と考えると、17.2～29kg程度が真の窒素の天然養分供給量と考えることができる。

なお、灌がい水による養分供給量は、一般的な灌がい水の成分を考慮し、水稲作付け期間の灌がい水量を1,400mmとした場合、およそ10a当たり窒素2.1kg、リン酸0.19kg、カリ1.9kg、石灰15.2kg、苦土2.8kg、硫黄6.0kg程度である。

水田の施肥法

基肥 移植前に施す肥料をいう。水稲の場合、初期生育を確保し、分げつを促進する働きを期待しており、最高分げつ期には、土壌のアンモニア態窒素が1mg/100g乾土を切った状態、すなわち、基肥窒素は完全に消滅するように基肥量を設定するのが一般的である。リン酸は施肥全量を基肥として施し、窒素とカリは一部が追肥される。

分施 水稲の生育を望ましい状態に調節するため、肥料の一部を計画的に分けて施用する方法をいう。水稲が養分を要求する時期や収量構成要素が決まる時期を考えた分施には、活着期や分げつ期の追肥、穂肥、実肥などがある。分施は通常窒素のみで対応するが、基肥と同じ肥料を施す場合もある。水稲の場合、幼穂形成期以降はカリも併用することが効果的で、NK化成が一般化している。

追肥 移植前に施される基肥に対して、生育途中で、生育ステージにあわせて効果的に施す肥料をいう。追肥は多くの場合、水稲の栄養吸収特性と土壌の肥沃度などを考慮し、速効的な効果を期待して行なう。

穂肥 幼穂形成期に施す肥料をいう。幼穂形成期は、出穂25日前頃で、穎花の退化を抑える効果があり、結果的にモミ数の増加につながる。また、地力の低い土壌では、減数分裂期の盛期（出穂前10日頃）に追肥することも穂肥として扱われている。

実肥 出穂以降の穂揃期を中心に施す肥料をいい、施肥晩限は出穂後10日頃といわれている。実肥のねらいは、葉身の窒素濃度の低下を抑え、光合成能力を高く維持することであり、登熟歩合と千粒重の増加を期待している。ただし、近年、良食味米として白米粗タンパク含量の低いコメに対する要求が強く、粗タンパク含量を高めやすい実肥は敬遠される傾向にある。

全面全層施肥

耕起前後に肥料を全面に散布し、耕起、代かきなどによって、作土全体に混合する施肥法をいう。水稲栽培の基肥施用法として、従来から奨められてきた。

水田の作土は土層分化し、ごく表層の酸化層と還元層に分けられるが、水田では基肥窒素としてアンモニア性窒素を施用するため、全層に混合すれば、還元層でアンモニア態窒素は安定し、土壌に吸着されて利用率が高まる。

▎表層施肥
　全面全層施肥に対して，土壌表面の表層に施肥することをいう。活着期追肥や穂肥といった分施として施用される。全面全層施肥に比較して肥効が早く，肥切れも早い。

▎局所施肥
　全面全層施肥に対して，種モミや根の近くといった局部的に施肥することをいう。局所施肥のねらいは，肥料をより効率的に，しかも少ない肥料で生産量を確保し，土壌への負荷軽減を図り，さらに，作業を省力化し，コストを下げることである。また，河川・湖沼への養分排出負荷軽減や地下水の硝酸汚染などの環境負荷の少ない施肥技術としても注目されている。側条施肥や苗箱施肥，直播栽培などの施肥播種同時作業などは，局所施肥の範疇に入る。

　従来，化成肥料は，種籾や根との近接散布では濃度障害の問題があり，全面全層施肥などで希釈して対処してきた。ところが，近年，肥効調節型肥料（被覆肥料などで肥料の溶出コントロールが可能）の出現で局所施肥が可能となり，今後さらに普及すると考えられる。

▎深層施肥
　作土の深い位置に施肥する方法をいう。表層部分の施肥濃度は全面全層施肥に比較して明らかに低いため，初期生育は確保しにくい。しかし，肥料の吸収は緩効的で生育後期に多くなり，増収効果が期待できる。

▎側条施肥
　田植えと同時に，深さ（地表面下）3〜5cm，苗の側方3〜4cmのところにすじ状に施肥（条施）する方法をいう。水稲の生育は，初期の茎数増加に優れ，有効茎を早期に確保できる。また，河川，湖沼への富栄養化防止技術として注目されている。

▎二段施肥
　側状施肥法のなかで，表層（3cm程度）と下層（12cm程度）に分けて施肥する方式をいう。適正な初期生育の確保（表層）と後期栄養の維持（下層）を図ることができる。

▎植え代施肥
　耕起，代かきを行ない，表面水を排除した後，基肥として表層に施肥し，再度，作土の浅い部分に混合する基肥施肥法をいう。したがって植え代施肥は全面全層施肥より肥効が早く，表層施肥より利用率は高まる傾向がある。

▎流入施肥
　液肥やポーラス状の化成肥料を水口から灌がい水と一緒に本田に流し込む施肥法をいう。表面施肥されるため，主に追肥として利用される。

流入施肥の長所は省力である。ただし、圃場に均一に散布するためには、圃場の均平化と早急な水の掛け引きが重要であり、とくに大区画圃場では、作溝とミニ水路的役割を持たせるための作溝間の連結を必ず実施することが前提条件となる。

V字型施肥

水稲の生育期を前期、中期、後期に分けた場合、前・後期に窒素を十分吸収させ、中期には中断する施肥法をいう。前期とは出穂45日前ぐらいまでを指し、早期に有効茎を確保し、しかも中期に肥効が切れるよう全施肥量の6割程度を基肥として施用する。そして、中期の出穂25～45日前頃までは窒素吸収を抑制して受光体制のよいイネをつくる。出穂25日前以後の後期は、倒伏を避け登熟向上を図るため、残りの4割を穂肥として分施する。なお、穂肥時期は品種によって異なり、コシヒカリやササニシキのように耐倒伏性の弱い品種は出穂前18日頃、耐倒伏性の強い品種は出穂前25日頃である。

全量基肥

基肥のみの施肥で追肥のいらない施肥技術をいう。全量基肥法は、稲作として経営的に成立する目標収量水準を設定し、そのための窒素吸収パターンを策定し、水田の窒素的地力と地力代替え的な肥効を示す肥効調節型肥料、ならびに、速効性の化成肥料をブレンドして、全量を基肥として施用する方式である。肥効調節型肥料には、窒素が施肥後継続的に溶出するリニア型と、一定期間経過後に初めて溶出を開始するシグモイド型があり、これらの組み合わせによる高度な全量基肥施肥技術が確立されている。

全量基肥施肥技術は、窒素的地力が高くとも低くとも、目標収量（玄米収量600kg/10a）が確保されることが重要であり、目標収量600kgの窒素吸収パターンから土壌窒素由来の窒素吸収量を差し引いた量を施肥窒素（肥効調節型肥料と速効性化成肥料のブレンド）でまかなう方式である。

全量施肥技術の留意点は、その年の気象条件が予見できないままにあらかじめ施肥しておく技術なので、目標収量をやや控えめに設定するとともに施肥量も無理せず、場合によっては追肥もできうる量でスタートする。

苗箱施肥

育苗箱全量基肥施肥技術とは、育苗箱内に、育苗時の基肥と、追肥量も含めて本田での肥料をすべて入れておいて育苗し、それを移植する方式である。

具体的には、たとえば育苗時に、箱当たりN成分で1g（従来の速効性肥料でスターターの役割）＋育苗期間中には溶出しないシグモイド型の肥効調節型肥料LPSをN成分で300g（LPSのN成分は40％のため現物重で750g）を加えることにより、N濃度の高いLPSを根が包み込んだ状態の健苗が得られる。ま

た，移植することにより，LPSが6月中旬頃から溶出し始め，施肥効率（70〜80%）もきわめて高く，本田での施肥も省略できる施肥技術である。

稲わら施用

水田に施用される有機物は，収穫機械作業との関連から，従来の堆肥施用に代わって稲わら還元が主流になっている。

稲わらは堆肥に比較して，まだ分解されない炭水化物が多く含まれているため炭素率（C/N比）が明らかに高い。そのため，稲わら施用にあたっては，いかに，春先までに稲わらの腐熟促進を図るかが課題である。稲わらの腐熟促進のためには，石灰窒素を添加し，秋耕することが最も効果的である。未熟な稲わらが残存する状態で湛水すると，地球温暖化に影響が大きいメタンガスの発生が多くなる。

畑・樹園地の改良と管理

有機物施用

畑土壌は水田土壌と異なり，年間を通して酸化的であり有機物の分解速度が速く，補給を怠ると腐植含量が低下し土壌が劣化する。このため畑土壌での有機物施用は，土壌の生物性や理化学性の改善に大きな効果がある。また，開畑直後の造成土や砂質土など緩衝能の低い土壌では，有機物の施用は土壌の保肥力を増加させ，理化学性の改善に寄与する。有機物は種類によって肥料成分が大きく異なる。たとえば，牛ふん堆肥は窒素成分が低くカリ成分が相対的に高いのに対して，豚ぷんや鶏ふん堆肥は窒素成分が高い。このため牛ふん堆肥は土壌改良効果，豚ぷん，鶏ふんは肥料効果が期待できる。また，家畜ふんにバークやおがくずなど木質の混入が多い場合は，土壌中で窒素飢餓を引き起こすことがあるので注意する。牛ふん堆肥の一般的な施用量は1作当たり2〜3t/10aであるが，堆積発酵が未熟な資材では土壌中で急激に分解されて亜硝酸ガスなどが発生し作物の根に障害を与えることがある。このため堆肥の簡易な腐熟の程度の見分け方として堆積期間や色，ろ紙法による腐熟度判定法などがある。有機物を長期間連用した場合には，全炭素，陽イオン交換容量（CEC），可給態窒素などの増加や土壌の仮比重や固相率の低下など土壌の理化学性が大きく影響される。

酸性改良

わが国のように降雨量が多い地域では，雨水に含まれるH^+（水素イオン）が土壌中の塩基類と交換し土壌が酸性化する。また，肥料に含まれる硫酸根などの作用によっても酸性化する。このため，畑地での酸性改良は有機物の補給ととも

に重要な土壌改良法である。農業上土壌酸性が問題となるのはpH5.5未満, 置換酸度 (y_1) 6.1以上である。土壌酸性が作物へ及ぼす影響は, 水素イオンの濃度障害そのもののほかにアルミニウムやマンガンなどの過剰障害, リン酸や塩基類, 微量要素の不可給化, 微生物活動の低下などが知られている。土壌の酸性を改良するためには, 炭酸カルシウムや苦土石灰などの石灰質資材で土壌の酸性を中和し, 作物の生育に適した土壌にする必要がある。石灰質資材の施用量は, y_1法, アレニウス表換算法, 中和石灰量曲線法などを使って求める。わが国では中和石灰量曲線法が広く用いられている。この方法は風乾土壌に所定量の炭酸カルシウムを添加し, よく混和反応させた後pHを測定し, 目的のpHに達するまでの炭酸カルシウム必要量を計算する方法である。また, 酸性改良にあたっては, pHが目標値に達していればいいというものではなく, 作物の生育にとって塩基バランス (石灰苦土比, 苦土カリ比) も重要であり, これらのバランスが崩れないように注意して資材を選択しなければならない。

熟畑化

造成直後の開畑地では, 作物の生育がわるく, 収量は不安定な場合が多い。開畑当初は既耕地 (熟畑) に比べて, 物理性では通気・透水性, 保水性がわるく, 化学性では土壌のpHが低く, 腐植, リン酸, 塩基類が少ないなど土壌は著しく不良である。熟畑化は畑作物を安定して栽培するための土壌管理の過程をいう。熟畑化には有機物を施用して腐植含量を高めるとともに, 化学肥料を用いて土壌pHをきょう正することや土壌養分を供給することが重要である。また, ソルゴーなどの地力増進作物を作付けしてすき込んでおくと腐植含量が高まり, 土壌の理化学性が改善され熟畑化の促進に効果がある。

土層改良

畑作物が生育不良や生育障害が見られ, それが土壌調査によって下層土の物理性に原因があると特定されるときに実施する土壌改良法をいう。通常は心土破砕, 混層耕, 天地返しなどの工法がとられる。いずれの工法とも表土あるいは下層土に機械的作用を加えたり, 性状の異なるほかの土壌や資材を添加したりすることによって土壌を改善する方法である。土層改良によって化学性が不良になる場合があるので, 土壌診断を行ない, 改良効果の高い有機物や土壌改良資材の適正量を改良対象の土層へ投入する必要がある。

盛 土

通常, 傾斜地などの基盤整備において, 土壌をほかの場所から運んできたり高いところの土を低いところへ盛り上げ, 有効土層を深くし平坦にすることをいう。

天地返し

表土の下にある下層土が表土よりも性質が良好なとき, 表層土と下層土を反転

させて置き換える土層改良をいう。とくに連作障害の発生している畑土壌では病原菌などの密度が低下し、障害を回避することができる。

超深耕

土壌の物理性が劣悪な鉱質畑土壌やナガイモなどの根菜類栽培においてバックホーなどを用いて1m以上深耕し、排水性を改良することによって根の伸長や地上部の生育を促進する土壌改良法をいう。

耕盤破砕

長年トラクタなどの耕うんにより作土直下に形成されたち密な圧密層（耕盤）をサブソイラーなどで破砕し、根の伸張をよくし生育促進を図る土層改良の一種である。

混層耕

天地返しはおおむね表層土と下層土を入れ替える改良であるが、混層耕は混層耕プラウなどを用いて表層と下層を混合することで、表層に蓄積した養分が均等に下層土まで拡散される効果がある。

マルチング（マルチ）

畑条件の栽培において、土壌表面をマルチ資材を用いて被覆することをいう。マルチ資材には、作物残渣など農耕地のなかで得られるものと、ポリエチレンフィルムなど石油を原料とした資材がある。

マルチングの効果は、地温の上昇や降下による生育促進、好適な土壌水分の維持、養分の溶脱防止、病害虫軽減や雑草抑制などである。露地、施設栽培などでよく利用されるが、追肥がしにくく、多量の施肥を行なうと濃度障害を起こしやすいが、緩効性肥料や養液土耕栽培を用いることで、栽培期間の長い作物でも栽培が可能である。最近、果樹園では、マルチングによって収穫前の土壌水分を制限し果実の糖含量を高めたり、太陽光が反射したり、散乱するようなマルチ資材を用いて果実の着色を促進させるなど高品質果実を生産するためのマルチ資材の利用が拡大している。

敷わら

稲わらは、昔から必要に応じて作物の株元やうね間などに使われてきた農耕地で得られるマルチ資材の一種である。敷わらは現在でも有用なマルチング法であるが、水稲のコンバインによる収穫が普及し、稲わらの入手は困難になりつつある。

全面マルチ栽培

圃場全体をさまざまなマルチ資材を用いて被覆する栽培方法で、とくに野菜栽培で多い。全面マルチ栽培には、地温上昇による生育促進、土壌水分の保持、雑草対策、病害虫防除など多くの効果がある。また、土壌養分の溶脱を防ぐことが

できるので，肥料の利用率が向上し，マルチングをしない慣行施肥技術に比べて減肥が可能である。さらに，肥効の異なる緩効性肥料や有機質肥料を組み合わせることにより，複数の作付け分の施肥を1回で行なう省力的な栽培法が開発されている。

草生栽培

敷わら，敷草の代わりに牧草や雑草を生やして管理する栽培法をいう。一般的に果樹園において，土壌有機物を供給し，微生物相を豊富にしたり，土壌侵食を防止するため，マメ科やイネ科植物を栽培して土壌管理を行なう。

清耕栽培

草生栽培に対して，圃場内の雑草を除草剤などで頻繁に防除したり，管理機などで耕うんして地表面をきれいに保つ管理を行ないながら栽培する方法をいう。

畑地灌がい

畑地灌がいは，畑で栽培される作物に対して行なわれる給水のことで，スプリンクラー灌がい，うね間灌がい，点滴灌がいなどがある。その目的は，人工的な灌水により土壌水分を作物がしおれないような領域に保つことである。畑地灌がいは作物の生育に必要な水分が絶対的に不足する乾燥または半乾燥地帯において有効な技術である。降雨量が比較的多いわが国では灌がいの実施時期は，播種時，定植時，盛夏期の干天時期に限られる。また，作物の種類によって畑地灌がいの必要性は異なる。とくに，ハウス野菜の生育安定には灌水の効果は非常に高い。

作付け体系

農業は作物を圃場で持続的に生産することであるが，圃場を利用する場合，作物の収量，品質，収益性から作付け順序が重要である。作付け体系は，同一圃場において種々の作目，作物を順序よく組み合わせることによって，地力維持・増進，病害虫発生の制御などを作物にとって都合のよい状況に変えたり，維持するための計画的な圃場利用法をいう。作付け体系には同じ圃場で同一作物を続けて栽培する連作，作物の種類を変えて栽培する輪作などがある。

輪　作

種類の異なる作物を同一の圃場で一定期間，一定の順序で休閑を入れながら繰り返して栽培する作付け体系をいう。輪作は有機物や養分の補給，土壌病害虫の発生抑制，土壌侵食防止などの地力の維持・増進などの機能があり，畑作の基本技術である。しかし，わが国においては，化学肥料や農薬の使用により単作や連作が主体で，輪作は比較的限られた地域や作目で行なわれているにすぎない。輪作によって地力の維持を図るには，有機物の供給量が多いイネ科作物を基幹として，栽培する作物は，施肥量，吸肥特性，病害虫適応性や根群分布などを考慮して組み合わせる必要がある。輪作体系の基本型は，イネ科作物－マメ科作物・葉

菜類・果菜類－根菜類とされている。たとえば，野菜の連作障害が最近多くなり，これを回避するために野菜の間に飼料作物のように有機物量を多く供給できる作物，病害虫の防除に有効な対抗植物，あるいは土壌に集積した養分を効率よく吸収してくれるクリーニングクロップなどを組み合わせた輪作が増加している。

地力増進作物

　畑地で土壌の理化学性を改善し，保肥力を向上させ肥料成分の流亡を防ぎ，微生物相を望ましい状態に保つために栽培され，青刈りや収穫物として圃場にすき込まれるイタリアンライグラス，ソルゴー，トウモロコシ，エンバク，クローバー，緑肥ダイズ，レンゲなどの緑肥作物をいう。これらのなかでイネ科作物は$4 \sim 6t/10a$，マメ科作物では$2t/10a$程度の生産量が得られる。イネ科作物は主として土壌の腐植含量を増加させる炭素源として，マメ科作物は窒素など養分の供給源として有効である。地力増進作物は，栽培する作物，品種，作付け体系，地力の高低，連作障害の有無などによって効果の高いものを選択する。

混作・混植

　混作・混植は，いずれも2種類以上の作物を同じ圃場にうねを作らずに同時に混合して栽培する栽培法である。作物のうね間，または株間に他作物を作付けすることは間作と呼ばれる。混作は，たとえば野菜にマメ科作物，ニラなど2種類以上を一緒に植え，マメ科であれば窒素源として，ニラであれば土壌の有害生物の忌避効果をねらう栽培などがある。また，牧草地で行なわれるイネ科とマメ科の混播は混作の一種である。混植では，カンキツ類で自家受粉によって結果しにくい品種の受粉を容易にするために他品種を栽培するような事例がある。

畑・樹園地の施肥

全面全層施肥

　全面全層施肥は，播種あるいは定植前に肥料を圃場全面に散布し作土全体に混合して作物を栽培する基肥の施用法である。全面全層施肥は，水稲やコムギのように農業機械を利用することによる農作業の省力化が進んだ土地利用型作物栽培において広く行なわれている。しかし，作物の植え付けられていない部分にも肥料が施されるため，肥料の利用率が低いという短所がある。とくに，栽植密度が低い野菜や果樹などでは肥料の利用率はいっそう低くなる。この場合，緩効性肥料などを利用したり，さらに全面マルチ栽培などを組み合わせることによって施肥効率の向上を図ることができる。

局所施肥

局所施肥は，肥料の利用効率を高めるために，作物根が分布する位置にあらかじめ肥料を集中的に施す施肥法である。局所施肥法には，施肥位置と施肥する範囲によって，マルチ内の植付け部分にのみ施肥するマルチ内施肥，作物を植え付けるあぜに沿った位置にすじ条あるいは溝状に施肥する条施肥あるいは溝施肥などがある。局所施肥は，肥料の利用率を向上させることにより，作物の生育収量は維持しつつ，施肥量が削減できる効率のよい施肥法である。しかし，局所施肥が不向きな作物もあり，品目や土壌，栽培条件などを考慮して適用する必要がある。

条施肥

局所施肥の一つであり，作物根に近い部分へ緩効性肥料などをすじ条に散布する施肥法をいう。肥料の利用効率が高まるため，施肥量は施肥基準よりも減肥することが可能である。

溝施肥

トレンチャーなどを用いて溝を掘り，その溝部分に肥料や堆肥を投入して土をかぶせ，その上に作物を播種または定植する施肥法である。トマトなど生育期間の長い作物に適した施肥法である。

置き肥

野菜や花の鉢物栽培などにおいて固形肥料や有機質肥料を団子状に固めた肥料

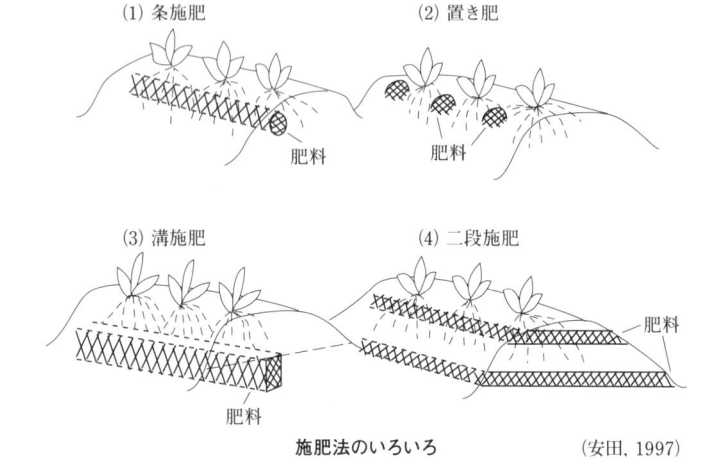

施肥法のいろいろ (安田, 1997)

を株元へ置く施肥法をいう。通常，肥料成分は上からの灌水によって徐々に溶出し吸収される。

二段施肥

基肥の施肥位置を表層と下層の二段に分けて行なう施肥法をいう。作物は生育初期に表層の肥料を，根の伸張にともない下層の肥料を利用する。しかし，かなりの施肥労力を要するため，実践例は少ない。

注入施肥

液肥などを専用の肥料注入器を用いて必要な施肥位置に施用する方法をいう。下層へ移動しにくいリン酸を根の近くに施肥できる，あるいは果樹などの新根に損傷を与えずに施肥できる利点がある。

畦内施肥

施肥位置を圃場全面ではなくうね部に必要量を施肥して肥料効率を高める施肥法で，減肥が可能である。うねを作って栽培される作物，とくに野菜類で利用されている。

根域制御栽培（根域制限栽培）

根域制御栽培は，作物の根群の範囲を制限する栽培法である。この栽培法は，土壌水分のきめ細かい操作・調整が可能であるため，果実の糖度を高められる高品質生産技術として果樹全般やトマトなど果菜類で普及している。果樹の根域制御栽培には，コンテナなどに土を入れて植栽するコンテナ栽培，下層に水は通すが根は通さない合成樹脂性の不織布などを敷くシート栽培など何らかの資材を使用して根域を制限する方法と，客土やあぜ立てを行ない，あぜ上に果樹を植栽して根域を制限する方法がある。

寒肥（冬肥）

果樹などにおいて，春先の生育開始期までに主要根の分布する深さに施肥成分が到達するよう，晩秋から冬季に施す肥料のこと。冬肥とも呼び基肥としての意味を持つ。冬季の降水（雪）量が多く施肥成分が溶脱しやすいなどの地域性や樹種の特性などに応じて，基肥を春季や秋季に施す場合もある。

芽出し肥（春肥）

果樹やチャなどにおいて，春季の発芽期前に発芽や初期生育の促進をねらいとして施す追肥のこと。主に速効性の窒素質肥料が用いられる。春季に施す肥料は春肥とも呼ぶが，これは基肥として施す場合を指すことが多い。

玉肥（実肥，夏肥）

果樹において，果実の生育期に肥大促進をねらいとして施す追肥のこと。主に窒素やカリが用いられる。多くの樹種では玉肥の施用は梅雨期頃となり，雨で溶脱する施肥成分を補う意味もある。ただし，過剰な量や時期の遅れは新梢の徒長，

果実糖度の低下などを助長する。カンキツ類などでは慣例的に夏肥と呼ぶことが多い。

■ 礼肥（秋肥）

果樹において，収穫直後，新梢の生育は停止するが，根は活動しているので，この時期次作に向けた貯蔵養分の増加をねらいとして施す追肥のこと。主に窒素質肥料が用いられる。秋の気温が低くなるほど効果も低下するため，収穫期が遅いリンゴ，カンキツ類などでは収穫前に施す場合もあり，慣例的にこれらの樹種では秋肥と呼ぶことが多い。一般に礼肥の多施用は，新梢の二次伸長や枝の登熟不足による凍害の発生，秋の長雨にともなう窒素成分の溶脱などを助長する。ただし，このような弊害が少ない寒冷地のリンゴなどでは，秋肥の割合を高くし基肥として施す場合もある。

施設の施肥と管理

■ 施設土壌

施設栽培が始まった当初は簡易なパイプハウスを用いて1～3年間栽培した後，新しくハウスを設置したが，施設の大型化や施設構造の改善により施設は固定するようになった。施設での園芸作物は収穫後期まで土壌中に一定以上の養分が必要なこと，施肥量を減らすことによって収量や品質が低下することを警戒するため適正値以上に施肥する傾向が強い。さらに雨水による養分の溶脱がなく，露地と異なり，水の動きは下から上になるため，下層の養分が表層に集まる。これらのことから，施設土壌では作土に塩類が集積しやすい。

施設栽培での園芸作物に対する障害としては浸透圧上昇による吸水力の低下，要素過剰症の発生，特定要素間の拮抗作用に起因する要素欠乏症の発生などがある。クリーニングクロップの作付け，表土入れ替えなどの対策があるが，基本的には作付け前に土壌診断を実施し，過剰養分は施肥しないこと，栽培期間中は簡易診断により追肥の要否を判定していくことが必要である。

塩類の集積状況は，電気伝導度（EC）で簡易に診断することが可能である。一般にEC値は硝酸態窒素含量との相関が高く，窒素施肥の一つの診断基準になる。ただし，EC値は本来塩類の総量を表わす指標であり，硝酸以外のイオン含量が多い土壌では，EC値から硝酸態窒素含量の値が得られないこともある。施肥にあたってはECによる簡易診断に加え，定期的に総合的な土壌診断を実施し，どの成分が集積しているかを確認しておく必要がある。

▎床　土

　播種床や移植床で使用する土をいう。温床の狭い枠のなかで，低温弱日照などの不良条件下で生育させるため，床土は通気性，排水性がよく，保水力に優れ，病害虫の発生のおそれがないことが必要条件である。

　作成方法は田土や畑の心土を15～20cmの厚さとし，同程度の厚さで腐葉土，牛ふん堆肥，稲わらなどを積み上げ，必要に応じて石灰，熔成リン肥を加える。これを数回繰り返して1.5m程度の高さにするのが一般的な床土の積み方で，年内に2～3回切りくずし，土と堆肥などを十分に混和し，未熟な有機物を発酵熟成させて翌年に使用する。

▎鉢　土

　鉢物は限られた容器のなかで栽培されるので，鉢土は保水性，透水性，通気性の物理性が優れ，化学性のよいことが必要である。土壌だけでこれらの条件を満足させることは難しく，腐葉土やピートモスなどの有機物，バーミキュライトやパーライトなどの資材を混合し，さらに原土の化学性に応じて苦土石灰，過リン酸石灰，熔成リン肥などの資材を加えて堆積して作成する。

　鉢土でとくに重視すべきは物理性で，灌水後，重力水がおちた後でも20～30％の気相率が必要である。

▎隔離床栽培

　木枠などによって施設内の土壌と隔離して栽培する方法をいい，カーネーションなどの花き栽培で多く行なわれている。隔離床栽培に使われる土壌は有機質に富み，物理性，化学性に優れていることが必要で，栽培終了後には蒸気消毒により病害虫の防除を徹底してできる利点があるが，土壌量が少ないため管理には細心の注意を要する。また，ガラス繊維で強化プラスチックを用いたドレインベットがあり，養水分管理を容易に実施できるため，高品質トマトの生産に多く用いられている。

▎養液栽培

　土壌を用いることなく，固型の培地や水中に根系を形成させ，生育に必要な栄養分は，作物ごとに固有の吸肥特性に応じた成分組成，適濃度を持つ培養液によって与え，根には適度の酸素供給を行なって作物を栽培する方法をいう。

　代表的な方式としてつぎのものがある。

　<u>湛液型循環式水耕</u>　ベット内に一定の水位で培養液を保持し，タンクとベット間またはベット間相互で培養液を強制循環させる方法である。根への酸素補給を効果的にするさまざまな方法が考案され，液吐出部に空気混入器や空気吸入器を取り付けたり，または全体を二つに分けて培養液を交互に移動させ，一方の栽培槽の根を空気に触れさせる方式もある。

NFT 緩傾斜をつけたフィルム利用による水路状のベットに，上方から培養液を少量ずつ流下させ，タンクに戻して液を循環させる方式である。根系の大部分は大気中に形成されることになるので，根への酸素供給は十分に行なわれる。

固型培地耕 培地が同じ固型でも礫であるのか吸水性を有するロックウールや

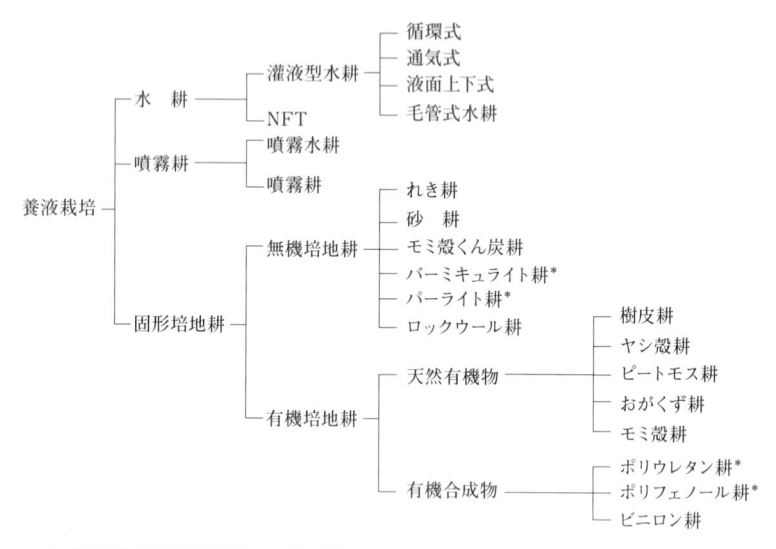

```
                    ┌─ 灌液型水耕 ─┬─ 循環式
                    │              ├─ 通気式
          ┌─ 水 耕 ─┤              ├─ 液面上下式
          │        │              └─ 毛管式水耕
          │        └─ NFT
          │        ┌─ 噴霧水耕
          ├─ 噴霧耕 ┤
          │        └─ 噴霧耕
養液栽培 ─┤                       ┌─ れき耕
          │                       ├─ 砂 耕
          │        ┌─ 無機培地耕 ─┼─ モミ殻くん炭耕
          │        │              ├─ バーミキュライト耕*
          │        │              ├─ パーライト耕*
          └─ 固形培地耕 ─┤        └─ ロックウール耕
                   │                        ┌─ 樹皮耕
                   │                        ├─ ヤシ殻耕
                   │        ┌─ 天然有機物 ─┼─ ピートモス耕
                   │        │              ├─ おがくず耕
                   └─ 有機培地耕 ─┤        └─ モミ殻耕
                            │              ┌─ ポリウレタン耕*
                            └─ 有機合成物 ─┼─ ポリフェノール耕*
                                           └─ ビニロン耕
```

* 現状では主に育苗培地としての利用

養液栽培法の分類 (板木，1996)

養液栽培の培養液 ($mmol_c L^{-1}$)

トマトの培養液

培養液処方	NO_3-N	PO_4-P	SO_4-S	NH_4-N	K	Ca	Mg
園試処方	16	4	4	1.3	8	8	4
山崎トマト処方	7	2	2	0.7	4	3	2
オランダ処方	13.5	4.5	7	0.5	9.25	9.25	3.5

キュウリの培養液

培養液処方	NO_3-N	PO_4-P	SO_4-S	NH_4-N	K	Ca	Mg
園試処方	16	4	4	1.3	8	8	4
山崎キュウリ処方	13	3	4	1	6	7	4
オランダ処方	15.75	4.5	2.5	0.5	8	8.5	2.75

ポリエステル繊維であるかによって大きく異なる。れき耕はベットに充填されたダイズ大の礫に1日3～5回間欠的に給液するもので、排液の間に礫の間隔に空気が入ることにより根に十分な酸素が供給される。ロックウールは一定の厚さ、幅の大きさのマットをポリフィルムなどで包むだけで栽培ベットとなり、7.5～10cm角のロックウールで育成された苗を栽培ベット上に置き、自動灌水装置の代わりに点滴給液装置によって養水分を供給していく方式である。

培養液は園試処方、山崎処方が広く使われ、循環式では経時的にEC値によって肥料濃度を測定し、低下したときは肥料分を加えて標準濃度に戻す必要がある。

■養液土耕栽培

養液栽培と土耕栽培の利点を取り入れた方法である。土壌の持つ養分供給力、養分保持力、緩衝作用を生かしながら灌がい水の中に混入した肥料養分を供給していくもので、作付け前の施肥は行なわないのが原則である。

現在、市販されている装置は液肥混入機、点滴チューブ、液肥タンクなどからなり、時間あたりの灌水量は点滴チューブの敷設長によって決まる。作動中に灌水量が分単位で表示されるため、タンク内の液肥の養分濃度を把握し、希釈倍率、作動時間を自由に設定することにより、必要とされる養水分をタイマーを用いて決められた時刻に全自動で供給することができる。

養液土耕栽培の利点は養水分管理の省力化のほか施肥量の節減が図れることである。とくに植物体または土壌養分を指標としたリアルタイム診断によって養水分の供給の調整を図れば効率的な施肥に結びつけることができる。キュウリ、ナスで行なった結果では、土壌の無機態窒素は2～3mg/100gでも汁液中の養分は適正に保持され、根に対する過剰養分のストレスが軽減されることから、生育は良好になる。

■ロックウール

作物を栽培する培地の資材であり、高炉スラグに数種の鉱石とコークスを混合して高炉で熔融（1,500℃）し、遠心力によって繊維化して作成する。親水性を持たせるため界面活性剤、成型化するためフェノール樹脂が添加されており、主成分は40％のケイ酸と30％の石灰岩である。ロックウールの固相率は4％と少なく、作物の必要とする養水分と水を好適な比率で大量に保持できる特性を持つ。保持している養液はpF2以下の作物が吸収しやすい状態にあることから、根の伸長にも優れている。

■遮根シート

トマト青枯病防除を対象に開発され、水は通すが根を通さないポリエステル製の布である。30～35cmの作土を掘り上げ、遮断シートを敷き、再度掘り上げた

作土を戻し,トマト根が下層に生息する青枯病菌に感染することを物理的に回避する方法に用いる。遮根シート下部に砂利を入れて粗孔隙層を設けるか,遮根シートを二重に敷くことにより防除効果を高めることができる。遮根シートを用いた栽培はトマト青枯病防除のほか,ベット式での水分制御による高糖度トマトの生産にも利用されている。

礫耕栽培

ベット幅80〜100cm,深さ側方20〜25cm,中央25〜30cmのV字型のなかに径5〜15mmの砕石を入れたベットで栽培するもので,培養液タンク,培養液循環ポンプ,自動切替え給水弁,自動運転制御装置が付属している。特徴としては,間欠給液するので排水時には十分な酸素を供給できる,礫の持つ緩衝作用によって肥料養分・温度などの環境の急激な変化が緩和される,根の支持を安定できる,などの利点があり,キュウリ,トマトなどの果菜類の栽培に適している。一方,用いる礫の種類によって肥料養分の吸着や溶出に差があり培養液管理に困難性があることや,作後の残根が礫中やベット内に多く残り除去に時間がかかり,根部病害の発生源になりやすい問題もある。

礫の代わりに粒径0.02〜2mmの砂を用いたのが砂耕栽培でベット幅は60cm,砂の厚さは10cm前後で,栽培ベットのほか点滴給液装置,培養液希釈液,自動給液制御装置が付属している。点滴かけ流し方式なので病害伝播のおそれは少ない。サラダナ,リーフレタスなどの軟弱野菜に適し,低温期でも加温によって年間10〜12作も栽培可能である。

節水栽培

一部の果実的野菜や果樹では,果実生育期に水分ストレスを受けることにより糖度が顕著に上昇する。節水栽培はこのような作物反応を利用して,灌水量を制限し高糖度な果実を生産する栽培法をいう。主にトマト,ウンシュウミカンなどで行なわれている。ただし,果実は小玉化し収量が低下するため,品質と収量とのバランスを見て節水の強度を加減する。

塩類除去

施設栽培は露地に比較して一般に多肥の傾向があり,また,降雨が遮断されるため土壌中では蒸発にともなう上向きの水移動が優先することから,硫酸カルシウム,硝酸カルシウム,塩化カルシウムなど残肥由来の塩類が表土に蓄積しやすい。塩類集積の結果,つぎのような障害が発生する。

1) 土壌溶液の塩類濃度が上昇するため,植物根と根圏との浸透圧の勾配が小さくなることによる吸水力の低下
2) 過剰養分そのものによる害
3) 養分間の拮抗作用に起因する特定養分の吸収阻害

表土に蓄積した過剰養分の除去には，つぎのような対策がある。
1) イネ科作物を主体としたクリーニングクロップの作付けで，茎葉を施設外に搬出することによる過剰養分の除去
2) 炭素率の高い稲わらなどの施用による過剰養分の固定化
3) 表土5〜10cmを除去して，新しい土壌を入れる表土入れ替え
4) 深耕，天地返しによる表土の塩類濃度の低下

　これらの対策によって作物は健全な生育になることが多いが，塩類除去には多くの労力がかかるため，塩類集積を生じさせない土壌管理を行なうことが基本である。なお，大量の灌水によって過剰養分を除去する「湛水除塩」は，地下水汚染に結びつきやすいため実施を控えたほうがよい。

▌灌水処理

　土壌に蓄積した塩類を除去するため，水で洗い流す方法をいい，200〜300mmの灌水量が必要である。透水性の優れた土壌条件，暗渠による排水処理を備えた施設では処理効果は高く，電気伝導度を低くできる。しかし，処理が不十分であると再び下層に流れた塩類が毛管上昇により表層に集積してくる。灌水処理の問題点として，溶解度の低い硫酸カルシウムは除去できず硫酸イオンは残存すること，さらに肥料成分の地下水，河川への流出など環境への負荷が大きく，奨励できる対策技術ではない。

▌クリーニングクロップ

　土壌に蓄積した過剰養分の除去や土壌病害虫軽減のため，休作期間に導入される作物をいう。ソルガム，青刈用ヒエ，トウモロコシなどのイネ科作物が多く用いられる。トウモロコシは夏季50〜60日の栽培で5〜7t/10aの茎葉重となり，茎葉の持ち出しにより窒素20〜30kg，リン酸3〜4kg，カリ50〜90kgを除去することができる。また，ネグサレセンチュウ，ネコブセンチュウ防除のためマリーゴールドを導入することも行なわれる。

▌液肥灌水

　灌水チューブを用いて液肥を灌水液に溶かして与える方法をいう。通常，施設栽培では作付け前に基肥を施用し，不足分は追肥で補うことになる。粒状肥料の追肥では肥効が低下するが，液肥灌水では肥効速度を速め，追肥の省力化を図ることができる。灌水を開始するとタンク内の液肥が混入装置によって自動的に灌水中に溶け込み，薄い肥料養分が灌水液とともに追肥される。

▌高設栽培

　パイプなどで土台を組み，1m前後の高さに栽培床を設置する生産方式で，主にイチゴ栽培で行なわれている。基本的な栽培管理は立ち姿勢で行なうことができ，腰をかがめる作業の多い地床栽培に比較し軽作業化が図れる。培地にはロッ

クウール,ピートモス,ヤシ殻など種々のものを単体または混合して用いる。肥培管理は液肥による灌水同時施肥方式が多いが,肥効調節型肥料を培地に施し,通常は水管理のみとする低コストなシステムもある。

肥料・用土編

施肥の原理

最少養分律

植物の健全な生育のためにはいろいろな養分が適正なバランスで適時供給されなければならない。もしそれらの養分が不足すれば植物の生育は低下するが、多種類の養分が等しく欠乏して生育が制限されることは少なく、「植物の生育収量は、その植物に供給される各種養分のうち、その量が最少である養分によって支配される」。この関係はリービッヒが1840年に提唱したもので、リービッヒの最少養分律と呼ばれる。

しかし、植物の生育には養分だけでなく、光、温度、水分など多くの因子が関与している。このため、後にウォルニーらはこの考え方を拡大して、「植物の生育は、その生育に関係する種々の要因中、供給割合の最も少ない因子（制限因子）に支配される」とし、これを最少律とした。ドベネックの要素樽はこの関係をうまく図示したものである。

ドベネックの要素樽

最少要因が樽の容積（収量）を決定する

収量漸減の法則

植物の生育に関与している因子は多々存在するが、このうちある一つの因子のみが変化する場合、その因子の量を増加すれば、その量に応じて植物の生育量も増加する。しかし、生育量の増加には限度があって次第に増加割合は小さくなり、ついには因子の量を増加しても生育量には変化が認められなくなり、かえって生育量が減少する場合もある。このような傾向を収量漸減の法則という。たとえば、窒素施肥量という因子を考えると、施肥量を増加すると始めは作物の生育・収量は増大していくが、次第に増大する割合が鈍化し、ついには生育・収量には変化が認められなくなり、さらに施用量を増加させると生育量は減少に転じる。

この法則は本来経済学分野の法則の一つとして認められているのもので、一般的に

は「一定の土地から得られる収穫は，その土地に投下された労働や資本の量が増大するに従って増加するが，単位の労働や資本の増加にともなう収穫の増加は次第に減少する」と定義されている。

肥料利用率

施肥した成分がどの程度作物に吸収されたかを調べるために，無施用区に対して施用区を設け，作物体の地上部および地下部の成分を分析して肥料の利用率（施肥効率）を求める方法がある（次式）。窒素について行なえば窒素利用率というように各元素ごとに実施される。

$$\text{肥料利用率（\%）} = \frac{\text{施用区成分の吸収量} - \text{無施用区成分の吸収量}}{\text{成分施用量}} \times 100$$

しかし，この式は施肥の有無による肥料吸収量の差と施肥量の比を求めたにすぎず，施肥の利用度を厳密に示すものではない。そのため，見かけの利用率とも呼ばれる。そこで，同位体でラベルした肥料を施して利用率を求める方法が用いられるが，これも土壌窒素との置換が生じるため真の利用率とはならない。

最近農地から肥料成分が流出して水系に入り，環境汚染が懸念されている。とくに硝酸態窒素は流亡しやすい。このため，過剰な施肥を抑制し，肥効調節型肥料など緩効性肥料の利用や局所施肥などにより肥料利用率を向上させることができる。また，利用率が向上すれば雨水などによる流亡が少なくなり，環境保全型農業の推進にも寄与できる。

施肥残効

一般の露地栽培では肥料成分は作物の根に吸収され，残りは雨水によって流亡して収穫期にはほとんど残らない。しかし，施肥量が多かったり，あまり吸収されなかった場合には土壌中にまだ肥料が残っている場合がある。とくに，野菜では通常の施肥基準よりも多く施用されている場合が多い。このため，続けて野菜を栽培するときはこの残った肥料を利用して，肥料を節約（減肥）することができる。減肥量は土壌診断によって各成分の残存量を求め，必要量だけ施用するようにする。

近年は，堆肥に影響すると思われる，リン酸やカリの蓄積が露地畑においても進行している。

施肥位置

施肥効率を上げるためには，根から効率よく吸収される位置に施肥することが必要である。具体的には，全面全層施肥（全面の作土層に施する），表面施肥（表面に肥料を散布），側条施肥（作物の株の近くに溝状に施肥），植穴施肥（作物の株の直下に施肥），深層施肥（作土層の下部に施肥），接触施肥（根に直接触れる

よう施肥）などがあり，全面全層施肥以外を局所施肥という。

適正施肥位置は作物や作型により異なる。一般には，機械化作業のやりやすい全面全層施肥が広く行なわれているが，施肥効率を向上させるためには局所施肥が好ましく，局所施肥により野菜の施肥窒素を30％削減した事例もある。局所施肥は，施肥位置が狭い範囲に限定されるほど肥料の利用率は高くなるが，同時に肥料の濃度障害の危険性も高まるため肥効調節型肥料を用いる必要がある。

施肥後の土壌中における拡散は元素によって異なるので，施肥位置も注意が必要である。窒素やカリは土壌溶液とともに移動しやすいので局所施肥でもよいが，リン酸は移動しにくいため根域に広く施肥する必要がある。

肥料の種類

肥料の分類

肥料は「肥料取締法」のなかで普通肥料と特殊肥料に分類されている。

さらに普通肥料では，有効成分（窒素，リン酸，カリなど），肥効に直結する溶解性（全量，可溶性，く溶性，水溶性），製法（化成，配合，熔成など），外観（被覆，固形，液状など）による分類がある。無機質に対する有機質，多量要素に対する微量要素，目的生産に対する副産などの分類も用いられる。

肥料取締法の概要

項目	主な内容
定義	①植物の栄養に供するため土壌または植物に施すもの ②植物の栽培に資するため土壌に化学的変化をもたらすもの
分類	①普通肥料：公定規格が定められるものおよび指定配合肥料など ②特殊肥料：農家が五感で判断できるもの。規格化がなじまないものなど
公定規格	①有効成分（主成分）：窒素全量，リン酸全量，カリ全量など ②有害成分：カドミウムなど重金属，ビウレットなどの有機化合物など ③その他制限事項：ケイカルの粒度，IB，CDUなどの尿素など
登録	①有機質肥料，石灰類：都道府県知事 ②その他：農林水産大臣
届出	特殊肥料，指定配合肥料など：農林水産大臣，都道府県知事
保証票	登録（届出）番号，業者名・住所，肥料名称，保証成分，生産年月などの記載
立入検査	生産・在庫状況の帳簿，肥料の抜き取り検査，公表など
その他	①不正使用，虚偽の宣伝，異物混入の禁止，②行政処分・罰則など

「肥料取締法」では言及していないが、つぎのような分類も用いられる。肥料現物でのpH（酸性、中性、アルカリ性）、施肥、吸収後のpHの変化（生理的酸性、生理的中性、生理的アルカリ性）、製法（スラリー式、配合式、連続式、ムロ式など）、肥料粒の大小（粒状、粉状、顆粒状）、形状（球状、圧偏、プリル、ペレット、タブレットなど）、肥効の遅速（速効性、緩効性）、有効成分量の多少（高度、低度または普通）などである。

普通肥料

肥料取締法で、登録、届出（一部）により生産、輸入、販売が可能になる肥料をいう。肥料の種類や有効成分の最少量、有害成分の許容される最大量などを定めた公定規格によるものと、普通肥料どうしを化学反応をともなわずに配合、または造粒した指定配合肥料とがある。現在、公定規格で定められた普通肥料は151種類である。

普通肥料は五感では種類、品質の判定がしにくく、厳密な化学分析などが必要なものが多い。そのため、農林水産大臣または都道府県知事への登録または届出、さらに登録（届出）番号、業者名、工場の住所、生産年月、肥料の保証や原料表示などを記載した保証票の貼付が義務付けられている。肥料取締法は元来、不正流通、つまり保証成分不足や異物混入などのごまかしを防止するために制定された法律である。

一般的に購入して使用される肥料で、硫安、尿素、普通・高度化成、熔リン、重焼リン、ケイカル、石灰などのほか、ナタネ油かす、魚かすなどの有機質肥料などである。

特殊肥料

肥料取締法での普通肥料以外の肥料である。法律で厳しく取り締まらなくても経験や五感で種類、品質の認識が可能なもの、品質が一定ではなく規格化になじまないものが多く、多量に施用されても過剰障害を起こしにくいものが多い。したがって、登録や保証票貼付の義務はない。商品として流通させるためには都道府県知事への届出が必要である。比較的流通範囲が狭いものが多い。

未粉砕の有機質肥料や稲わら、バーク、家畜ふんなどの堆肥やコンポスト、動物の排せつ物の燃焼灰など含鉄物、鉱さい、微粉炭燃焼灰などである。

有害成分規制

肥料中には人体に有害、あるいは作物に障害を与える物質を含むことがあり、規制がある（カッコ内は規制値）。前者はリン酸肥料中のカドミウム（リン酸1.0％中に0.00015％以下）、汚泥肥料中のヒ素（50mg/kg）、水銀（2mg/kg）などの重金属であり、後者は硫安中のスルファミン酸（アンモニア性窒素1.0％中に0.01％以下）や尿素中のビウレット（窒素全量1.0％中に0.02％以下）、硝酸肥料中の亜

硝酸（硝酸性窒素1.0％に0.04％以下）などである。肥料の原料，製造過程や品質維持上含まれるものであり，製造上の注意や原料の十分な吟味をすることで含有量を下げている。

保証成分

普通肥料の有効成分に対して最低保証成分量を定めたものである。肥料は通常，20kgの袋で販売されるので，保証成分の過不足は袋全体の平均で評価されることになる。有効成分は肥料の種類ごとに定められ，窒素では窒素全量，アンモニア性窒素，硝酸性窒素，リン酸ではリン酸全量，可溶性リン酸，く溶性リン酸，水溶性リン酸，カリではカリ全量，く溶性カリ，水溶性カリが保証できる。アルカリ分は，可溶性のカルシウムとマグネシウムの含量を酸化カルシウム量に換算

肥料の有効成分の種類と内容

一般成分	有効成分	内容	略称	主要肥料
窒素	窒素全量	硫酸分解により溶けるもの	TN	尿素, IB, CDU, 有機質肥料など
	アンモニア性窒素	1：100の水に溶けるもの	AN	硫安, 塩安, 化成肥料など
	硝酸性窒素	1：100の水に溶けるもの	NN	硝安, 硝酸カリ, 化成肥料など
リン酸	リン酸全量	硫酸分解により溶けるもの	TP	有機質肥料, 有機配合肥料など
	可溶性リン酸	塩基性クエン酸アンモンに溶けるもの	SP	過リン酸石灰, 化成肥料など
	く溶性リン酸	2％クエン酸に溶けるもの	CP	混合リン酸質肥料, 熔リンなど
	水溶性リン酸	1：100の水に溶けるもの	WP	過リン酸石灰, 化成肥料など
カリ	カリ全量	塩酸分解により溶けるもの	TK	有機質肥料, 有機配合肥料など
	く溶性カリ	2％クエン酸に溶けるもの	CK	ケイ酸カリ
	水溶性カリ	1：100の水に溶けるもの	WK	塩加, 硫加, 化成肥料など
アルカリ分		0.5モル塩酸に溶けるカルシウムとマグネシウムの合量		熔リン, ケイカル, 石灰質肥料など
苦土	く溶性苦土	2％クエン酸に溶けるもの	CMg	水マグ, 熔リンなど
	水溶性苦土	1：100の水に溶けるもの	WMg	硫マグなど
マンガン	く溶性マンガン	2％クエン酸に溶けるもの	CMn	熔成微量要素複合肥料など
	水溶性マンガン	1：100の水に溶けるもの	WMn	硫酸マンガンなど
ホウ素	く溶性ホウ素	2％クエン酸に溶けるもの	CB	熔成ホウ素など
	水溶性ホウ素	1：100の水に溶けるもの	WB	ホウ酸ナトリウムなど
ケイ酸	可溶性ケイ酸	0.5モル塩酸に溶けるもの	SSi	ケイカル, 熔リンなど

注1) 一般成分, 有効成分は肥料取締法, そのほかの肥料名などは慣行的な用語を使用した

注2) 窒素以外の略称は正式には酸化物で表わす

して示す。また，苦土はく溶性および水溶性苦土，マンガンはく溶性および水溶性マンガン，ホウ素はく溶性，水溶性ホウ素として保証できる。ケイ酸は可溶性ケイ酸のみである。

副成分

有効成分以外で，積極的な肥料的効果はないが，肥料中に不可避的に含まれている成分をいう。ただし，尿素中の炭素のような明らかな構成元素や有害成分である重金属などはいわない。過リン酸石灰中の副塩として存在している石こう(硫酸カルシウム) や，硫安中の硫酸根や塩安中の塩素，硝酸ナトリウム中のナトリウムなど有効成分に附随するイオン（随伴イオン）をいう。副成分は随伴イオンの種類によっては有効成分が吸収された後，土壌中に残存し，酸性化やアルカリ性化することがあり，また，土壌中に多量に集積すると濃度障害などの原因ともなる。ただし，カルシウム，硫酸根，ナトリウムなどは多量でなければ一部の作物や土壌では肥料養分として有効である。

単　肥

通常は1回の製造単位でつくられ，硫安や尿素のように主成分を1種類だけ含むもので肥料取締法でいう化成肥料や配合肥料などのようにさらに再加工，混合などの過程を経ていない肥料をいう。追肥などで単一成分の不足を補ったり，熔リン，ケイカルのようにリン酸やケイ酸補給など総合的な土壌改良に使用される。

複合肥料

単肥に対する肥料で，窒素，リン酸，カリのなかで2種類以上を含むものをいう。通常は混合，造粒などの再加工をともなうが，リン安，硝酸カリ，リン酸一カリのように単一工程，単一化合物として製造されるものも窒素，リン酸，カリのうち二成分を含むため複合肥料となる。

複合肥料は性状や流通形態によってさらに細かく分類される。主なものに化成

主要な被覆肥料の種類

被膜の種類		原料肥料	肥料（シリーズ）
無機系	硫黄	単肥 化成	SCU SC化成
樹脂系	熱可塑性 （ポリオレフィン）	単肥 化成	LP，LPS，ユーコート，エムコート ロング，ロングS
	熱硬化性 （アルキド，ウレタン）	単肥 化成	セラコートR，シグマコートU，スーパーSRコート シグマコート

注）多くの種類はこれらの肥料に化成肥料などの速効性肥料が組み合わされて実際には使用される

肥料［→**化成肥料**を参照］,成形複合肥料［→**固形肥料**を参照］,吸着複合肥料（ベントナイトなどに水溶液を吸着させたもの），液状複合肥料［→**液肥**を参照］,配合肥料［→**配合肥料**を参照］,被覆複合肥料［→**被覆肥料**を参照］,家庭園芸用複合肥料（非農業用で小袋などで流通するもの）などがある。また，微量要素どうしを混合した場合も複合肥料という（微量要素複合肥料）。複数の主成分を含むため，必要な成分を一度に施肥できる利点がある。

被覆肥料

コーティング肥料ともいい，水溶性の肥料を樹脂などで被覆し，肥効発現の持続期間をコントロールできる肥料である。被覆材は硫黄，ポリオレフィン樹脂，アルキッド樹脂などで，被覆の厚さや性質を変えることで肥料成分の溶出速度を調節でき，10カ月以上肥効を持続させる肥料も見られる。単肥を被覆した被覆尿素，被覆カリ，被覆硝酸石灰などのほか，リン安系，硝酸系化成肥料などを被覆した被覆複合肥料もある。被覆尿素は窒素成分量で35〜42％程度，被覆複合肥料は銘柄によるが成分量で窒素12〜14％，リン酸10〜12％，カリ10〜14％程度である。水稲や野菜で基肥重点や一発施肥などによる省力化，養分の効率的吸収による生産の安定化のほか，土壌系外への流亡を抑えた環境にやさしい肥料としても期待されている。

肥効調節型肥料

作物の種類や生育ステージごとに要求される肥料成分や量にあわせて，1回または数回の施肥で養分の供給が可能になる肥料をいう。温度を養分溶出の制限因子とする被覆肥料はかなりの精度で肥効調節ができるため，この肥料の最も代表的なものといえる。肥料成分の溶出期間の長さや，溶出が開始する時期など，肥効発現効果の異なるさまざまなタイプの肥効調節型肥料が開発され，水稲では基肥全量施肥体系が確立している。作期が異なり種類の多い野菜類でも徐々に実用化されつつある。とくにシグモイドタイプの被覆肥料は，その肥効調節機能を利用して新しい施肥法に使われている。［→**遅効性肥料**，**LP肥料**を参照］

速効性肥料

緩効性肥料に対する肥料で，水溶性成分を主とするものをいう。窒素質肥料では硫安，塩安，硝安，尿素などがある。

施肥されたときに容易に水に溶け，作物への吸収が速く，効果が速く現われる。そのため基肥用だけでなく，生育促進のための追肥用として有効である。反面，施肥過多のときには溶解量が多すぎて濃度障害の原因となる。また，火山灰土壌に速効性リン酸肥料を施用するとすみやかに鉄，アルミニウムと結合して不溶化するので注意が必要である。なお，全量や可溶性，く溶性をあわせて保証している場合の水溶性成分は速効性肥料ではなく，速効性部分という。

遅効性肥料

緩効性肥料と同じ意味で使われることもあるが、初期にはほとんど肥効が現われずに後半に効いてくるタイプの肥料をいう場合が多い。後者はシグモイドタイプの被覆肥料などを指し、肥効発現の時期が明確であれば追肥の省略など、省力的な施肥が可能となる。また、初期の肥効（成分の溶出）を厳密に抑えることができるシグモイドタイプの被覆肥料は、水稲の播種と同時に施肥する苗箱全量施肥法などの新しい施肥栽培法を可能にした。

緩効性肥料

狭義には化学的合成によりつくられ、水にほとんど溶けず加水分解や微生物分解によって肥効が現われる肥料をいう。一般的にはIB（IBDU）、CDU、ホルム窒素、オキサミドなどの窒素質肥料や、これらを含む複合肥料である。広義には被覆肥料も含まれる。いずれも肥効がゆっくりで、追肥が一定程度省略でき、一度に多量に施用しても濃度障害などが起こりにくい利点がある。利用率の向上や溶脱抑制によって環境負荷軽減に役立つ肥料としても期待される。なお、この名称は窒素に対するもので、一般にリン酸やカリのように可溶性やく溶性などを保証している肥料は緩効性肥料とはいわず、非水溶性部分は緩効性リン酸部分や緩効性カリ部分などといい、それぞれの成分の緩効性部分という。

化学合成緩効性窒素肥料の種類と肥効特性

分解特性		肥料の種類
加水分解		IB
微生物分解	酸化型	ホルム窒素、オキサミド
	還元型	リン酸（硫酸）グアニル
加水・微生物分解		CDU

硝酸化成抑制材

土壌中でアンモニア態窒素を硝酸態窒素に変える微生物の活動を制限して、硝酸化成を抑える物質である。これを含んだものを硝酸化成抑制材入り肥料（化

硝酸化成抑制材の種類と添加量

名称	化学名	窒素含有率（%）	添加量[注]
TU	チオウレア	36.8	窒素の6%
AM	2アミノ4クロロ6メチルピリミジン	29.3	0.3～0.4%
Dd	ジシアンジアミド	66.6	窒素の10%
ST	2スルファニルアミドチアゾール	16.5	0.3～0.5%
MBT	2メルカプトベンゾチアゾール	8.4	窒素の1%
ASU	グアニルチオウレア	47.4	0.50%
DCS	N2, 5ジクロロフェニルサクシナミド酸	5.4	0.30%
ATC	4アミノ1, 2, 4トリアゾール塩酸塩	46.5	0.3～0.5%

注）前書きがないものは化成肥料全体に対する添加量

成)といい，TU，AM，Dd，ST，MBT，DCS，ATCなどが認められている。

土壌に保持されるアンモニア態窒素から土壌中で移動しやすい硝酸態窒素への硝酸化成が抑制されることによって，降雨などによる窒素の溶脱(揮散)が抑えられ，肥効が持続して，利用率が向上して，環境負荷軽減にも役立つとされる。硝酸化成の起こりやすい水稲の乾田直播やムギのほか，アンモニア態窒素を好むチャなどに使用される。硝酸態窒素を好むものが多い野菜類では，比較的アンモニア態窒素を好むレタスやネギ類などに使用されることが多い。

化成肥料

窒素，リン酸，カリのいずれか二成分以上を含み，化学反応をともなって製造された複合肥料，あるいは複数の原料を混合し造粒または成形した複合肥料をいう。通常は粒状品であり，わが国で最も多量に流通している。

複数の肥料成分を含むので施肥回数を少なくでき省力的で，粒状なので施肥しやすい。主成分の含有量によって高度化成，普通化成に，主成分の種類によってNK化成，PK化成，リン安など，主原料の違いによってリン安系，硝酸系，有機入りなどに分けられる。また，目的によってマグネシウム(苦土)入りやマンガン，ホウ素などの微量要素入りなどもある。

普通化成

低度化成ともいい，窒素，リン酸，カリの含量が30％に満たない化成肥料をいう。窒素，リン酸，カリでそれぞれ8—8—8や7—7—7程度の成分のものが多く流通する。過リン酸石灰などの低成分の肥料をリン酸源として使うため，成分を高めることができない。日の本化成のように石灰窒素を加えて硝酸化成を抑え，肥効を長続きさせているものもある。肥料成分が低いので多量に施肥しても，施肥ムラや濃度障害を受けにくい。水稲の育苗用や野菜の基肥など幅広く使われる。

有機化成

有機入り化成ともいい，無機原料に有機質肥料を加え造粒したものである。有機質肥料は有効成分量が低いため，有機質肥料含有量にもよるが，基肥として窒素，リン酸，カリで8—8—8の普通化成並みのものが多く流通する。複合肥料としての省力効果のほかに有機質肥料としての緩効的な肥効や物理性，生物性の改良効果をあわせて期待できる。指導上は有機肥料由来の窒素を最低0.2％含むように有機原料を配合したときに有機または有機入りという文字を肥料名称に付けられるとしている。

高度化成

窒素，リン酸，カリのうち二成分以上を含み，その含量が30％以上の化成肥料である。成分形態からアンモニア系(硫加リン安，リン加安)，硝酸系(リン硝安カリ，硝リン加安)に分かれる。アンモニア系は原料が塩化カリのときは水

稲や一般畑作，露地野菜などに，硫酸カリのときは野菜，果樹，チャなどに使用される。硝酸系は主に野菜，果樹や飼料作物などに使われ，とくに硝酸化成の遅い寒冷地や低温期に好んで使われる。また，製法から配合式とスラリー式とに分かれるが，肥効に差はない。

　窒素，リン酸，カリの成分量バランスが同じ14—14—14や16—16—16などの「水平型」が主流で，リン酸高の14—18—14や12—18—14などの「山型」はリン酸吸収係数の高い火山灰土壌や低温期に，リン酸低の15—12—15や14—10—13などの「谷型」は可給態リン酸が多い土壌や追肥に好適とされる。最近では土壌診断により土壌中の養分蓄積が指摘され，それらの養分状態に合った形態の肥料を使うことが望まれる。追肥などの特殊な用途としてリン酸を含まないNK化成，窒素を含まないPK化成なども使われる。

配合肥料

　固形の原料どうしを配合したもので，肥料三要素のうち二成分以上を含み，合計量が10％以上を保証する。単に配合肥料といった場合は登録肥料のことで，肥料取締法で指定された材料，すなわち固結防止材，成分均一化促進材，効果発現促進材などの配合が認められる。一方，指定配合肥料は届出肥料で，公定規格に定められた普通肥料どうしを配合した肥料である。これには水だけによる造粒工程を経たものも含まれるが，アルカリ性を呈する普通肥料を配合するものは除かれる。生産，流通に関わる手続きが簡便であるが，その分保証成分の決定法や詳細な原料表示などの義務付けが加えられている。

　有機配合肥料や粒状配合肥料（BB肥料）は指定配合肥料として流通するものが多い。有機配合肥料は，多種にわたる銘柄があり，有機化成よりも有機質の原料を多量に使え，硫安，硫加など無機肥料の速効的効果と有機のいろいろな長所を同時に生かすことができる。一般に成分が低く，相対的に高価なため，換金性の高い野菜，果樹，チャなどに使用されてきたが，最近では無機の肥料をなるべく使わない有機農業や減化学肥料農業の普及にともない，水稲への使用も増加している。

BB肥料（バルクブレンディング肥料）

　粒状配合肥料ともいい，粒状肥料どうしを配合したものである。登録と届出の2種類があり，主流となっているのはリン安を主原料とした高成分の指定配合肥料である。高度化成と比べて製造に比較的簡易な配合機が使われるため安価で，被覆肥料のような特徴ある肥料を原料に組み合わせることも可能である。銘柄は高度化成と類似したものが多いが，土壌診断により地域や作物に合った原料，成分を組み合わせることが容易にできるため，少量でも多銘柄の生産に向いている。わが国の普及状況は地域によって異なるが，全国で70〜80万t程度といわれる。

現在ほとんどの原料が粒状化でき、これらを組み合わせることにより水稲や一般畑作物だけでなく、野菜などの園芸分野への普及も進んでいる。

固形肥料

成形複合肥料の一種で、肥料原料に草炭を混合し造粒したものである。一般に肥料成分が低く、大粒のものが多い。大粒で草炭を配合していることからマトリックス効果により肥効が長続きする。銘柄は窒素、リン酸、カリで5—5—5％程度から10—10—10％程度の低成分のものが多い。成形方法はブリケットと呼ばれるタドン状のものが一般的であるが、パン造粒によるものも含まれ、粒の直径は3～50mm程度である。桑園や野菜、水稲での深層施肥用としても使われている。

液肥

液状のままで流通している肥料で、窒素、リン酸、カリなど単独に含むものもあるが大部分が複合肥料である。沈澱が発生しやすいため混入できる量が少なく、尿素、硝安などの溶解度の高い原料が使われる。肥料成分は低いものが多く、液体であるため成分量に対して割高であるが、肥効が速く発現することに加えて追肥用にパイプやスプリンクラーによる省力的な灌水同時施用など利点が多い。大きく分けて土壌施肥用と葉面散布用があり、前者には野菜などに使われる液肥と水稲の基肥用のペースト肥料がある。後者には特定の要素欠乏などに速効的に対処する葉面散布材があり、薄めて使用するだけなので簡便である。いずれも目的に応じて肥料成分の種類や量を決定する。

ペースト肥料

一定の粘性を有する高濃度成分の液状複合肥料である。微細な結晶を沈澱防止材で処理している懸濁状のものの流通が多く、最近ではやや粘度の低い透明な肥料も出現している。銘柄は窒素、リン酸、カリで12—12—12や10—16—12などがあり、ほとんどは水稲の基肥用に使われ、一部に畑用のものが開発されている。田植機に設置された施肥機によって、株元から数センチ離れた局所に施用され土中側条施肥のため、肥料の利用効率が高く、施肥量を削減でき、しかも田植えと同時作業であるため省力効果も高い。また、この施肥法は田面水への流出量も少ないため、環境負荷を軽減する肥料として期待される。

葉面散布肥料

作物体に直接施用する肥料であり、一部に窒素質肥料などの単肥や特殊肥料もあるが大部分は液体複合肥料か微量要素複合肥料である。樹勢回復や速効性が求められる要素欠乏などの生理障害対策に使われ、直接葉に施用するために効果が速いとされる。鉄、亜鉛、モリブデンなど微量要素を含んだ効果発現促進材入りが多く使われる。ただこれらは過剰による障害も起こりやすいため、専門家の指導や仕様書に従うことが必要である。

二成分化成肥料

　二つの成分を主体とする化成肥料である。最も一般的なのは窒素とカリを主体とするNK化成で，水稲やムギなどの追肥用として使われ，野菜などでもリン酸が少ない銘柄が多い。リン酸分は基肥の施用で十分に栄養的に補填できるという考え方である。逆に追肥にリン酸が必要と考える場合にリン酸，カリだけを含有するPK化成も使用されるが流通量は少ない。また，窒素とリン酸を主体とするNP化成は一部で土壌中のカリ過剰対策として使われるが，ほとんどはリン安や硫リン安として化成肥料や配合肥料の原料用に使われる。

農薬入り肥料

　肥料取締法で許される特殊な異物として農薬を混合する肥料である。現在21種類の農薬の混入が認められており，同時に施肥と施薬ができる省力効果，局所施用や均一施用による利用率向上がいわれる。ただし，病虫害などの発生のないときは不要なことがある。主なものとしてタマネギバエ対策用肥料（オフナック化成），水稲のイネミズゾウムシ，ドロオイムシ対策用肥料（エムシロン化成），倒伏軽減入り肥料（ウニコナゾールP，パクロブトラゾール入り化成）などがある。農薬としての適正使用量など，肥料と違った制限があるため，使用にあたっては十分な注意が必要である。

微量要素入り肥料

　窒素，リン酸，カリのほかに肥料の主成分として認められている微量要素のマンガンやホウ素を含んだ肥料のことをいう。そのほかの微量要素（鉄，銅，亜鉛，モリブデン）は効果発現促進材として内容表示をすることで添加が認められる。多量成分である化成肥料，配合肥料などと一緒に施肥することによって，省力効果だけでなく均一施肥ができる長所がある。ホウ素・マンガン入り化成肥料や，ホウ素・マンガン入り熔成リン肥などがある。また，微量要素だけを含んだ微量要素複合肥料もある。

自給肥料，販売肥料

　肥料の消費方法で分類したものである。自給肥料は農家が生産し施肥するもので，堆肥や家畜ふん尿などのほか，購入した単肥などで配合肥料をつくり，自分で消費する場合も該当する。販売肥料は生産（または輸入）された肥料を農家が購入して施肥するもので肥料取締法の規制を受ける。

機能性肥料

　高機能肥料ともいい，肥料の効果のほかに肥効調節や作物の品質向上に役立つような付加価値を持った肥料の総称である。被覆肥料に代表される肥効調節型肥料は肥効の発現がある程度予測でき，生育状況にあわせて肥効をコントロールできる。そのほかの緩効性肥料や農薬入り肥料，微量要素入り肥料もこれに含まれ

る。[→**肥効調節型肥料を参照**]

肥料の主成分

▌窒素質肥料

含まれる成分の主体が窒素である肥料をいう。窒素は作物のあらゆる部位に存在し，生育・収量に最も影響する成分である。不足すると減収するが，過剰でも軟弱徒長化，病害虫発生の増加を招くことがあり，減収や品質低下を起こすので，適正な施用につとめる。

窒素質肥料には，無機質のものと有機質のものとがある。無機質および工業的に生産される窒素質肥料は，製法などによりおよそ①アンモニア系…硫酸アンモニア（硫安），塩化アンモニア（塩安），腐植酸アンモニア，②硝酸系…硝酸アンモニア（硝安），硝酸アンモニア石灰（硝安石灰），硝酸石灰，硝酸ソーダ，③尿素系…尿素，被覆尿素，④シアナミド系…石灰窒素，⑤緩効性窒素…IB（イソブチリデン2尿素の略，イソブチルアルデヒド加工尿素肥料），CDU（クロトニリデン2尿素の略，アセトアルデヒド加工尿素肥料），ウレアホルム（ウラホルムまたはホルム窒素などともいう，ホルムアルデヒド加工尿素肥料），グアニル尿素（GU），オキサミドなどに分類される。有機質肥料には植物質の油かす類や動物質の魚かす類，皮粉，毛粉などがある。

植物が土壌から吸収利用する窒素の形態は，大部分がアンモニア態および硝酸態である。そのため，肥料の窒素はアンモニアか硝酸，または，土壌中でアンモニア態窒素に変化しやすい尿素などの化学形態を持っている。

▌アンモニア性窒素

アンモニア基（NH_4）の形態で存在する肥料の速効性窒素のことで，土壌中などに存在する場合はアンモニア態窒素という。硫安や塩安に含まれ，硝安にも硝酸性窒素と同量含まれる。アンモニア基はプラスの電荷を帯びており，マイナス電荷の土壌粒子に吸着保持されるので，雨水などにも流れ去りにくく，肥効が持続する。アンモニア態窒素は，土壌中に酸素が十分にあれば硝化菌の働きで硝酸態窒素に変化する。現在，わが国で使われている窒素肥料の大部分はアンモニア系である。

▌硝酸性窒素

硝酸根（NO_3）の形態で存在する肥料の速効性窒素のことで，土壌中などに存在する場合は硝酸態窒素という。硝酸石灰（ノルウェー硝石）や硝酸ソーダ（チリ硝石）などに含まれ，硝安にはアンモニア性窒素と同量含まれる。硝酸根はマ

イナスの電荷を帯びており，土壌粒子には吸着されにくいため，露地では雨水により流れ去りやすい。そのため水田の施肥には適さない。多量施用すると濃度障害を起こし，また吸湿性が強いので保管には注意がいる。

■シアナミド性窒素

シアナミド（CN_2）の形態で存在する肥料窒素のことをいい，石灰窒素の主成分として含まれる。シアナミドは土壌に施用後加水分解して尿素態になり，さらにアンモニア態に変化する。シアナミドは湿気などが多いと重合して，硝酸化成抑制力の強いジシアンジアミドに変わりやすく，畑では分解が遅くなる。生物に対して活性があるので，除草や殺菌，殺虫など農薬としての効果もあるが，農作物の種子が触れると発芽阻害を起こす。

■リン酸質肥料

成分の主体がリン酸である肥料のこと。リン酸は作物の根や葉茎の生育，開花・結実の促進などに重要な働きをする。

肥料中のリン酸成分の形態には，溶解性の難易により，く溶性リン酸，可溶性リン酸，水溶性リン酸の3種類に分けられ，保証成分の量だけでなく，溶解性にも注意を払う必要がある。一般に水溶性のものの肥効が最も早く，可溶性とく溶性は緩効的になる。

リン酸肥料には，有機質のものと無機質のものとがある。有機質肥料でリン酸の肥効を主体としたものには，骨粉類や米ぬかなどがある。無機質および工業的に生産されるリン酸質肥料は，製法などによりおよそ①過リン酸石灰系…過リン酸石灰，重過リン酸石灰，苦土過リン酸，②熔成リン肥系…熔成リン肥（熔リン），BM熔リン，③焼成リン肥系…焼成リン肥，④混合リン肥系…熔過リン，重焼リン，苦土重焼リン，⑤そのほか…腐植質混合リン肥，副産リン肥に分類される。

リン酸の土壌への固定を防止するためには，酸性きょう正したり，良質な堆肥を施用して活性アルミナを抑制することが必要である。く溶性リン酸を施用するのも有効である。

■グアノ

成分により窒素質グアノ，リン酸質グアノに分けられる。窒素質グアノは窒素全量12%以上，リン酸全量8%以上，カリ全量1%以上などの規格が設けられ普通肥料に分類される。しかし，ほとんどのグアノは窒素をわずかしか含まずリン酸成分が高い特殊肥料である。海鳥のふんが堆積したもので主に東南アジア，南太平洋，南米などの島しょ地域で産出する。産出量は少なく，産地による成分の違いが大きい。風化により窒素が流亡し，残ったリン酸が石灰と結合したリン酸三石灰の形態となっているため，そのままでは肥効が低い。コウモリのふんが堆積してできたバットグアノもある。

MAP

リン酸マグネシウムアンモニウム（$MgNH_4PO_4 \cdot 6H_2O$）の略で養豚場などから排出される汚水（ふん尿）の配管やポンプに付着するスケールとして知られる物質である。汚水からリン酸を除去する浄化と同時にMAPの肥料としての価値に着目し，汚水からMAPを効率的に回収する技術が開発されている。MAPの結晶はおおよそ窒素5％，リン酸28％，苦土16％程度を含み，十分な肥効もある。下水処理場からの回収のほかに一部では養豚場汚水からの回収も行なわれている。

く溶性リン酸

作物の根から分泌される有機酸（根酸）は水に溶けない土壌中の成分の一部を溶かし，作物に吸収されるようにする。く溶性リン酸は，肥料に含まれるリン酸成分のうち，このような根の作用で溶解・吸収されるリン酸である。肥料公定分析法では，2％クエン酸溶液に溶けるリン酸を，く溶性リン酸と定めている。作物の初期生育の段階では効きめは少ないが，雨水による流亡や，土壌中のアルミニウムや鉄と結合して不可給態化することは少なく，肥効に持続性がある。熔リンや焼成リン肥はく溶性リン酸が主体である。

可溶性リン酸

肥料中に含まれるリン酸の形態の一つである。肥料公定分析法では，アンモニアアルカリ性アンモニウム液を加えて抽出処理したときの可溶分のリン酸と，水溶性リン酸の合計量と定められている。水によく溶けるリン酸一石灰と，水には溶けないが炭酸水や塩類溶液に溶けるリン酸二石灰が主体の肥料のリン酸成分である。過リン酸石灰や重過リン酸石灰，およびこれらを原料とした複合肥料中に含まれる。

水溶性リン酸

水に溶けるリン酸分をいい，速効性である。過リン酸石灰や重過リン酸石灰の主成分であるリン酸一石灰，リン安の主成分であるリン酸アンモニウム，苦土過リン酸の成分の一つのリン酸一苦土などの形態がある。アロフェン質の火山灰土壌などでは，活性アルミナなどと結合して作物が吸収できない不可給態に変化するので，これらの肥料を施用するときは土壌に直接触れさせないよう堆肥と混ぜて施用するとよい。過リン酸石灰よりもリン安のほうが不可給態化しにくい。

リン酸資源の枯欠

リン酸質肥料は，副産リン肥や有機質肥料を除けば，原料のすべてをリン鉱石に頼っている。リン鉱石は海鳥ふん，鳥・魚類遺体，地下水中のリン酸が石灰岩などと接触化合してできたものである。主要産地はモロッコ，アメリカ，チュニジア，ロシア，中国，ベトナムなどであり，世界の年間産出量はおよそ1億数

千万tである。わが国でもリン酸分を含む鉱石は産するが、品位が低く原料として向かない。全世界のリン鉱石の埋蔵量は、約450億tといわれ、量そのものは少なくはない。しかし、表層にあって採掘コストが見合う品位の高いものは少なくなってきている。

カリ質肥料

カリウム（カリ）を主成分とする肥料の総称。カリウムはプラスの電荷を持っているため、土壌に施用されると吸着保持される。作物による吸収は、アンモニアや硝酸、リン酸、石灰、苦土、ホウ素などと関係があり、とくに苦土との拮抗は知られている。植物の構成化合物としては見出されないが、欠乏すると生育は著しく悪化する。

主な原料はカリ鉱石で、わが国にはカリ鉱床がないため、カナダやアメリカ、ドイツ、ロシアなどから輸入している。

主なカリ質肥料は水溶性で速効性の塩化カリ（KCl）や硫酸カリ（K_2SO_4）が大部分を占め、硫酸カリ苦土、重炭酸カリ（$KHCO_3$）、ケイ酸カリ、腐植酸カリなどもある。

作物のカリ要求量は窒素ほど多くないが、カリには必要以上に吸収されるぜいたく吸収の特性があり、必要以上に施用される傾向もある。家畜ふん堆肥、草木灰などの自給肥料にもカリ分は多く含まれるため、併用するとカリ分が過剰になりやすいので、適正施用に注意しなければならない。

苦土質肥料

マグネシウム（苦土）だけを保証する肥料のこと。苦土は植物に不可欠の成分で、葉緑素の構成元素としても知られる。わが国は降水量が多く、また、化学肥料の施用量も多いため、苦土分の流亡も激しい。とくに酸性土壌や砂質土壌で流亡しやすい。不足すると、葉脈間が黄化や白色化し、古い葉から上位の新葉へと症状が現われる。苦土欠乏土壌は広く分布するため、石灰と同様に施用が必要である。ただし、なかには苦土分が多いにもかかわらずカリ過剰などによって苦土吸収が阻害されて欠乏症を発生する土壌がある。このような場合は、カリの施用を抑えるとともに、塩基間のバランスに気を配りながら施肥を行なう必要がある。

苦土質肥料の保証成分は、その溶解性により水溶性、く溶性、水溶性＋く溶性に分けられる。主な苦土質肥料には、①水マグ（水酸化マグネシウム、水酸化苦土）、②硫マグ（硫酸マグネシウム、硫酸苦土）、③腐植酸苦土肥料、④加工苦土肥料…水酸化苦土肥料に硫酸を加えたもの、⑤そのほかの苦土質肥料…副産塩基性苦土肥料、炭酸苦土肥料、リグニン苦土肥料などがある。

ケイ酸質肥料

主としてケイカルといわれる鉱さいケイ酸質肥料を指す。ケイカルに含まれる

成分は、ケイ酸や石灰、苦土、マンガン、鉄分などがある。保証成分は、可溶性ケイ酸20％以上、アルカリ分35％以上だが、く溶性苦土が1％以上のものではアルカリ分30％以上、さらに加えてく溶性マンガンを1％以上含むときは25％以上でよい。また、2,000μmのふるいを全通し、590μmのふるいを60％以上通過するものと規定されている。

▌鉱さい

高炉や電気炉で鉄や合金類の製造時に出る残さいで、スラグともいわれ、この一部がケイ酸質肥料の原料として利用される。肥料の公定規格では、製銑鉱さい、普通鉱さい、ステンレス鋼鉱さい、フェロマンガン鉱さい、シリコンマンガン鉱さい、フェロニッケル鉱さい、ニッケル鉱さい、フェロクロム鉱さい、マグネシウム鉱さい、製リン残さいがケイ酸質肥料の原料として指定されている。[→ケイ酸質肥料を参照]

▌含鉄資材

鉄分を含み、鉄分が乏しい老朽化水田の改良に利用される。水田で多量に発生する硫化水素と結合して無害化する働きを持つ。鉄粉や褐鉄鋼、ボーキサイトさい、パイライトさい、平炉さいなどが用いられてきたが、現在では、製鋼法の変化により、熔鉄やくず鉄を原料にして、転炉で製鋼した残さいの転炉さいが主となっている。転炉さいは鉄分を30％前後含んでおり、可溶性の石灰やケイ酸もかなり多く、マグネシウムやマンガン、リン酸も含む。

▌微量要素肥料

植物必須元素のうち、塩素、ホウ素、鉄、マンガン、亜鉛、銅、モリブデンを総称して微量要素と呼ぶ。このなかで、肥料取締法により成分保証が認められているのは、ホウ素とマンガンである。ホウ素には、ホウ砂やホウ酸肥料、熔成ホウ素肥料があり、マンガンには硫酸マンガンや硫酸苦土マンガン、鉱さいマンガンなどがある。微量要素は欠乏すれば作物生育に影響するが、過剰害も出やすいので適量施用しなくてはならない。

▌微粉炭燃焼灰

火力発電所で微粉炭を燃やしたときに出る熔融した煙で、煙道の気流中から採取される。微細なものをフライアッシュ、粗いものをシンダーサンドと分けるが、一般的には総称してフライアッシュと呼ぶ。肥料成分は、ケイ酸とホウ素が含まれる。ケイ酸は大部分が難溶性であり、肥料効果は少ない。ホウ素は含有量0.1～0.2％程度で、く溶性であり、作物への吸収はよい。しかし、成分は必ずしも一定でない。

特性と使い方

■ 硫安（硫酸アンモニア：$(NH_4)_2SO_4$）

　化合物名は硫酸アンモニウムだが，肥料としての名称（肥料取締法）では硫酸アンモニア，略して硫安と呼ぶ（塩安，硝安も同様）。アンモニア性窒素を20.5％以上含む硫酸塩肥料で，水に溶けやすい速効性肥料である。通常は21％を保証している。合成繊維原料の製造時に使用した硫酸をアンモニアと化合させる回収硫安と，コークスの製造時に発生するアンモニアを硫酸と反応させる副生硫安がある。比較的価格が安く，どの作物でも使われる汎用性の高い肥料である。化学的には中性であるが硫酸根を含み，窒素の吸収とともに土壌を酸性にしやすい生理的酸性肥料である。硫酸根は，畑ではカルシウムと結合し，溶解度の低い石こう（硫酸カルシウム）になるため濃度障害などを起こしにくいが，水田では鉄，マンガンなどが不足すると硫化水素が発生しやすくなり，根腐れの原因となる。

■ 塩安（塩化アンモニア：NH_4Cl）

　アンモニア性窒素を25％以上含む塩化物塩で，速効性肥料である。通常も25％保証である。単肥としてよりも化成や配合肥料の原料として使われる。ガラスの原料となるソーダ灰とともに併産され，塩素を含む生理的酸性肥料である。塩素は土壌中での溶解度が高く，比較的濃度障害の原因となりやすいため施設栽培では避けられるが，水田では硫化水素を発生させない無硫酸根肥料として塩安系化成肥料や配合肥料に使われ，流通量も多い。また，アサ，タケノコなどの繊維性の作物には有効とされるが，タバコでは火付きがわるくなるため使われない。

■ 硝安（硝酸アンモニア：NH_4NO_3）

　アンモニアを還元してつくる硝酸と反応させて作成し，アンモニア性窒素16％，硝酸性窒素16％以上を含む速効性肥料である。通常はアンモニア性窒素17.5％，硝酸性窒素17.5％程度を含み，溶解度，吸湿性がきわめて高く，窒素含有率も高い。どちらの窒素成分も吸収されるため生理的にも中性肥料であるが，酸化力が強くそのままでは危険物として指定されている。単肥では水に溶かして液肥として野菜や果樹の追肥に使われるが，そのほとんどは硝酸性窒素を含む化成肥料の原料として，取り扱いが容易な形態で使用されている。

■ 尿素（$(NH_2)_2CO$）

　窒素全量として尿素由来の窒素を43％以上含む速効性肥料である。通常は窒素全量46％を含む。アンモニアと炭酸ガスを高温高圧下で合成したもので，最

近では造粒品も見られるが、単肥のほか窒素成分が高いため高成分の化成肥料の原料として使用される。随伴イオンを含まない生理的中性肥料で、溶解度、吸湿性が高く作物に対する汎用性が高いが、高温時の表面施肥では分解が速すぎてアンモニアガスが発生しやすく、ひどい場合は障害の原因となるので注意が必要である。

石灰窒素

窒素全量としてシアナミド性窒素を19％以上含む塩基性肥料である。通常は窒素全量20％を保証する。コークスと酸化カルシウムを電気炉で反応させてカーバイドとし、さらに窒素ガスを吹き込んで石灰窒素とする。主成分はカルシウムシアナミド（$CaCN_2$）で、土壌中では加水分解して尿素態になり、さらにアンモニア態、硝酸態に変化する。シアナミドが分解するときにジシアンジアミドができ、硝酸化成を抑え、肥効を持続させる。作物に直接接触すると障害が発生するので追肥としては用いるときは注意を要する。基肥として施用するときも灌水を十分に行ない、地温によっても異なるが播種、定植の1〜2週間前とする。石灰を多量に含み、酸性きょう正効果もある。農薬としての登録もあり、殺菌、殺虫剤として認められている。またハウスの太陽熱消毒や水稲残渣の分解促進などにも使用されている。

硝酸石灰（$Ca(NO_3)_2・4H_2O$）

硝酸カルシウムともいい、代表的なものにノルチッソ（ノルウェー硝石）がある。硝酸性窒素を10％以上含み、溶解度、吸湿性の高い生理的塩基性肥料である。通常は硝酸性窒素で13％程度、保証成分ではないがカルシウムをCaOとして25％程度含む。リン鉱石の硝酸分解液を冷却、晶出させたもので輸入品がほとんどである。窒素は低いが、随伴イオンであるカルシウムの含有率が高く、カルシウムの欠乏予防として施設園芸用・水耕などの養液栽培用に使われることが多い。

硝酸ソーダ（$NaNO_3$）

硝酸ナトリウム、チリ硝石ともいわれ、南米チリで産出し、精製されたものである。溶解度、吸湿性が高く、硝酸性窒素を15.5％以上含み、また、ナトリウムを含む生理的塩基性肥料である。ナトリウムを含むため使われる作物の種類は少なく、テンサイなどに使用されている。

硝酸カリ（KNO_3）

硝酸カリウム単一の化合物であるが、窒素とカリの両方の成分を含むため肥料取締法上は複合肥料となる。塩化カリに硝酸を反応させてつくられ、硝酸性窒素13％、カリ45％程度を含み、いずれも有効成分として吸収されるため、生理的にも中性肥料である。溶解度、吸湿性は硝酸性窒素を含む肥料としては比較的小

さい。酸化力が強く,危険物として指定されるため,わが国では単独での使用は少ない。随伴イオンを含まない配合肥料原料としてテンサイや養液栽培用に使われる。

■ 腐植酸アンモニア

亜炭を硝酸で分解して生成したニトロフミン酸をアンモニアで中和したもので,アンモニア性窒素を4%以上含み,窒素の肥効とともに腐植酸の持つ保肥力やキレート作用による効果を期待する肥料である。炭カル,苛性カリ,水マグなど中和する塩基によって肥料の種類が異なり,それぞれの塩基の効果も期待される。主に野菜に使われるが,水稲や果樹などでも多く使われている。

■ IB窒素(イソブチルアルデヒド縮合尿素)

IBDUともいい,窒素全量28%以上を含む緩効性窒素肥料である。通常は31%保証である。尿素とイソブチルアルデヒドを硫酸酸性で縮合反応させたもので,単体では溶解度,吸湿性がきわめて低い。主に弱い酸などによる加水分解によって尿素となり,その後は尿素としての分解過程を経て作物に利用される。粒効果が大きく,大粒ほど肥効が遅くなり,細かく粉砕すると尿素とあまり変わらない肥効となる。芝用などでは単肥で使われるが,ほとんどが化成や配合肥料の原料となる。水稲,畑,果樹など幅広く使用される。

■ CDU尿素(アセトアルデヒド縮合尿素)

アセトアルデヒドと尿素を縮合させて製造される緩効性窒素肥料である。窒素全量が28%以上で,ほとんど水に溶けない。通常は31%保証である。加水分解型の側鎖と主に微生物分解型の環状化合物とがあり,それぞれ特有の分解過程を経て尿素,アンモニアとなる。とくに微生物分解にはさまざまな経路があり,酸化状態で分解が速く,還元状態では遅い。畑作では連用により,特定の微生物が増加し,CDU尿素の分解の促進や分解菌による耐病性の向上などがいわれる。単体よりも化成肥料原料として使われ,水稲,畑,果樹など汎用的に利用される。

■ ウラホルム窒素(ホルムアルデヒド加工尿素)

ウレアホルムともいい,ホルムアルデヒドと尿素の縮合物で,緩効性窒素肥料である。窒素全量で35%以上,通常は40%を含む。縮合程度の異なった複数の化合物の総称で,縮合が進むほど溶解度,吸湿性が低くなる。

単肥としての使用は少なく,尿素入りの化成肥料原料として吸湿性を抑えるために使われるほか,縮合度を調整し,積極的に緩効性窒素肥料として使われている。

肥効の発現は微生物分解型とされ,畑などの酸化状態で速くなる。

■ GUP尿素(リン酸グアニル尿素)

グアニル尿素はジシアンジアミドを硫酸,リン酸などの酸性下で反応させてつ

くるもので，硫酸と反応させた場合は緩効性窒素肥料の一種（硫酸グアニル尿素：GUS）となり，その最低保証は窒素全量として32％である。リン酸と反応させた場合はGUP尿素ができ，窒素とリン酸を含む複合肥料となるが，単肥としては販売されていない。畑状態での分解は遅く，水田などの還元状態で分解が促進され，寒冷地の水稲用の化成肥料原料として使用されている。

オキサミド

窒素全量を30％以上含む緩効性窒素肥料である。シュウ酸ジアミドという化合物でn-ブチルアルコールを触媒脱水してジエステル液をつくり，アンモニアと反応させる。肥効の発現には加水分解，微生物分解のどちらも影響するが，後者の影響が大きいといわれ畑での無機化は水田よりも速い。また，粒効果の大きいことがいわれている。化成肥料の原料となり，オキサミド入り化成肥料は水稲用の基肥に使われる。

被覆窒素肥料

被覆肥料のうち，窒素肥料を主成分とするものである。現在市販されている尿素を被覆したものは，シリーズ名でいうとポリオレフィン系樹脂ではLPコート，エムコート，ユーコート，アルキド系・ポリウレタン系樹脂ではセラコートR，シグマコートU，スーパーSRコート，硫黄系ではSCUなどがある。単肥として販売されるものもあるが，ほとんどが配合肥料の原料として使用される。保証は窒素全量で35～42％程度である。ほかに硫安を被覆したものや，カルシウムの供給も目的とした被覆硝酸石灰がある。これらはそれぞれ肥効速度が調節でき，作物の窒素養分の要求量に応じた組み合わせが可能である。水稲用の肥料としての利用が大半だが，野菜，果樹，花きなどにも使われている。

LP肥料

被覆窒素肥料の一つで，LP尿素，LPコートともいう。保証成分は窒素全量40～42％である。溶出パターンに施肥後直線的に溶出するリニア型と初期の溶出が抑制されるシグモイド型とがあり，後者はLPの後にSまたはSSが銘記される。また，25℃水中基準で80％溶出にかかる日数を数字で示した30，40，50，70，100，140，180，210，270などの銘柄がある。温度によって溶出速度が変わるため，地域や作型などと溶出タイプの組み合わせにより，作物に合ったさまざまな複合肥料がつくられている。水稲では全量基肥栽培など省力的で，利用効率の高い肥料として普及し，初期溶出のほとんどないLPS銘柄を使った水稲育苗箱全量施肥法など新しい活用法も開発されている。

過石（過リン酸石灰）

可溶性リン酸15％以上，水溶性リン酸13％以上を含む速効性のリン酸質肥料である。可溶性リン酸を17～17.5％保証したものが多く流通している。リン鉱

石に硫酸を加えて反応, 熟成させて, これを粉砕, 乾燥して粉状品や粒状品とする。遊離リン酸が含まれているためpHが3前後と低い酸性肥料で, 石こうが50％前後含まれる。速効性のため沖積土壌などでの肥効は速いが, 火山灰土壌のようなリン酸吸収係数の高い土壌ではアルミニウムなどに吸着されて不可給態となりやすい。単肥として野菜などに使われるが, 配合肥料や低度化成の原料としても使われる。

苦土過リン酸 過石, 重過石にカンラン岩などやドロマイトを混合, 反応させたもので, リン酸, 苦土ともにく溶性と水溶性成分を半分程度ずつ含む。保証成分はく溶性リン酸17％, 水溶性リン酸10％, く溶性苦土3〜5％, 水溶性苦土2〜3％程度が多い。流通量は少ないが, 過リン酸系に比べるとく溶性成分が多く緩効的で, pHも高く火山灰土壌での肥効が高い。また, 苦土の欠乏地帯での肥効が高く, 単肥として使われている。

▌重過リン酸石灰

重過石ともいい, 可溶性リン酸30％, 水溶性リン酸28％以上を含む速効性リン酸質肥料である。リン鉱石にリン酸あるいはリン酸と硫酸の混酸を加えて反応, 熟成したもので, pHは3程度と低く, 酸性肥料である。海外ではリン酸の含量に応じて過リン酸石灰（SSP：16〜24％）, 二重過リン酸石灰（DSP：25〜35％）, 三重過リン酸石灰（TSP：36〜46％）と呼び方を変えることがあり, 後二者が重過石の範疇に含まれる。リン酸液の割合が高いほど肥料成分が高くなり, その分石こうが少なくなる。通常34〜46％程度の保証である。また, 成分が高くなると尿素やリン安との反応がしやすくなり, 配合するときには注意が必要である。リン酸の肥効は過石とほぼ同じである。

▌熔リン（熔成リン肥）

く溶性リン酸17％, アルカリ分40％, く溶性苦土12％以上を含み, 水溶性成分を含まない緩効性リン酸肥料である。通常はく溶性リン酸20％, アルカリ分45％, く溶性苦土12％のほか可溶性ケイ酸20％程度保証される。ニッケルスラグなどとリン鉱石を混合, 電気炉または平炉（重油）で加熱, 熔融させ, 水冷させたもので, pHが10程度のアルカリ性肥料である。製品は砂状で, 非晶質ガラス状であるが, 粉砕後, 造粒された粒状品もある。水溶性リン酸を含まないことから肥効は初期にやや低いが, 長期に持続する。とくに火山灰土壌などのリン酸吸収係数の高い土壌での肥効が優れている。土壌化学性改良に使われるが, 配合肥料や化成肥料の原料にもされる。

BM熔リン 熔リンの製造工程にマンガン, ホウ素原料を添加したもので, 基本的な肥効特性は熔リンと同じである。リン酸, 苦土と同時にく溶性のマンガン, ホウ素を供給できる。一度に溶解しないため, 過剰障害を抑制しながらこれらの

肥効を長続きさせることができる。

重焼リン
　焼成リン肥にリン鉱石とリン酸液の反応品を混合，乾燥，造粒したもので，く溶性リン酸と水溶性リン酸をほぼ半分ずつ含む。ただし，重焼リンの原料の焼成リン肥はリン鉱石とソーダ灰の混合品にリン酸液を加えながら高温で乾燥したもので，く溶性34％以上を含み，水溶性を含まない。

　苦土重焼リン　重焼リンに苦土を保証したもので，代表的な銘柄はく溶性リン酸35％，水溶性リン酸16％，く溶性苦土4.5％を含む。焼成リン肥に砂岩，リン鉱石，リン酸液などを加えて製造する。pHは6.0～6.5。く溶性と水溶性の両方を含むため，肥効上の双方の欠点を補うことができる。また，原料中のケイ酸がゲル化し，有効に働くとされる。土壌化学性の改良や畑などでのリン酸や苦土の補給，粒状配合肥料（BB肥料）の原料などに使用される。

　BM苦土重焼リン　苦土重焼リンと製法や基本的性質は変わらない。く溶性のマンガンとホウ素を含有させたもので，野菜などでとくに欠乏障害の出やすい作物を中心に使われる。

熔過リン
　肥料取締法上は混合リン肥に含まれ，熔成リン肥と過石（または重過石）を混合したものである。pHが中性付近で一部に水溶性のリン酸一石灰から難溶性のリン酸二石灰に変わるリン酸の還元（もどり）が見られる。く溶性と水溶性を組み合わせたもので，く溶性リン酸17～20％，水溶性リン酸5～8％，く溶性苦土3～8％程度の保証である。石灰，ケイ酸も含む。流通量は少ないが，水稲，畑作などで広く使われる。

腐植リン
　亜炭を硝酸で分解してニトロフミン酸に熔成リン肥と少量のリン酸液を加え，混合，反応させ，造粒，乾燥したものである。く溶性リン酸15％，水溶性リン酸2％，く溶性苦土8％を保証する。腐植酸を35％程度含みそのキレート作用によりリン酸の土壌吸着を抑制し，作物の吸収効率を向上させる効果がある。水稲，ムギ，野菜，果樹などで使用されている。

塩加（塩化カリ：KCl）
　水溶性カリを50％以上含む速効性のカリ質肥料であり，通常は60％程度保証される。塩化カリを含む鉱石を浮遊選鉱法で精製したり，一度溶解，冷却させて沈澱させる再結晶法などでつくられる。随伴イオンとして塩素を含む生理的酸性肥料である。塩安よりも塩素の含有率が少ないが，水に溶けやすく濃度障害などの原因になりやすい。粒状品はイグサなどで単肥での使用があるが，主に化成肥料や配合肥料の原料として使われる。水稲やムギ，露地野菜など湛水や降雨によ

り土壌中に塩素が蓄積しにくい作物に使われる。

■ 硫加（硫酸カリ：K_2SO_4）

水溶性カリを45％以上含む速効性のカリ質肥料であり、通常は50％程度保証される。塩化カリに硫酸を加えてつくる変性法と硫酸カリ苦土に塩化カリを加えてつくる複分解法とがある。施肥後、随伴イオンである硫酸根が残る生理的酸性肥料であるが、土壌中でカルシウムと反応して石こうとなるため濃度障害は受けにくい。単肥よりも化成肥料や配合肥料の原料になり、野菜とくに施設野菜や花き、果樹などに多く使われる。

■ 硫酸苦土カリ

硫酸カリ苦土ともいい、代表的なものにサルポマグがある。水溶性カリ16％、水溶性苦土8％以上を含む速効性の肥料であり、通常は水溶性カリ22％、水溶性苦土18％程度が保証される。鉱石として存在するものは溶解速度の違いを利用して精製するが、複分解による製法もある。テンサイなどの畑作物に単肥あるいは配合肥料の原料として使用される。

■ 腐植酸カリ

亜炭を硝酸で分解して生成したニトロフミン酸に塩基性のカリを加え、反応させたもので、水溶性カリを10％以上含む速効性カリ肥料である。土壌中でのカリの吸着、固定を腐植酸のキレート作用で抑制して利用率を上げるとされる。近年の生産量はわずかであるが、各種の作物で使用されている。

■ ケイ酸カリ

く溶性カリ20％、可溶性ケイ酸25％、く溶性苦土3％以上を含む緩効性のカリ肥料である。ホウ素も0.05％保証される。石炭燃焼灰と苛性カリ、水マグなどを混合、造粒し、燃焼したものでpHが11前後と高い。カリの肥効の継続性が期待できかつ、ケイ酸の肥効は水稲の中間追肥で、窒素の過剰吸収抑制、品質向上、病害抵抗性の向上などが期待される。ケイ酸カリウムが主成分であり、環境負荷の原因となる成分が少ないことから施設栽培などでの使用も期待される。

■ 灰　類

有機物を焼いたもので、有機物の種類や焼却の温度により成分が異なる。窒素、炭素、水分はほとんど揮散し、リン酸、カリ、カルシウム、マグネシウムなどの無機物のみが残る。多くは酸化物や炭酸塩、硫酸塩として残り、く溶性成分を含みpHも高い。草木や稲わらを焼いたものはカリやカルシウムが10％程度と高く、鶏ふん燃焼灰はリン酸が15〜20％程度と高く、ヤシ殻を焼いたものはとくにカリが高い。pHのきょう正や無機肥料分の供給に野菜の育苗用土の調整や本畑などで使われている。

水マグ（水酸化マグネシウム：$Mg(OH)_2$）

く溶性マグネシウムを50％以上含む肥料で水酸化物のためpHがきわめて高い。通常は55％程度が保証される。海水から食塩をとった後の苦汁に石灰乳を加え、沈澱させ乾燥したものである。単肥としてよりも化成肥料や苦土入りの消石灰などの原料に用いられることが多い。

硫マグ（硫酸苦土：$MgSO_4 \cdot nH_2O$）

水溶性マグネシウムを11％以上含む速効性苦土肥料である。苦汁を冷却して結晶させたものや、国外でカリ鉱脈中に含まれているものを精製したものである。単肥のほか、液肥や葉面散布用として溶かして使用される。ただし、結晶水に六水塩と一水塩があり、溶解速度が異なる。カンラン岩などを硫酸分解したものは不純物が多く溶けにくいため、溶かさずに直接単肥として水稲や野菜、果樹などに使われる。

熔成ホウ素肥料

く溶性ホウ素15％、く溶性マグネシウムを10％以上含む緩効性のホウ素肥料である。ホウ酸塩、水マグ、ケイ石、ソーダ灰などを混合して製造され、非晶質ガラス状で水溶性成分を含まない。効果が長く、過剰障害を起こしにくいが、単肥としてよりも配合肥料などの原料として使われる。

FTE

熔成微量要素複合肥料で、く溶性マンガン19％、く溶性ホウ素9％を含むものが多く流通する。マンガン鉱、ホウ砂などを混合し、高熱で熔融、水冷したもので、ガラス状の非晶質である。砂粒状のため粉砕し、顆粒状にして流通する。く溶性だけの保証で、肥効がゆるやかなため欠乏しやすい野菜や果樹などの基肥として用いるが、配合肥料などの原料として使われることが多い。

肥料の性質

無硫酸根肥料・硫酸根肥料

副成分として硫酸根を含んでいない肥料が無硫酸根肥料で、窒素肥料では尿素、塩安、硝安、石灰窒素など、リン酸肥料では熔成リン肥、焼成リン肥など、カリ肥料では塩化カリなどがこれに相当する。副成分として塩素を含むもの、石灰を含むものなどがあるので、作物、土壌条件によって選択するのが望ましい。これに対し、硫安、硫酸カリ、過リン酸石灰など硫酸根を含む肥料を硫酸根肥料という。近年、土壌がアルカリ化に傾く施設栽培などで見直されている。

酸性肥料

　水溶液が酸性を呈する肥料のことをいう。酸性塩のリン酸アンモニウム、強酸と弱塩基の塩であるグアニル尿素、遊離酸を有する過リン酸石灰や重過リン酸石灰などがこれにあたる。土壌に施用された後、植物に吸収されずに残る副成分などによって、酸性化したりアルカリ性化するものがある。そのため、すべての酸性肥料が土壌を酸性化させるわけではない。

中性肥料

　化学的に中性の肥料をいう。ただし硫安、塩安は化学的には中性であるが、施肥後、植物によってアンモニアが吸収されると、硫酸や塩酸が土壌中に残って酸性化する。硝酸石灰や硝酸ソーダ（チリ硝石）は化学的には中性肥料であるが、石灰やナトリウムが残って土壌をアルカリ化する。一方、尿素や硝安は中性肥料で、施肥後も土壌を酸性あるいはアルカリ性にしない。

アルカリ性肥料（塩基性肥料）

　生石灰、消石灰、炭酸カルシウム、貝化石肥料、副産石灰肥料、混合石灰肥料、石灰窒素、熔成リン肥、ケイカルなどのアルカリ性を示す肥料。可溶性石灰、可溶性苦土の合計量を酸化カルシウムに換算して、アルカリ度またはアルカリ分（％）として表示している。アンモニアを含む肥料を同時施用する場合は混合するとアンモニアが揮散するので、施肥後すみやかに土壌と混合する。

生理的酸性肥料

　化学的には中性であるが、植物に肥料成分が吸収された後に酸性の副成分が残るような肥料。このような肥料には、硫安、塩安、硫酸カリ、塩化カリなどがある。これらの肥料が土壌を酸性にするのは、アンモニアやカリが作物に吸収された後、土壌中に酸性物質である硫酸イオン（SO_4^{2-}）や塩素イオン（Cl^-）を残すからである。これらの肥料を連用したり、多量に施用した後は石灰質資材によって土壌の酸性をきょう正する必要がある。

生理的中性肥料

　植物に肥料成分が吸収された後、土壌に酸性あるいはアルカリ性になる副成分を残さない肥料。尿素、硝安、リン安、過リン酸石灰などがこれに相当する。これらは連用しても、土壌の酸度に影響しない。しかし、窒素質肥料の場合、生理的中性肥料といえども過剰に施用すると、作物に吸収されないで残る硝酸が土壌を酸性化することもある。

生理的アルカリ性肥料

　植物に肥料成分が吸収された後、土壌がアルカリ性に傾くような副成分を残す肥料。石灰窒素、熔成リン肥、硝酸ソーダなどがこれに相当する。石灰窒素、熔成リン肥は石灰を含んでいるので、酸性土壌を改良する効果が高い。

アルカリ度

肥料中に含まれる可溶性石灰（0.5Mの塩酸溶液に溶ける石灰）量あるいは可溶性石灰と可溶性苦土（0.5Mの塩酸溶液に溶ける苦土）を酸化カルシウムに換算した量の合計のことで、石灰質肥料の土壌酸度きょう正力を示す。石灰質肥料の最低保証成分は生石灰で80%、消石灰60%、炭酸カルシウム50%、貝化石肥料、副産石灰肥料、混合石灰肥料でいずれも35%となっている。

加水分解

化合物が水の化学的作用によって分解する現象。たとえば、緩効性窒素肥料であるIB（イソブチリデン2尿素）は土壌中で加水分解され、徐々にイソブチルアセトアルデヒドと尿素に変わる。

イソブチリデン2尿素　　　水　イソブチルアセトアルデヒド　尿素

$$\begin{matrix}CH_3\\CH_3\end{matrix}\!\!>\!\!CH\text{-}CH\!\!<\!\!\begin{matrix}NHCONH_2\\NHCONH_2\end{matrix} + H_2O \rightarrow \begin{matrix}CH_3\\CH_3\end{matrix}\!\!>\!\!CH\text{-}CHO + \begin{matrix}NH_2CONH_2\\NH_2CONH_2\end{matrix}$$

吸湿性

空気中の水分（水蒸気）を吸着する性質。硝安や尿素などはとくにこの性質が強く、放っておくとべとべとになるので、粒状にして表面積を小さくして吸湿を防いでいる。吸湿性の強い肥料は空気と遮断する必要があり、使用後の残った肥料は袋の口をしっかり閉じておくことが重要である。

潮解性

吸湿性の強い肥料が多量の水分を吸着して、水に溶けたようにどろどろになる性質。硝安、硝酸石灰、硝酸ソーダ（チリ硝石）など、硝酸系の肥料は潮解性がとくに強いので、使用後の残った肥料を保存するときは袋の口をしっかり密閉する必要がある。

有機質肥料

有機質肥料

動物質肥料、植物質肥料、自給有機質肥料、有機性廃棄物肥料に由来する肥料を総称して有機質肥料という。動物質肥料は魚類、獣類に由来する肥料で、魚かす、骨粉などがある。植物質肥料には、ナタネ、ダイズ、綿実、そのほかの植物種子から搾油したかすと食品、醸造かすなどがある。自給有機質肥料は堆肥、緑肥、家畜ふん類、草木灰など、農家が原料を自給し、自らつくる肥料である。有機性廃棄物に由来する肥料には、乾燥菌体肥料、し尿処理汚泥、下水処理汚泥、下水汚泥、鶏ふんなどを乾燥加工したもの（汚泥肥料、加工家きんふん肥料）、

ミミズふんなど有機性廃棄物を工業的に処理したものがある。有機質肥料の肥効種類によって速効性から遅効性まで各種のものがあり，同時に土壌の物理性改善効果なども期待できる。しかし，養分的にアンバランスなものや分解過程で植物に悪影響を及ぼすものもあるため，施用法に注意する必要がある。

動物質肥料

　主に魚類や獣類に由来する肥料で，魚かす，骨粉などがあり，古くから代表的な肥料として利用されてきた。ふん尿は除かれる。動物処理場などから排出される内蔵を集めたもので，窒素やリン酸を主成分とするが，その組成は不均一である。

魚かす

　海獣や甲殻類を除く海産動物肥料で，魚かすが代表的なものである。魚かすは原料によってその成分が大きく異なる。一般的には，乾魚，シメかす，荒かすの3種に大別される。魚かす粉末は骨を多く含み，リン酸を多く含有する。リン酸の利用率は，過リン酸石灰に比べ高い。窒素は分解しやすく，速効性であるため追肥にも使用できる。カリはほとんど含まない。魚かす類は通常は乾燥して肥料とするが，煮沸して油分を除き乾燥するものもある。

骨　粉

　と畜場あるいは肉加工場から出る肉くずのうち，骨が多く混入したものを乾燥して粉砕した肉骨粉，骨を蒸気圧のもとでゆっくりと処理し，タンパク質（肉）や脂肪の大部分を取り除いてから圧搾し，乾燥して粉砕された蒸製骨粉の2種類がある。肉骨粉は窒素とリン酸，蒸製骨粉はリン酸の肥効が主で，リン酸の60〜70％がく溶性のため遅効性である。窒素が3〜4％，リン酸17〜24％を含むが，動物の種類と殺年齢によって差が生じる。一般的に若齢動物，小動物のリン酸含量は低い。果樹栽培，施設栽培によく使われている。

肉かす

　食肉加工場では，主として豚の皮を皮革原料とするために皮から肉質，脂肪質の部分をそぎ取り，これからラードをとり，さらに圧搾法によって残った脂肪を採取する。こうして残る塊状のかす（玉締め）が肉かすで，毛が一部混入することもある。これを粉砕すると，普通肥料の肉かす粉末になる。窒素はおおむね8％と高いものが多く，若干含まれるリン酸は材料により異なり，カリはごくわずかである。

植物質肥料

　植物を材料とするもので，ナタネ，ダイズ，そのほかの植物の種子などから搾油したかす（油かす）と食品，醸造などの製造かすがある。大きく区分するとわら類，緑肥，各種油かす，木炭などで，油かす以外は肥効が非常に緩慢である。

肥料成分は，窒素を主成分とし，少量のリン酸とカリを含有するものが多い。

■ 米ぬか

米ぬかは玄米から約8％発生する。10％程度のタンパク質以外に20％弱の脂質を含む。脂質を除いたものは米ぬか油かすであり，普通肥料となる。米ぬかは常温では脂質分解酵素により分解を受けやすく，遊離脂肪酸に変質する。特殊肥料として販売するためには乾燥させる必要がある。また，脂質を多く含むため炭素率がやや高く，その分解は油かすなどの有機質肥料のなかではゆるやかである。したがって，作物の播種あるいは定植は施用2週間～1カ月後に行なう。水田では表面施用により除草効果が期待でき，堆肥では分解促進材として活用されている。

■ 油かす類

種実から油脂を分離した残りで，窒素分が多いのが特徴である。ダイズ油かす，ナタネ油かす，綿実油かす，ラッカセイ油かす，あまに油かす，ゴマ油かす，ヒマシ油かす，米ぬか油かす，トウモロコシはい芽油かすなどの種類がある。日本では以前，原料としてダイズかすが多く使われたが，現在，ダイズかすは飼料，工業原料としての用途が多く，肥料用にはナタネ油かすの生産が最も多い。ナタネ油かすの窒素は化学肥料に比べると遅効性で，リン酸，カリ含量は低い。また，油かす類は施用直後に作物に障害を及ぼすことがあるので，農耕地に施用後2週間以上経過して栽培するとよい。

■ 乾燥菌体肥料

培養によって得られる菌体あるいはこの菌体から脂質もしくは核酸を抽出したかすを乾燥したものや，食品工業，パルプ工業，発酵工業，ゼラチン工業の排水を活性汚泥法で浄化したときに生じる菌体を乾燥したものがある。窒素が主体で，公定規格では窒素全量を保証するものは5.5％，窒素のほかリン酸またはカリを保証する場合は4.0％のほか，リン酸，カリ1.0％で有害成分として窒素含量1.0％につきカドミウム0.8mg/kg以下となっている。窒素肥効の発現は油かすに類似している。

■ 加工家きんふん肥料

鶏，うずらなどの家きんのふんを密閉縦型発酵装置などにより迅速乾燥させたもの。また，硫酸などを混合して火力乾燥したもの，加圧蒸煮したのち乾燥したもの，熱風乾燥し粉砕したものなどをいう。窒素，リン酸が2.5％以上，カリが1.0％以上で普通肥料に属する。肥効は速効的で硫安に相当するようなものや，緩慢でハウス内で施用してもガス発生がほとんどないものもある。

■ ミミズふん肥料

ミミズは1日に体重と同量の餌を必要とし，半量のふんを出す。ミミズふんは

腐熟の進んだ有機物の団粒で，土壌の理化学性を改良する効果があるが，土量の30〜50％程度施用しないと実用的な効果は現われにくい。育苗用土や鉢物の用土に適している。ツリミミズ科のシマミミズを用いて有機物を分解するミミズ堆肥とは異なるものである。

汚泥肥料

　工場，事業所から排出される排水，下水道終末処理場における下水，し尿，家畜排せつ物などのばっ気処理，発酵処理によって得られる汚泥およびその処理物をいう。肥料取締法では，下水汚泥肥料の区分で，し尿汚泥肥料，工業汚泥肥料，混合汚泥肥料，焼成汚泥肥料，汚泥発酵肥料，普通肥料として指定されている。これにともない，重金属については含有を許される最大値として，ヒ素，カドミウム，水銀，ニッケル，クロム，鉛それぞれの含有量を50mg/kg，5mg/kg，3mg/kg，300mg/kg，500mg/kg，100mg/kgと定められている。原料として汚泥を使用した場合にはその量のいかんを問わず，普通肥料としての登録が必要である。下水汚泥肥料は，脱水過程で使用される凝集剤の違いにより石灰系と高分子系に分けられる。前者は施用後土壌pHを高める，後者は低下させるおそれがある。し尿汚泥は処理が多岐にわたり汚泥の肥料成分に違いが出る。工業汚泥肥料のうち食品製造業から排出される汚泥は窒素が高いが粘着性があるなどの特性も持つ。汚泥発酵肥料は下水，し尿，工業汚泥を堆肥化処理した製品が多い。

有機質資材

堆肥化資材

　堆肥やきゅう肥類のように堆肥化した資材という意味で使われることもあるが，本来は堆肥を製造するための原料（資材）を表わす。

　堆肥の原料として使用される有機物は時代とともに増加する傾向にあり，家畜ふん尿，稲わらなどの作物収穫残渣，バークや剪定くずなど木質くず，汚泥類，生ごみと呼ばれる厨芥類，食肉や魚の加工残渣，発酵菌体，そのほか有機性廃棄物など多岐にわたっている。それぞれの資材により理化学的な性質が異なるため，「C/N比の高い木質＋C/N比の低い家畜ふん尿」のように，性質の異なる複数の資材の組み合わせによる堆肥化が行なわれている。

堆肥（コンポスト）

　稲わらなどの収穫残渣，樹皮（バーク）などの木質，家畜ふん尿などの有機質資材を堆積し，好気的発酵により，土壌施用後農作物に障害を与えなくなるまで腐熟させたものをいう。土壌改良や地力維持を目的として使用される。単に「有

機物」と呼ばれることもある。狭義には、わら類などの植物質資材を堆積発酵したものを「堆肥」、家畜ふん尿を堆積発酵したものを「きゅう肥」、農業系以外の有機性廃棄物（未利用資源）を堆積発酵したものを「コンポスト」とすることもある。しかし、単独原料だけで堆肥化することは少なく、家畜ふんにわらやおがくずを混合するように複合化して堆肥化するため、「堆肥」と総称することが適切である。単独原料による堆肥は「牛ふん堆肥」のように原料名を、複合原料による堆肥は、「おがくず混合牛ふん堆肥」のように、副原料と主原料を併記して表現する。

堆きゅう肥

従来、堆肥、きゅう肥といわれたものが、一般的には堆きゅう肥として総称されている。家畜ふん尿単独、または家畜ふん尿にわら類などの敷料が混合したものを堆積発酵したものをいう。かつては、稲わらなど植物残渣を堆積発酵した堆肥と区分するために使われていたが、堆肥と総称されることが多い。[→堆肥を参照]

わら堆肥

イネ、ムギのわら類は古くから堆肥原料として使われてきた。現在では、イネ、ムギともに大部分が農地へのすき込みによる直接還元が行なわれ、堆肥化されることが少なくなった。稲わら主体堆肥は、C/N比20〜25程度であり、わずかに肥料効果があるに過ぎない。したがって、さまざまな栽培に利用することができるが、成分的にはカリがやや多いため、連用には注意が必要である。堆肥化を促進するためには、オオムギがC/N比100、コムギ130と稲わらよりも高いため、窒素源を添加し、C/N比を30程度に調整する必要がある。

牛ふん堆肥

ほかの家畜排せつ物堆肥と比較すると、窒素成分が低く、土壌中における分解が遅い。副資材を多量に添加することなく、牛ふん主体に堆積発酵したものは、適度な肥料効果を示し、どんな作物にでも使用できる。水分調整のためにおがくずなどの木くずを混合し、堆積したものは養分含量が低下し、C/N比が20以上と高くなるので、窒素の効果はほとんど期待できないため、土づくり堆肥として使う。牛ふん堆肥でも最近では飼養環境がフリーストール牛舎が多くなり、ふんと尿を同時に処理するためカリ含量が高くなるので、施用量などに注意する必要がある。

豚ぷん堆肥

牛ふん堆肥に比べると各肥料成分が多く、バランスのとれた有機質資材である。土壌に施用した場合、牛ふんより分解が速いが鶏ふんより遅く、これらの中間的な性質を示し、肥料的効果と土壌有機物としての効果の両面が期待できる。副資

材を多量に添加することなく、豚ぷん主体に密閉縦型発酵装置により生産されたものや、堆積発酵したものは、窒素やリン酸が多く、C/N比が低いため肥料効果に注意しながら使う必要がある。過剰施用により作物が不良になることもある。とくに密閉縦型発酵装置でつくられたものは肥料効果が高いが、土壌施用後に窒素が有機化するものや還元障害を起こすものがある。

鶏ふん堆肥

牛ふん堆肥、豚ぷん堆肥に比べると速効性である。易分解性の窒素が多いために、そのまま放置しても発熱する。肥料的価値は主に窒素にある。窒素肥効は残存する尿酸態窒素量により決定される。リン酸も多量に含まれるが、水溶性のものは少ない。最近では、飼料へのフィターゼ添加により、リン酸含有量が低下傾向にある。採卵鶏ふんはブロイラー鶏ふんに比べると窒素、リン酸、カリ、とくに石灰含量が高いのが特徴である。一般的に流通する発酵鶏ふんは主に採卵鶏のものが多い。

馬ふん堆肥

馬は牛と違って咀嚼（そしゃく）が荒いため有機物が分解しきらない状態でふんが排せつされる。この馬ふんを厩舎から排出される敷料と堆肥化する。敷料は、稲わらやモミ殻が使用される。馬ふん堆肥は牛ふん堆肥に比べて、窒素、リン酸、カリ、石灰、苦土などの養分が低く、C/N比が高いので、土づくり的な資材として適している。競馬関係者は馬ふんを「ボロ」という。堆肥として使用されるほか、マッシュルーム培地・カブトムシ幼虫の寝床としての利用もある。

速成堆肥

稲わらや麦わらなどはC/N比が高いため、そのまま堆積すると、堆肥化に4〜6カ月を必要とするが、アルカリ効果と窒素添加による炭素率の低下を行なう方法により、2〜3カ月で堆肥化する方法をいう。わら類に石灰乳（消石灰に約20倍の水を加えたもの）を積み込むときにかけ、2週間ほど堆積し、アルカリ効果によりヘミセルロースを分解する。その後、窒素源として硫安を添加しながら切り返し、堆積発酵する方法である。窒素源として石灰窒素を使用する方法もあり、この方法では石灰乳の混合を必要としない。

木質混合堆肥

牛ふんや豚ぷん、鶏ふんにおがくずやチップを加えて、発酵処理した堆肥のこと。適切な大きさの木質物を混ぜることにより、水分調節がされたり通気がよくなるため、ふんの腐熟化は促進される。おがくずなどは、堆肥化の際の脱臭効果にも優れている。しかし、このような長所を持つ反面、いくつかの問題点も見られる。C/N比や難分解性有機物含量が高く、タンニンやフェノール性酸などの作物に影響を及ぼす物質が含まれる。一般に、針葉樹より広葉樹のほうが作物に

対する障害は少なく，腐りにくい木材ほどC/N比が高く，有害物質の含量が高い傾向にある。木材の種類や家畜の種類，堆積期間，堆積方法，混合割合などにより堆肥の成分や特性は異なってくる。木質物の割合が高かったり，発酵期間の短い堆肥を多量に施用すると，植物によっては窒素飢餓を起こすこともある。高温をともなう好気性発酵を長期間行なったものほど有害成分が少なく，窒素飢餓も出にくい。利用にあたってはよく腐熟したものを選定し，適正施用する必要がある。良好な堆肥では，土壌物理性などの改良効果の高いことが認められている。

■ バーク堆肥

堆肥原料のバークは，国内外の広葉樹や針葉樹などの樹皮が用いられているが，アメリカ産のヘムロック（米ツガ）が最も多い。

樹皮に鶏ふんや尿素などの窒素源を添加して長期間堆積発酵させる。樹種や樹皮のカットの仕方，添加肥料の種類と量，堆積期間などにより，性質は著しく異なる。堆肥やマルチの資材として普通畑や樹木植栽地，あるいは育苗用土，芝の目土などに利用される。全国バーク堆肥工業界が製品の品質基準を定めているので，用途などを考慮しながら規格に合ったものを使用することが望ましい。バーク堆肥は，軽く通気性がよく，多孔質で保水性がよいが，肥料的効果は期待できない。これは，窒素成分が少ないためにC/N比が40以上と高く，土壌中で分解するのに3～5年を必要とするためである。

バーク堆肥の品質基準

項目	範囲
有機物含量	70%以上
全窒素含量(N)	1.2%以上
全リン酸含量(P_2O_5)	0.5%以上
全カリ含量(K_2O)	0.3%以上
炭素率(C/N比)	35以下
pH (H_2O)	5.5～7.5
陽イオン交換容量(CEC)	70meq/100g以上
含水率(水分)	60±5%
幼植物試験	異常を認めない

注1) 各成分含量および陽イオン交換容量は乾物当たり
注2) 有機物含有率は炭素含有率を求めて1.724倍するか，強熱減量を用いる。現物当たりの含有率は28%以上
注3) 全窒素含有率は硝酸性窒素を含む
注4) 含水率は有姿(現物)
注5) 幼植物試験はコマツナ法（肥料取締法の植害試験に準ずる）

■ 剪定くず堆肥

街路樹や公園から剪定くずが排出され，一部は有効利用されているが焼却されているものも多い。剪定くずは樹種によっては，作物根に有害なフェノール類を含むため注意が必要である。フェノール類は一般に針葉樹が多く，広葉樹はクリやサクラが多い。最低でも半年以上の堆積を行なう必要がある。堆肥としてはC/N比が高く，肥料的効果はほとんど期待できないため，物理性改良を目的とした土づくり堆肥として使う。家畜ふん堆肥と混合して使うとよい。

生ごみ類

　生ごみの成分は，その日の食べ物により大きな違いがあるが，乾燥した生ごみの肥料成分は，一般的な堆肥の原料である牛ふん以上の肥料成分が含まれている。

　家庭から排出される生ごみは石灰が多いが，これは卵の殻や骨が多く混合するためである。また，塩の影響が心配されるが，ナトリウムや有害重金属含量もそれほど多くない。事業系の生ごみは肥料成分に富む。業種別には残飯の多いホテルやレストランごみは窒素＞リン酸＞カリであるが，スーパーや市場ごみは野菜くずが多くなるためカリ含量が高い傾向にある。生ごみ堆肥は，堆肥というより有機質肥料としての性格が強いため，その性質を理解して使用することが必要である。

食品かす

　おから（豆腐かす），コーヒーかす，チャかす，果汁かすなどがある。おからは含水率が高く，容易に腐敗するためただちに堆肥化あるいは乾燥させる。タンパク質が多く窒素が高いため，C/N比の高い素材と組み合わせる。コーヒーかすは，弱酸性であり，窒素が低い。C/N比は25程度あるが，コーヒーかすの窒素は微生物には利用されにくい形態であるため，そのまま土壌施用しても窒素飢餓の原因となる。堆肥化素材としては多孔質の形状をしているため水分を吸収することができ，副資材としては優れている。チャかすは，窒素が高く，C/N比は12程度である。果汁かすは原料により成分が異なる。

メタン発酵消化液

　有機性廃棄物を発酵させメタンを生成した後に残留する消化液をメタン発酵消化液という。消化液は窒素，リン酸，カリなどを含有しているので，液肥として利用することができる。しかし消化液は，ふん尿に含まれている窒素やリン酸がほぼそのままの量で残っているものの，肥料成分としては薄い。有機物が分解されることで，スラリーよりも流動性があり，速効性の高い良質の液肥なので，農地還元に適している。悪臭は，スラリーよりは少ないものの，土中に注入するインジェクターを使って散布するなどの対処が必要である。湛水した水田の施肥に利用する場合は，水口から流し込むため，臭気もほとんど問題にならない。消化液は，堆肥と違い窒素の速効性が高く，ほとんど後効きしないので，化学肥料と同様に基肥だけでなく追肥にも使える。

炭化物

　炭化物は山の樹木を伐採してそのまま炭にしたものと，木材加工場，チップ工場などから排出される廃材（ノコくず，樹皮くず，製材くず，チップダストなど）を炭にしたものと大きく2種類に分かれる。炭を土壌に施すとAM菌などの微生物のすみかを増やし，微生物相の改善，AM菌の増殖によるリン酸吸収の工場な

どの効果が期待できる。一方，脱臭効果，水の浄化などにも利用されている。最近では，動物の排せつ物をはじめ，さまざまな種類のバイオマス廃棄物が炭化され，炭化物として循環利用されるようになった。

▌木酢液

　木材を乾留した際に生じる液体のこと。主に炭焼き時に得られる副産物で，ほとんどが水分であるが，木材由来の有機酸，フェノール，タールなどが含まれるためpHは2～3程度の強酸性を示す。強い殺菌作用を示すことから，近年，木酢の農業への利用が多く見られ，生育促進，病害虫防除，土壌改良の目的で施用散布されることが多い。その独特の臭気から，堆肥に散布して堆肥の臭気を緩和する目的で使われる例もある。一方で，製法や樹種によってはフェノール，ホルムアルデヒド，キシレンといった人体へ影響のある物質が含まれる場合もあり，特定農薬への指定は見送られた。

▌泥炭・草炭加工物

　泥炭あるいは草炭に石灰を加え，加熱，加圧したものを原料に使用している。これは腐植酸やリグニンが塩基と結合した形になっており，ピートモスより堆肥に近い資材といえる。土壌の膨軟化と保水性改善効果があることから，政令指定土壌改良資材（泥炭）となっている。アルカリ効果も高いので，痩せ地や酸性土壌で効果が高い。ハイフミン，リブミンなどの銘柄がある。

▌ペレット堆肥（成型堆肥）

　堆肥を乾燥成型して使いやすい形状にしたもの。成型機には乾式のディスクペレッターと湿式のエクストルダーの2方式がある。機械施肥などを目的にしたものが多く，直径，長さは必ずしも一定でない。加熱・乾燥処理を施すことで，堆肥の容積が減少し，保管容量の減少や運搬コスト低減に寄与する。同一成分量で従来の堆肥と比較した場合，ペレット堆肥は加圧して成分が凝縮されているため，施肥労力を軽減できる。さらに，粉じんや悪臭を発生しないため，作業が容易になる。また，C/N比の低い堆肥などでは，分解がゆっくり進行するため窒素飢餓が起こりにくくなる。

▌成分調整堆肥

　通常の堆肥施用と同様に，成型堆肥の施用量も窒素，リン酸，カリの各成分含有化学肥料換算量にもとづき，窒素，リン酸，カリのどれか一成分が施肥量に達する量で成型堆肥の施用量を決定する。不足分は化学肥料で補うか，成分調整の段階で油かすや骨粉などとの混合を行ない成分バランスを調整する。三要素の組成を調整し，耕種農家の保有する石灰散布機などで機械散布できるようにペレット状に成型した家畜ふん堆肥を「成分調整成型堆肥」という。

■ 融合堆肥

　単一素材でも堆肥または土壌改良材として利用できる有機質または無機質資材を複数組み合わせて堆肥化し，単一素材より優れた土壌改良効果または肥料効果を発揮するようになった高品質堆肥（コンポスト）を融合堆肥という。水分調整や通気性改善に用いたモミ殻や木くずを副原料にした堆肥は融合堆肥とは呼ばないが，稲わらのように単一でも堆肥化できる資材や，ゼオライトのような土壌改良資材を利用した場合には融合堆肥の範疇となる。ただし，肥料成分を調整するために化学肥料を堆肥に混合することは，現在の肥料取締法では禁止されている。

■ ボカシ肥

　土に鶏ふん，油かす，米ぬか，魚かす，くん炭などの有機物，過リン酸石灰などの肥料を積み重ねて発酵させたもの。肥料的な効果と発酵によって増殖した微生物の作用で根の活性を増加させる。通常は粘土含量の少ない土を50％程度混ぜて，数種の有機物を積み重ねて数カ月程度堆積する。発酵が進んでいるため，無機性窒素量も多く，施用後の急激な分解がないのでガス被害なども軽減され，農作物の植え傷みも少ない。悪臭がないため取り扱いやすい。ボカシ肥は肥料として施用されるとともに，効率的吸収と根圏微生物改善効果をねらって，株元に施用する例が多い。

土壌改良資材

■ 土壌改良資材

　農耕地は人間が農業生産を営むための土壌である。農業生産に適さない土壌を改良することを土壌改良といい，そのときに用いられるものが土壌改良資材である。土壌改良資材には政令指定されている12種類の土壌改良資材のほか，多種多様な機能のものがある。土壌改良資材は，土壌の物理性や化学性，生物性を改善し，土壌の地力や作物生産性を高める目的で土壌に施すもので，動植物質と鉱物質，合成物に大別される。多くの種類があり，なかには性質や効果がはっきりしないものもある。リン酸質肥料や石灰質肥料，ケイ酸質肥料など土壌改良機能を持つものは肥料であっても，土壌改良材として扱われる。これに対し堆肥や緑肥など天然有機物の土壌改良効果は高いが，土壌改良材からは除外して考えることが多い。

■ 有機物系・動植物土壌改良資材

　原材料が動物や植物に由来する土壌改良資材のこと。動物質としては，貝化石，カキやホタテ貝殻粉末，カニ殻などがあり，酸性改良や塩基分補給，微量要素補

給，土壌微生物性の改良が主である。植物質には泥炭，ピートやピートモス，腐葉土，木炭，草炭加工物，腐植酸質資材などがあり，有機分や繊維分が多く，改良効果は土壌物理性，化学性，生物性全般にわたっている。微生物資材を動植物質のなかに入れることもある。[→**土壌改良資材**を参照]

無機物系・鉱物質土壌改良資材

原料としての天然鉱物などを高温で処理，または粉砕などの処理をした鉱物に由来する土壌改良資材のこと。珪藻土焼成粒，ゼオライト，バーミキュライト，パーライト，ベントナイトなどがある。改良効果は土壌の保水性や透水性などの土壌物理性や保肥力などの化学性が期待できる。

合成高分子系土壌改良資材

ポリエチレンイミン系やポリビニルアルコール系などの合成高分子化合物の土壌改良資材のこと。化学工業が発達したことにより生み出されたものであるが，土壌粒子どうしの結合，土壌粒子の凝集，土壌粒子の表面を疎水化するなど土壌物理性の改善に限定される。改良効果は土壌の通気性，透水性の改善や土壌の団粒化促進など土壌物理性に期待できる。

腐植酸質資材

腐植酸を通常70％以上含み，陽イオン交換容量（CEC）が大きいことから主たる効果は保肥力の改善である。土壌中への浸透が早く，土壌となじみやすい。プラスの電荷を持つアンモニアやカルシウム，マグネシウム，カリウムなどを吸着する能力が高く，また酸化物や塩類濃度障害を和らげるなど土壌の緩衝能を増大させる。褐炭や亜炭を硝酸や硫酸で分解したのち，中和してつくるもので，中和に用いる石灰やカリウムの肥料効果もある。施用に際しては全面に施用するより，根圏に局所施用すると効果が出やすい。

ニトロフミン酸

石炭や褐炭，亜炭を硝酸や硫酸を用いて分解したときにできるもの。これをカルシウム化合物やマグネシウム化合物などで中和し，造粒・乾燥してつくったものが腐植酸質資材である。

貝殻粉末

カキ殻やホタテ貝殻などの貝殻類を粉砕したもので，土壌の酸性改良に用いられる。主成分は炭酸カルシウムでアルカリ分は約50％あるが，少量の肉片が付着しているので，窒素やリン酸が少量（約0.1％）含まれている。有機石灰と呼ばれることもある。

貝化石

海中の貝殻や珊瑚，珪藻類が堆積し化石化したものを粉末にした酸性改良資材。アルカリ分を35％以上含んでおり，カルシウム以外にマグネシウムなどのミネ

ラル分を含む。形状は微細な多孔質構造をしているが,品質は産地により異なる。

■ カニ殻

　甲殻類のカニやシャコ,エビなどの殻を原料としたもので,乾燥・粉砕したものは普通肥料の登録がとれる。粉砕しないものは特殊肥料に指定される。動物質であるため,窒素分とカリウム分を数パーセント含み,普通肥料では窒素4%以上,リン酸1%以上の成分が公定規格で定められている。成分は製品によりばらつきが大きく,5～6%以上のリン酸を含むものもある。カニ殻にはキチン質が多く,土壌に施用すると放線菌を増殖させ,フザリウム菌を抑制する働きがある。

■ 鉱物質土壌改良資材

　天然鉱物や鉱さい,微粉炭燃焼灰,焼成岩石,石こうなどの鉱物を原料とした土壌改良資材のこと。ベントナイトやゼオライト,転炉さい,フライアッシュ,バーミキュライト,パーライトなど土壌物理性や化学性の改善のほか塩基や微量要素,硫黄分などの補給機能を持つ。有機系の土壌改良資材のように分解しにくく長持ちするものが多いが,効果や機能は限定されているものが多く,目的に応じて使い分けたり,組み合わせたりする必要がある。

■ ベントナイト

　粘土鉱物の一種であるモンモリロナイトを主成分とする粘土で,天然の無機系土壌改良資材として知られる。水に触れるとすぐに吸収して容積が膨張する膨潤性がある。陽イオン交換容量(CEC)は50～100meq/100g当量と高く,保肥力にも優れている。水田の漏水防止や,畑地の保肥力改善に用いられる。可給態ケイ酸を多く含むため,水稲などケイ酸を多量に必要とする作物には有効である。カルシウム系とナトリウム系があり,前者には石灰分の補給効果もある。

■ ゼオライト

　ゼオライトはNa,Ca,Si,K,Al,などからなる含水ケイ酸塩鉱物で沸石ともいわれる。土壌改良資材には,ゼオライト(沸石)を含む凝灰岩が利用され,粉末や粒状にされたものが散布される。陽イオン交換容量(CEC)が100meq/100g当量以上あり,保肥力はベントナイトより大きい。交換性塩基類を多く含むので,肥料分補給や酸性中和効果もある。リン酸吸収係数が小さく,リン酸固定力の大きい火山灰土壌で施用されたリン酸の肥効を高める効果もある。膨潤性はない。

■ 高分子系土壌改良資材

　人工的に合成された高分子化合物を利用した土壌改良資材のこと。
　土壌の団粒化を人工的に進めるためのポリビニルアルコール系,ポリアクリルアミド系,カチオン系,ポリエチルイミン系などがある。土壌中に浸透するように水溶性になっているが,粉状の資材を畑地に施用するときは土壌水分が十分

ある状態で施用する。

石灰質肥料

　主成分が石灰（カルシウム）である肥料のこと。石灰は作物の栄養分として必要なだけでなく、酸性土壌のきょう正にも欠くことができない。

　原料はほとんどが炭酸カルシウムを主成分とする石灰岩であり、日本の各地で産出し、生産量も多い。肥料公定規格では、製法やアルカリ分などによりおおよそ①生石灰②消石灰③炭酸カルシウム④副産石灰（製糖副産物）⑤混合石灰肥料（石灰質肥料を2種類以上混合したもの）に分類される。

　そのほかの資材として鉱さい、貝化石粉末、貝殻粉末、カーバイドかす、コンクリート粉末、卵殻粉末などがある。

石こう

　さまざまな水和形式を持つ硫酸カルシウムの総称で、二水和石こうや無水石こう、半水石こうなどがある。白色や無色透明で、水には溶けにくい。硫酸と結合しているため、pH5～6前後の微酸性を示す。天然石こうやリン酸石こう、フッ酸石こうを原料とし、廃糖蜜やリグニン、フミン酸、リン酸、硫酸鉄、硫酸などを加えたものが石こう質土壌改良資材として利用されている。pHを上げずに、カルシウムと硫黄分を補給できる。過リン酸石灰や重過リン酸石灰の副成分として混入している。

肥料取締法

　明治32（1899）年に初めて肥料取締法が公布施行され、昭和25（1950）年に時代に合った新取締法が公布施行された。肥料の品質保全と公正な取引を確保し、農業生産力の維持増進を図ることを目的としている。適用を受ける肥料の範囲は、必須元素を含むもの、石灰のような間接肥料、葉面散布剤などである。

　肥料取締法で定義されている肥料とは、「植物の栄養に供することまたは植物の栽培に資するため土じように化学的変化をもたらすことを目的として土地にほどこされる物および植物の栄養に供することを目的として植物にほどこされる物」（原文のまま）としている。

　肥料取締法による肥料の分類は「普通肥料」と「特殊肥料」とに大別している。普通肥料は、それぞれの成分を主とする「窒素質、リン酸質、カリ質、石灰質、ケイ酸質、苦土質、マンガン質、ホウ素質肥料」と「複合肥料」、「微量要素複合肥料」、「農薬そのほか混入肥料」、「有機質肥料」、「汚泥肥料」に分けている。主成分の最低保証量、有害成分の制限量を規制する規格が定められ、保証票の添付が義務付けられている。

　特殊肥料は、米ぬかや堆肥、粉末にしない魚かすなど、主として肉眼で識別できるものや低成分で公定規格を設定しえない肥料のことをいう。最低保証量など

地力増進法

昭和59 (1984) 年に施行された法律である。この第一条は,「この法律は,地力の増進を図るための基本的な指針の策定および地力増進地域の制度について定めるとともに,土壌改良資材の品質に関する表示の適正化のための措置を講ずることにより,農業生産力の増進と農業経営の安定を図ることを目的とする。」となっている。日本の農耕地土壌は,もともとの母材が不良で,自然生産力の低いものが多いうえに,温暖多雨の気候や傾斜地が多い地形などの影響で腐植の分解や,塩基の流亡が起きやすい。また,近年の労働力の減少など農業を取り巻くさまざまな情勢の変化により,有機物施用量は減少し,作土の浅層化なども加わり,地力の低下が懸念される状態になっている。こうした背景のもと農業者が地力増進対策の推進を図るにあたっての技術的な指針をつくることを目的に,この法律が制定された。

地力増進に関して,農業者が安心して土壌改良資材を利用できるように,政令指定されている12種類の土壌改良資材について品質の識別が困難なものについては,原料や用途,施用方法,そのほかの品質表示を義務付けている。

泥炭（ピート）

低気温地域の沼地や湿地で,植物遺体が十分分解されずに堆積して形成されたもの。泥炭は,湖沼や低湿地に生育したヨシ,スゲ,ミズゴケなどの植物遺体が,

地力増進法第十一条第一項の政令で定める種類の土壌改良資材

1	泥炭
2	バークたい肥
3	腐植酸質資材（石炭又は亜炭を硝酸又は硝酸及び硫酸で分解し,カルシウム化合物又はマグネシウム化合物で中和した物をいう）
4	木炭（植物性の殻の炭を含む）
5	けいそう土焼成粒
6	ゼオライト
7	バーミキュライト
8	パーライト
9	ベントナイト
10	VA菌根菌(AM菌)資材
11	ポリエチレンイミン系資材（アクリル酸・メタクリル酸ジメチルアミノエチル共重合物のマグネシウム塩とポリエチレンイミンとの複合体をいう）
12	ポリビニルアルコール系資材(ポリ酢酸ビニルの一部をけん化したものをいう)

注) 法律では「VA菌根菌」が使われているが,今は「AM菌」が一般的なので,( )内に表示した

性質や効果がわかっている土壌改良資材

分類	原材料	資材の種類	土壌改良機能
動植物質	泥炭,草炭,亜炭 貝化石など カニ殻類	ピートモス,泥炭,草炭加工物,腐植酸質資材,貝化石,貝殻粉末,カニ殻など	膨軟化,団粒化,保水性,保肥力,化学性・生物性の改善,酸性改良,塩基補給,微量要素,微生物性の改善
微生物質	培養微生物	各種微生物資材	堆肥腐熟促進剤,微生物性改良,リン酸の有効化
鉱物質	天然鉱物 鉱さい類 微粉炭燃焼灰 焼成岩石 石こう	ベントナイト,ゼオライト 転炉鉱さい,フェロニッケル鉱さいなど含鉄資材 フライアッシュ バーミキュライト,パーライト 石こう	保肥力,保水力,塩基補給,鉄,ケイ酸,塩基,微量要素などの補給,ホウ素の補給,保水性,通気性改良,保肥力改善(バーミキュライト),アルカリ土改良,硫黄と石灰分の補給
合成化合物	合成高分子系化合物	高分子系土壌改良資材	土壌団粒化
肥料	鉱さい リン鉱石 石,石灰岩	ケイ酸質肥料 リン酸質肥料 石灰質肥料	活性アルミナ抑制,リン酸有効化,活性アルミナ・鉄抑制,リン酸付加,酸度矯正

　低温,水分過剰など分解作用が進まない条件下で,長年にわたり堆積して生成されたものである。土壌改良材としては,土壌の膨軟化,保水性の改善を目的として使用される。

　土壌改良資材の原料として利用される泥炭は,主に中間で泥炭土と高位泥炭土であり,これらをよく水洗いして泥状または分解した部分を除き,脱水,粉砕,乾燥,篩別したものが多く製造されており,これはピートモスと呼ばれ園芸用土として多く用いられている。pH4程度の酸性を示すが,石灰などで中和したものも市販されている。通常は圧縮して袋詰めされているので,使用する場合は開封後まず水分を加えて元の体積に膨らましてよくほぐし,適度に湿っている状態で使用する。その際,酸性の中和の有無を確認する。

　泥炭は酸性を示すものが多く,その性質を利用してブルーベリーの移植時にピートモスが利用される。

用　土

基本用土

　鉢やプランター，育苗用，ベッド栽培などの土をつくるとき，基本になる用土のこと。用土の条件として，軽く，通気性，透水性がよく，保水力や保肥力のよいもので，身近にあること，入手しやすいこと，素材が大量に手に入ること，コストダウンできること，重量が軽いことなどが求められる。種類としては，田土や畑土，黒土，赤土，赤玉土などで，鹿沼土を用いることもある。赤玉土と鹿沼土の粒は大きいが，そのほかの用土は細かく，そのままでは透水性や通気性があまりよくない。

　培土をつくる場合は，これらに腐葉土やピートモス，完熟落葉堆肥を加える。割合としては基本用土10に対して4〜8程度を混ぜると，保肥力と保水力のほか透水性や通気性も上昇する。粒が細かく透水性のわるい用土を使う場合や，過湿を嫌う植物を栽培するときには，植物性のものを多めに配合する。

　さらに補いとしてバーミキュライトやパーライト，モミ殻くん炭，ヤシ殻，ゼオライトなどを混ぜることもある。割合としては全体の5〜10％程度で効果が出てくる。植物の種類に応じて川砂を加えることもある。

黒　土

　関東ローム層の表土で，黒くて腐植分が多い土のこと。軽くて軟らかい。林地や雑草地から採取した場合，肥料分は少ないが，畑地から採取したものでは一般的に肥料分に富む。通常は粘土分が多く団粒化していれば透水性や通気性はよいが，単粒化させると透水性はわるくなる。草花や観葉植物などの用土として利用する場合も，腐葉土やピートモス，バーミキュライトなどと混用することが多い。

赤　土

　関東ロームの下層土のこと。火山灰土壌の心土を指す一般的な呼称である。関東地方を中心に利用されてきた。赤土とはいうが，表層近くで採取され多少腐植質を含んだものはやや黒みのある褐色で，下層深くで採れるものは黄褐色をしている。容積重は小さく，一般に多孔質で通気性や透水性は良好である。粘土分が多いものは練ると透水性などはわるくなる。陽イオン交換容量（CEC）は比較的高く，保肥力はあるが，塩基類やリン酸分はほとんど含まれず，リン酸吸収力も大きい。腐葉土やピートモス，パーライトなどと混ぜて使われることが多い。

赤玉土

　赤土から細かい粒子部分をふるいなどで除いて，一定の大きさの粒を集めた土

のこと。赤土同様に関東地方を中心に利用されてきたが、その性質のよさや豊富な産出量があることから全国に広がり、代表的な園芸用土の一つとなった。現在の採取地は栃木と茨城が大半を占め、栃木は量が多く、鹿沼土と一緒に産出するところが多い。粘土が塊状になっているものは、指で強くおすと崩れる程度の硬さである。粒状のため、赤土よりさらに通気性や透水性がよい。[→赤土を参照]

田土（荒木田土）

水田の下層土や河川敷・湖沼の周辺でとれる比較的粘質な土壌をいう。昔から壁土や瓦用に使用されていた。肥料分はあまり含まれず、透水性や通気性はあまりよくないが、保水力や保肥力は比較的大きい。水盤やビンなどで湿性植物を栽培する場合以外では単用することは少ない。乾燥させると固まりやすくなる。腐葉土やピートモスなど、軟らかく通気性のある資材と混ぜて使用されることが多い。産出量が限られており、現在は荒木田土に替わって赤土や赤玉土が主流になっている。

鹿沼土

代表的な園芸用土として広く知られ、栃木県鹿沼市一帯から産出される。約5万年前に赤城山から北関東に吹き飛ばされ、下層に埋もれた鹿沼軽石層から掘り出される。鹿沼周辺では粒径が1〜3cmのものが多く、園芸用に適している。地下1〜2mに層があり、その厚さは厚いところでは1m以上にもなる。地下に埋蔵されているため雑菌などの混入はなく、とり出された直後は無菌状態である。軟らかく、多少崩れやすいが、そのため丸みのある形状で植物の根を傷めにくい。軽いので運搬も楽で鉢用土としては扱いやすいが、勢いよく灌水すると流される場合もある。色も淡黄色で見栄えがよい。微塵を除いた粒状の部分は、用土に必要な通気性や透水性、保水性にも優れている。交換性の石灰や苦土、カリなどの塩基分はごくわずかしか含まれず、pHも低い。全炭素や全窒素、可給態リン酸もほとんどなく、リン酸吸収係数は大きい。

有機系用土

植物など有機物質からできている用土。代表的な腐葉土やピートモス、ミズゴケなどのほかモミ殻くん炭やモミ殻、ヤシ殻、バーク、ヘゴ、けと土など多くの種類がある。一般的に透水性や通気性のよいものが多く、とくに腐葉土やピートモス、モミ殻くん炭などは赤土や黒土、荒木田土に混ぜて物理性などを改良するために使われることが多い。ただしミズゴケやヤシ殻などは単用されることが多い。

腐葉土

古くから利用されている材料で、ケヤキやコナラ、ブナなどの広葉樹の落ち葉が発酵腐熟したものか、人為的に落ち葉を集めて腐熟させたものがある。いずれ

の場合もほとんど肥料分は加えないが、赤土などを層状に堆積し、団粒構造をつくる核として利用される。多孔質で保水性、透水性に優れ、保肥力もよいことから重要な用土用資材として広く用いられている。堆肥のように肥料分をたくさん含まないため、培土、培養土の副資材として利用できる。病害虫を持つことがあるので消毒を行なうなど注意が必要である。

▎ピートモス
　［→泥炭（ピート）を参照］

▎ミズゴケ
　隠花植物の蘚苔類の一種で、ミズゴケ科に属しており、栄養の少ない湿地帯に自生する。長さは数センチから数十センチになり、形はモール状をしている。これらを採取して乾燥したものが製品となり、良質なものは淡黄色から淡黄緑色をしている。乾燥した繊維は保水性、排水性に富み、好気的な植物の栽培に向く。肥料分は少ないが保肥力は優れている。ランや観葉植物の用土、取り木や挿し木、苗の栽培用に利用される。日本、とくに中部以南ではミズゴケの生育場所が限られており、自然系からの採取により、乱獲され現在は国外からの輸入によるものがほとんどである。

▎けと土
　泥炭や草炭の一種で、マコモやヨシなどの湿生植物が湿地などに堆積し、分解・変質して土に近くなったもの。ピートモスよりさらに分解が進んでおり、色も黒色で、繊維分も少なくかなり粘質になっている。保水性や保肥力には富むが、通気性はあまりよくない。盆栽の石付けに用いる。石付けに用いる場合は、同量のミズゴケとよく練りあわせて使う。保存するときは、ビニール袋に入れ湿った状態で保存し乾燥しないように注意する。繊維分が分解しきったものより多少残っているほうが良質である。

▎モミ殻
　最も大量に排出される良質な素材である。堆肥の原料としてよく利用される。モミ殻自体は透水性や通気性がよい。そのまま土壌改良資材として水田や畑に施用する。簡単な熟成処理（用土などと混ぜてから1年くらい寝かせる）を行なうことにより、モミ殻表面の撥水性を取り除くことができる。くん炭化したものもあり、保水性、排水性ともに良好であり、窒素飢餓や生育阻害もない。しかし栽培途中に崩れやすいなどの問題もある。つくるのに手間を要するため、腐葉土の代用として赤土や黒土などに、3〜4割ほど混ぜて利用することも多い。モミ殻は発生する時期が限定されており、年間を通じて使用する際には保管の問題が発生する。モミ殻の容積を減らすために粉砕し、細粒化したものがある。これらを混用した場合分解が比較的早く、窒素飢餓を起こすおそれがあるため、熟成処理

を行なうことが望ましい。

モミ殻くん炭

モミ殻を蒸し焼きにして炭化させたものをいう。くん炭製造機を用いる方法と、露天で焼く方法とがある。後者は、細かい穴を多数あけたブリキ製の円錐状のものを煙突に取り付けた道具を用い、そのまわりにモミ殻を盛り上げて火をつける。くん炭は非常に軽く、腐ることはなく、通気性・保肥性・排水性・雑菌抑制に優れている。炭化しているので窒素分はないが、リン酸やカリ、石灰、苦土は残っている。焼きすぎるとpHが高くなるので、水で洗い、過石を少量加えてpHを調整する。

バーク

樹木の樹皮のこと。広葉樹と針葉樹を含め、多くの樹種があるが、針葉樹の新しいバークにはタンニンやフェノール、精油など植物の生育を阻害する物質が多く含まれる。植栽に用いるときは、生育阻害物質を除去し、有害物の少ない広葉樹を用いる。これらを利用した培養土はアメリカで発達したものであるが、ピートモスやミズゴケなどの代用品として利用された。バークはもともと窒素分がほとんどなく、炭素率も高い。形状は長繊維のものからブロック状のものまであり、長径も1～2cmほどから10cm以上のものまである。大きめの鉢物の化粧用の用土などに利用される。

ヤシ殻

ヤシの実の殻の外側の軟らかい部分を1～2cmほどの大きさに細かく切ってスポンジ状にしたもの。ヤシ殻にはナトリウムなどの塩基分が多く含まれており、新しいうちは水に浸しておくと中から溶け出てくる成分のため水は褐色になる。そのため、使用する前には水に浸し、十分に洗ってそれらを除去する。吸水性、親水性、通気性がよく、保肥力もあり、観葉植物やラン類の植え込み材料として利用される。

ココピート

ココピートは、ココナッツ果実の硬い殻をつくる繊維状の層で、マットやロープをつくるためにとられた残渣を、3年から5年ほど堆積、発酵させたものである。インドネシアやマレーシアなどから輸入される。多孔質構造と複雑な絡みを持つ繊維構造を持つ。褐色で、短い繊維分が残っていて、特色はピートモスに類似し、ピートモスに替わる土壌改良材として利用される。pHは弱酸性で、保水性と通気性に富み、陽イオン交換容量（CEC）も大きく保肥力にも富む。肥料分はあまり含まれていない。ほかの用土と混ぜ植え込み材料として利用する。土壌微生物の分解を受けにくいため数年間安定的に利用できる。

ヘ ゴ

　熱帯，亜熱帯のヘゴ科の木性常緑シダの幹で，幹の周囲は，黒褐色の気根が無数に網目状に重なり合った多孔質の状態になっているものを板状や棒状に製材したもの。通気性がよく，硬く腐りにくい。カトレアなどの着生ランやポトス，アイビーなどの植え込み材料として利用される。植えるというより張り付けたり，植物の根で抱くようにしたりして使われる。ヘゴなどの木性常緑シダ類は貴重な植物であり，近年数も減ってきているため，量は少ない。

砂礫性用土

　火山でできたものと河川など水の影響を受けた砂の仲間がある。角や丸みの有無などの形状や，色，重さなどは種類で異なるが，性質には共通する部分も多い。風化の進んだものや軽石を除くと，一般的に重く，丈夫で腐ることはない。保水力は，火山性で多孔質になっているものや，粒が小さく粉の部分が多い種類では多少はあるが，通常は非常に小さい。通気性や透水性は粒状のものはきわめて良好である。水で洗われたり，火山活動で作り出されたりしたため，有機物を含まず，陽イオン交換容量（CEC）も一部を除いてほとんどない。現在利用されている種類では肥料分も非常に少ない。鉢物の培地としてはあまり一般的でないが，ラン類やオモト，山野草の栽培，あるいは，一部の花木などでは用土のなかに混ぜ込んで利用することがある。

軽 石

　火山性の礫質用土の一つで，できあがる過程でガスが入り，多孔質となっている。そのため，軽く，多少もろい性質を持つ。粒状で通気性はきわめて高く，多孔質のため保水性も多少ある。保肥力はあまり高くなく，肥料分もほとんど含まれない。各地でとれるが，瀬戸内海や南九州の産出物がよく利用される。通気性を好むラン類やオモトなどに単用され，鉢物の底にゴロ石として利用される。

川 砂

　河川の中流や下流域で見られる丸い小さな粒や砂状のもので，このうち栽培に向いたものが用土として利用されてきた。富士川砂，安倍川砂，矢作川砂，天神川砂などが知られている。水で洗われているため，細かい粉は少ない。[→**砂礫性用土**を参照]

火山砂礫

　園芸用土として利用している主なものは浅間山周辺の浅間砂，桐生市周辺でとれる桐生砂，富士山周辺の富士砂，霧島周辺の日向砂，南九州桜島周辺のボラ，そのほか各地でとれる軽石も利用されている。古い時代にできて物理的風化や化学的風化を受けたものは丸みがあり，もろくて壊れやすい。できあがりの過程でガスが入り込み，多孔質になることもある。[→**砂礫性用土**を参照]

人工用土

　天然の用土に対して，人為的につくった用土のことをいう。天然用土の欠点を補うか，あるいは天然用土の持つ利点根をさらに引き出したもので，良好な用土を人工的に大量に生産する。

　原料は，各種岩石と粘土，合成樹脂などで多くの種類がある。岩石を加工したパーライトやバーミキュライト，ロックウールなど，粘土を利用加工した発泡煉石や焼き赤玉土，そのほか粘土を焼いて粒状にした用土，人工軽石などがあり，合成樹脂類からは人工ミズゴケがつくられる。

　人工的につくるため，特性を任意に変えることも可能である。保水性や保肥力は高いものから小さいものまであり，透水性や排水性は比較的よいものが多い。色や形にも自由度がある。

　用途としては，単独で利用するものと，ほかの用土と混合するときの副資材的な利用とがある。また，装飾的な使われ方もする。一般に粒状の大きい用土やロックウール，人工ミズゴケなどは単用が多く，以前から利用されているパーライトやバーミキュライトは，ほかの用土と混ぜて用いられることが多い。屋上緑化などにも多く使用されている。

バーミキュライト

　ひる石を約1,000℃で焼成，膨張させたものが焼成バーミキュライトであるが，一般には単にバーミキュライトと呼ばれる。高温処理するともとの容積の10倍以上に膨れあがり，軽くなる。いずれも弱酸性から弱アルカリ性を示し，陽イオン交換容量（CEC）が高い。通気性や透水性，保水性に優れ，保肥力も高い。薄い雲母板が集まったような形状をしており，その板状の間に肥料分や水分を保持できる。粘質土壌・砂質土壌の改良，鉢用土の材料として利用される。

パーライト

　ガラス質の火山岩の一種である真珠岩を細かく砕いて，約1,000℃で焼成し膨張させたものである。原石の10倍以上に膨れあがり，非常に軽く，粒子の壊れにくい素材である。白色の粒状をしており粒子そのものはガラス状で孔隙は少ないが粒子間に水が保たれる。通気性や透水性，保水性に優れている。粘質な土壌あるいは砂質土壌の改良に有効である。しかし保肥力はほとんどないので保肥力の低い土壌の改良には向かない。高温で作っているため無菌状態であり，施設での育苗用土や鉢物用土，屋上緑化用土の材料に利用される。

焼赤玉土

　人工砂礫性用土の一つで，赤土を粒状にして焼いたもの。特性は，天然の砂礫性用土と類似している。通気性はよいが，保水性や保肥力は高くない。人工的につくるため，用途に応じていろいろな大きさにすることが可能である。焼いてあ

るため、赤玉土より崩れにくい。赤玉土のように腐葉土やピートモスと混ぜて、草花の鉢物用土として利用することは少なく、養液栽培に用いられるほか、鉢物の底にゴロ石として使うことが多い。

■ ロックウール

玄武岩や石灰岩、ケイ酸質の岩石などを約1,500℃で熔融し、繊維状に加工したもので、ブロック状、キューブ状、粒状綿にしたものがある。酸化ケイ素や酸化カルシウム、酸化マグネシウム、酸化鉄、酸化アルミニウムなどが主成分である。もともとは建築関係などで断熱材や防音材に利用されていたが、界面活性剤処理をして親水性を高め、農園芸用にも利用されるようになった。繊維間に多量の空間があり、透水性や通気性がよく、肥料分も少ないことから養液栽培での利用が多い。

■ 人工ミズゴケ

ポリビニルアルコールなどを原料として化学的に合成された樹脂を細かくひも状にしたものでミズゴケの代わりに利用する。太さや長さ、形状、色など栽培する植物の特性にあわせて任意に変えることができ、保水力や保肥力などを変えることも可能である。軽くて扱いやすく、品質も均一である。異物や病原菌、雑草種子なども混入しにくく、分解し、成分が溶け出てくることも少ない。

■ 発泡煉石

人工砂礫性用土の一つで、粘土を粒状にして焼いて、発泡させたもの。通気性は非常によく、保水性も多少ある。保肥力は高くない。用途に応じられるよう各種の大きさにすることも可能である。養液栽培に用いられるほか、鉢物の底にゴロ石としても使える。染色されたものもあり、家庭でガラス製などの透明容器のなかに詰め、色を楽しむこともできる。

■ 培養土

一般には用土や肥料、土壌改良材などを混ぜあわせて、腐熟・発酵させてつくられるものをいうが、床土や鉢土などの総称として使われることもある。一例として田土や赤土、黒土、粘質土（湖沼の底泥など）に油かすや魚かす、骨粉、石灰類、家畜ふんなどをふりまき、さらに積み上げるという作業を繰り返し、雨に当たらないようにポリシートなどをかけておく。2～3カ月したら切り返して積み替え、十分に腐熟させる。培養土は植物の種類によってはそのままでも利用できるが、さらに腐葉土やピートモス、バーミキュライト、パーライト、川砂、完熟植物質堆肥などを加えて培土とすることもある。培養土と銘打った市販のものが多数見られるが、製法はまちまちである。

土壌微生物編

土壌生物の種類

土壌動物

　土壌中にはモグラから原生動物まで，さまざまな大きさの土壌動物が生息する。一般には線虫までを土壌動物としており，体長0.2mm以下のアメーバやべん毛虫などの原生動物は微生物に含めることが多い。

　土壌動物は土壌中の物質循環のなかで有機物の解体・粉砕という役割を担っている。植物遺体などの有機物を摂食し細かく粉砕するため，その後の土壌微生物による有機物の無機化（植物の無機養分にまで分解すること）が促進される。有機物中の分解されにくい成分（リグニン）は微生物の作用により腐植へと変化し，土壌の重要な構成要素となる。

　土壌表面の腐植層に生息するトビムシやダニ類は，有機物のほかに病原糸状菌も食べることから，土壌病害抑制への関与が指摘されている。ミミズの働きとしては古くから畑の耕うんや土壌の団粒化などが知られている。土壌中に生息する線虫の大部分は糸状菌や細菌などを食べて生活する非寄生性の自由生活性線虫である。

土壌微生物

　肉眼で見えない土壌中の生物を土壌微生物といい，菌類（細菌，糸状菌，放線菌），藻類などがこれにあたる。なかでも個体数が多い菌類は土壌中の物質循環において重要な役割を果たしている。すなわち土壌動物とともに植物・動物の遺体や堆肥，緑肥などの有機物を分解し，窒素などの無機養分や腐植に変換する働きをする。自己の遺体もほかの微生物により分解され，作物の無機養分となる。水を張る水田では酸素供給が制限されるため，好気性（酸素を好む）の糸状菌（カビ）や放線菌が少なく，細菌や藻類が主な物資循環の担い手となっている。

　菌類のごく一部に生きている作物の根や導管に寄生する土壌病原菌がいる。これらによる作物の病気は土壌伝染性病害（土壌病害）と呼ばれ，連作障害の主な原因となっている。なかでも発生の多いのは糸状菌を病原とする病害である。

根圏微生物

　植物根に近い土壌部位を根圏という。そこでは根による養分吸収や呼吸の影響を受け，無機養分や酸素に乏しく，二酸化炭素に富む。さらに根から分泌される糖，アミノ酸，有機酸および枯死・脱落した根組織などの有機物が豊富である。このような環境で生活している根近傍の微生物を根圏微生物という。根圏土壌では豊富な有機物が基質（餌，原料）として供給されるため微生物の生育や働きが

促進される。また根から離れた非根圏土壌に比べて微生物の数とりわけ細菌が多く、シュードモナス属などのグラム陰性で無胞子の桿（かん）菌が優占している。

このように根は根圏微生物の数、種類、活性および有機物の量などに対して影響を与える。これを「根圏効果」といい、根圏土壌1g中の微生物数（A）と非根圏土壌1g中の微生物数（B）の比（A/B）で数値化している。なお、根圏とは根の表面からほぼ5mm以内の部位と考えられていたが、最近では根の内部も根圏（内部根圏）とみなされ、根粒菌、アーバスキュラー菌根菌などの共生菌や病原菌も根圏微生物として扱われている。

根圏微生物の働きとして窒素、リンなどの養分供給、生理活性物質（植物ホルモンなど）の生産、土壌病害の発生抑制などが知られている。

■ ミミズ

環形動物門貧毛綱に属する。細長い体は多数の環節（円筒形のリング）から成り立っており、体表に小さな剛毛がある。体長数mmから3m以上のものまで多岐に及ぶ。雄と雌の器官をあわせ持つ雌雄同体であるが、主に交接（交尾）により繁殖する。有機物に富み、強酸性でない湿潤な土壌環境を好むといわれている。

わが国には大型のフトミミズ、ツリミミズ科をはじめ、小型のヒメミミズ科などのミミズが生息している。草地に比べ機械耕起が常に行なわれている畑地では大型ミミズの数や種類がきわめて少ない。ツリミミズ科のシマミミズは堆肥中で多く観察される。

一般にミミズは植物遺体などの有機物と一緒に土壌を体内に取り込み粒状のふん塊にして土中や地表面に排出する。これにともない畑の耕うんや土壌の団粒化が進み、通気性や透水性が改善される。土壌中のカルシウムの可給化、土壌病原菌の捕食、有用菌の拡散などの効果も知られている。

■ 線虫（センチュウ，ネマトーダ）

海水、淡水、土壌中に生息する線形動物。土壌中には非寄生性の自由生活性線虫や作物を加害する植物寄生性線虫がおり、作物の根が多く分布する作土層に多い。細長い円筒状で頭部は丸みを帯び、尾の先は細くなっている。体長0.3mm～2.0mm。植物寄生性線虫は頭部に口針を有し、口針のみを宿主作物の組織に貫入させ養分を吸収するもの（外部寄生性）、作物体内に入り込んで寄生生活を営むもの（内部寄生性）に大別される。

内部寄生性線虫による被害は営農上問題となっており、ネグサレセンチュウ、ネコブセンチュウ、シストセンチュウなどがある。有害線虫の対策として土壌消毒（薬剤、太陽熱）や輪作、抵抗性品種の導入などの対策が有効。対抗植物（マリーゴールド,エンバク野生種）によるネグサレセンチュウ防除も普及している。

細菌（バクテリア）

　はっきりとした核を持たない原核生物に属する単細胞の微生物。細胞の二分裂を繰り返して増殖する。形により球菌，桿（かん）菌，らせん菌に分かれる。鞭毛を有し，運動するものもいる。土壌細菌の大きさは1μm（マイクロメートル，100万分の1m）前後である。土壌微生物のなかでは最も小さいが，土壌中の個体数は最も多く，耕地の表土には土壌1g当たり数億にも達する。

　土壌細菌はほかの土壌生物とともに土壌中の物質循環を担っており，大部分は動・植物遺体などの有機物の分解を通じて，生育に必要なエネルギーと体をつくる炭素などの元素を獲得している。一方アンモニアを硝酸に変える硝化菌は炭素を有機物からではなく二酸化炭素から得ている。酸素に乏しい水田土壌では脱窒菌や光エネルギーを利用する光合成細菌などの嫌気性細菌が物質循環の主な担い手となっている。細菌の一種であるラン藻は光合成と窒素固定を行ない，水田土壌の肥沃化に寄与している。

糸状菌（カビ）

　細胞内に核を持つ真核生物。キノコや酵母，菌根菌も糸状菌に属する。菌糸を伸ばして生長し，胞子をつくる。菌糸幅は3〜10μmで放線菌に比べて広く，伸びた菌糸は肉眼でも見える。

　糸状菌はそのほとんどが土壌中に生息しており，いずれも有機物を炭素源として生育する従属（または有機）栄養微生物である。細菌，放線菌に先立って有機物を分解し，土壌中の物質循環に関与している。その大部分は粗大有機物（植物遺体など）を構成しているタンパク質，セルロース，リグニンなどを分解・利用する腐生菌である。一部に作物の土壌病害の主な原因となっている病原糸状菌がいる。耕地の表土1g当たりの糸状菌数は1万〜10万程度。好気性であるため，水田土壌では1万以下と少ない。

　菌糸，有性・無性の胞子形成器官，胞子などの形態的特徴によって分類され，藻菌類，子嚢（のう）菌類，担子菌類（キノコ）および不完全菌類に大別される。病原性を有するものが多いフザリウムは不完全菌類（有性生殖体が未発見のもの）に属する。

放線菌

　細菌と糸状菌の特徴をあわせ持つグラム陽性細菌で，生育の一時期に菌糸状の形態をとる。幅約1μmの細い菌糸を伸ばして生長し，胞子や分生子をつくる。土壌特有の臭いは放線菌の生成物によるといわれる。

　放線菌の多くは好気性の従属栄養微生物で，中性から微アルカリ性を好む。そのほとんどが土壌に生息し，加水分解酵素を分泌して土壌中のタンパク質，セルロース，リグニン，キチン（含窒素多糖類）などを分解し，利用する。キチン分

解菌は病原性フザリウム菌などの糸状菌のキチン質の細胞壁を分解し，土壌病害の発生を抑える。また放線菌のなかには抗生物質をつくるものが多く，すでに医薬品の製造に利用されているが，土壌中の植物病原菌の生育抑制にも寄与していると考えられる。非マメ科植物（ヤマモモ，ハンノキ）の根に根粒をつくり，窒素固定をするフランキア（*Frankia*）も放線菌である。

土壌中で最も多いのがストレプトマイセス属であり，そのなかにはジャガイモそうか病の病原菌（*Streptomyces scabies*）も含まれる。堆肥のなかにはサーモアクチノマイセス属が多いが，最近の遺伝子解析によれば本属は細菌のバチルスのグループに近いとされる。

■好気性菌

酸素が存在しないと生育できない微生物をいう。好気性菌は酸素を利用して呼吸を行ない，効率よく生育に必要な化学的エネルギー（ATP）を獲得する。たとえば好気性菌がエネルギー源であるブドウ糖1分子を二酸化炭素にまで酸化し，38分子のATPをつくるが，嫌気性菌による乳酸発酵やエタノール発酵では2分子と少ない。畑土壌では酸素が制限される水田に比べて，好気性菌が圧倒的に多い。

■嫌気性菌

生育に酸素を必要としない微生物をいう。酸素があると生育できない絶対（または偏性）嫌気性菌と，酸素があっても生育できる通性嫌気性菌に分かれる。水田では酸素が乏しいことから，畑地に比べて嫌気性菌が多く，その働きにより脱窒（脱窒菌）や硫化水素の生成（硫酸還元菌），二価鉄の生成（鉄還元菌）などが起きる。さらに湛水下では窒素固定を行なう嫌気性の光合成細菌が生息しており，水稲の根腐れを起こす硫化水素を無毒化する。

■内生菌

植物の内部に感染するが，目で見えるような病徴を引き起こさない菌類。エンドファイトともいう。イネ科牧草では内生菌が生産する生理活性物質により病害虫抵抗性や乾燥などの環境ストレス耐性が強化されたり，家畜に対して毒性を持つことが知られている。

■共生菌

動・植物と共生関係にある菌類を共生菌という。土壌生態系における主な共生菌とその宿主の組み合わせはつぎのとおり。①根粒菌－マメ科植物，②フランキア（放線菌）－ヤマモモ，ハンノキ，③アーバスキュラー菌根菌（糸状菌）－草本植物，④アナバエナ（ラン藻）－アカウキクサ，⑤セルロース分解細菌－シロアリ。

グラム陰性菌

　グラム染色によって染色されない細菌。細胞壁に多量のタンパク質，脂肪を含む。形態が単純で変化しやすい細菌では，グラム染色による染色性の違いが一つの分類基準となっている。

　陰性菌は胞子形成能を有するものが少なく，乾燥に弱い。また抗生物質に対する耐性も陽性菌とは異なり，ストレプトマイシンなどには耐性が弱く，ペニシリン，サルファ剤などには強い。陰性菌は植物根圏に多く生息し，多くの植物病原菌を含む。チフス菌，赤痢菌なども陰性菌である。

グラム陽性菌

　グラム染色によって染色される細菌。グラム陰性菌とは生理，生態的性質が異なる。陽性菌は胞子形成能を有するものが多く乾燥に強いが，ペニシリン耐性は弱い。植物病原菌には少ないが，土壌中に広く生息する一般土壌細菌の多くは陽性菌である。肺炎菌，結核菌，ブドウ状球菌などは人体に有害な陽性菌である。

従属栄養細菌（ヘテロトロフ）

　生物はエネルギーと自己の体をつくるのに必要な炭素，窒素などの生体構成元素を外部から得て生長している。炭素源としてほかの生物がつくった有機物を利用する細菌を従属（または有機）栄養細菌（ヘテロトロフ）という。これらは光エネルギーを利用するものと有機または無機化合物の酸化によりエネルギーを得るものに大別される。一部の光合成細菌（紅色非硫黄細菌）が前者に属し，後者には窒素固定を行なうアゾトバクターや根粒菌，脱窒菌などが含まれる。

独立栄養細菌（オートトロフ）

　体をつくるのに必要な炭素源を有機物ではなく，二酸化炭素（CO_2）から得ている細菌。無機栄養細菌ともいう。これらは光エネルギーを利用するものと有機または無機化合物の酸化によりエネルギーを得るものに大別される。光合成細菌である緑色および紅色硫黄細菌は前者に属し，窒素固定や硫化水素の無毒化を行なう。後者にはアンモニアを酸化する硝化菌（アンモニア酸化細菌，亜硝酸酸化菌）などが含まれる。

光合成細菌

　光エネルギーを利用して炭酸同化を行ない生育する細菌の総称。高等植物の光合成とは異なり，硫黄や硫黄化合物，低級脂肪酸などの酸化をともなう。無機栄養の緑色硫黄細菌（クロロビウム属など）や紅色硫黄細菌（クロマチウム属など）はクロロフィルやカロチノイドで光を吸収し，硫黄，硫化水素，チオ硫酸塩などを酸化することで得られるエネルギーを利用して生育する。一方，有機栄養の紅色非硫黄細菌（ロドスピリラム属など）は低級脂肪酸などを酸化する。いずれも水田などの嫌気条件下で窒素固定を行なう。光合成細菌は水稲の秋落ち現象の原

因である根腐れを起こす硫化水素やそのほかの根腐れに関与する物質を無毒化する。

▍藻 類

葉緑素やそのほかの色素を有し，光エネルギーを利用して二酸化炭素を固定する光合成的独立栄養生物。窒素源としてアンモニア，硝酸などの無機態窒素を利用する。単細胞ないし糸状構造をしており，水分の多い湿った土壌表面には，珪藻，緑藻および空中窒素を固定するラン藻などが生息する。耕地土壌中での個体数は乾土1g当たり1万以下と菌類に比べて少ない。水田における藻類の重要な働きは①酸素の供給（光合成で発生），②有機物の供給，③吸収した無機成分の保持などである。

▍ラン藻（藍藻）

従来藻類の一種と考えられていたが，現在ではその原始性から細菌に分類されている。窒素固定能を持つものが多く，農業上注目されているラン藻もある。たとえば，アナバエナ属のラン藻は水生シダのアカウキクサ（アゾラ）と共生し，窒素固定を行なうことが知られている。その窒素固定量は条件にもよるが1日当たり1〜3kgN/haにも及ぶ。中国や東南アジアでは古くからこのアカウキクサを緑肥として利用している。

▍アンモニア化成菌

動・植物遺体や堆肥など土壌中の有機物は微生物による分解作用を受け，有機態窒素（タンパク質，アミノ酸などを構成している窒素）がアンモニアとなって放出される。このように有機態窒素が無機化され植物の無機養分であるアンモニア態窒素になることをアンモニア化成といい，この変換に関与する微生物群がアンモニア化成菌である。有機物を炭素源としている従属栄養生物（細菌，糸状菌，原生動物など）がこれにあたる。

▍硝化菌

土壌に硫安などのアンモニア性窒素を施用すると微生物の作用によりアンモニアが酸化され亜硝酸を経て硝酸へと変化する。この過程を硝化といい，これを行なう細菌が硝化菌である。一般にアンモニアを酸化して亜硝酸にするアンモニア酸化細菌と亜硝酸を酸化して硝酸にする亜硝酸酸化細菌によって行なわれる。

硝化作用は好気条件下で行なわれ，土壌pH5以下では抑制される。畑地では条件がよい場合にはアンモニア態窒素は2週間程度で硝化作用により硝酸態窒素へと変わる。アンモニアを直接硝酸に変える細菌，糸状菌もいるが，その硝化能力は低い。

▍アンモニア酸化細菌（亜硝酸化成菌）

アンモニアを酸化して亜硝酸に変える独立栄養細菌の総称。この酸化過程で得

られる化学的エネルギー（ATP)を利用して二酸化炭素を固定する。ニトロソモナス属がその代表で好気，微アルカリ条件を好む。

生成された亜硝酸は引き続き亜硝酸酸化細菌によって酸化され硝酸態窒素へと変わるが，この形態の窒素は雨水により流亡しやすく，水田では脱窒により窒素ガスとなって揮散しやすい。そのため，硝化抑制剤によりアンモニア酸化細菌の働きを抑制し，施肥窒素の利用効率を高めることがある。

亜硝酸酸化細菌（硝酸化成菌）

亜硝酸を酸化して硝酸に変える働きをする独立栄養細菌の総称。この酸化過程で得られる化学的エネルギー（ATP)を利用して二酸化炭素を固定（炭素化合物に変換）する。ニトロバクター属がその代表で好気，微アルカリ条件を好む。

酸性土壌（pH5以下），多肥条件下では亜硝酸酸化細菌の活動が低下し，亜硝酸から硝酸への変換が抑制され，土壌中に亜硝酸が蓄積する。とりわけ高温になりやすいハウスでは亜硝酸がガス化しやすく，作物に亜硝酸ガス害が発生することがある。

脱窒菌

土壌中の硝酸や亜硝酸は無酸素条件下で，微生物により還元され，気体の亜酸化窒素（N_2O）や窒素（N_2）ガスとなって大気中に揮散する。この還元過程を脱窒といい，関与する細菌が脱窒菌である。主にシュードモナス属，アクロモバクター属およびバチルス属の通性嫌気性菌がこれに属する。

湛水下の水田では施肥したアンモニア肥料が大気に近い土壌表面の酸化層で硝化菌の働きで硝酸態窒素に変わり，その下の無酸素の還元層で脱窒菌により窒素ガスにまで還元され，揮散する。このため水田では畑地に比べてしばしば脱窒による施肥窒素の損失が起こる。窒素の富栄養化が進んでいる湖沼や畜産排水の浄化に脱窒菌が利用されている

窒素固定菌

大気の約80％を占める窒素ガスは，そのままの形では生物にほとんど利用されないが，一部の微生物は酵素（ニトロゲナーゼ）の働きでこの窒素ガスを固定（窒素化合物に変換）し，菌体合成に利用することができる。

これらの微生物を窒素固定菌といい，宿主植物との共生の有無により共生的窒素固定菌と非共生的窒素固定菌に大別される。前者にはマメ科植物と共生する根粒菌（リゾビウム属，ブラディリゾビウム属，アゾリゾビウム属），非マメ科のヤマモモ，ハンノキに根粒をつくる放線菌のフランキアなどが属する。一方，後者には好気性細菌のアゾトバクター，微好気性細菌のアゾスピリラム，嫌気性の光合成細菌（紅色硫黄細菌，紅色非硫黄細菌，緑色硫黄細菌），嫌気性細菌のクロストリジウムなどが属する。これらはいずれも土壌中に単独で生息して窒素固

```
┌─非共生的窒素固定菌─┬─有機栄養微生物─┬─好気性微生物……アゾトバクターなど
│                    │                │─微好気性微生物……アゾスピリラムなど
│                    │                └─嫌気性微生物……クロストリジウムなど
│                    │
│                    └─無機栄養微生物………………ラン藻の一部（酸素発生）
│                                              光合成細菌の一部
│                                              メタン菌の一部
│                                              硫酸還元菌の一部
│
└─共生的窒素固定菌─────────根粒菌，放線菌の一部（フランキア），カビの一部
                              ラン藻の一部（アナバエナ）
```

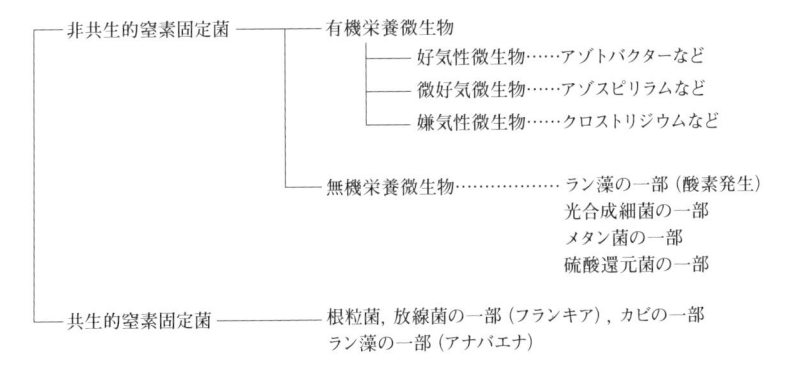

窒素固定菌

定を行なう単生窒素固定細菌である。

アゾトバクターやアゾスピリラムは窒素固定のほか，インドール酢酸などの植物ホルモンを産生するため植物生長促進根圏細菌群（PGPR）とみなされている。

■ 根粒菌

マメ科植物と共生して空中窒素を固定する有機栄養細菌。好気性，グラム陰性の桿菌。いずれも鞭毛を持ち，運動性を有する。主な根粒菌は人工培地上での生育が早いリゾビウム属と遅いブラディリゾビウム属である。

根粒菌が感染した根毛の表皮細胞は肥大してこぶ状の根粒に変化し，そのなかの菌は増殖能力のないバクテロイドになる。バクテロイドはマメ科植物からエネルギー源である糖を獲得し，空中より固定した窒素を宿主のマメ科植物に与える。その窒素固定量は年間少なくとも9kg/10aといわれる。接種効果は開墾地，水田転換畑で高い。最近ではアゾリゾビウムが根粒菌の新たな属として追加された。その一種はマメ科植物のセスバニアに根粒と茎粒（Stem nodule）をつくる。

■ AM菌（アーバスキュラー菌根菌，AM菌根菌）

多くの高等植物の根には糸状菌が侵入し，共生的な生活を営んでいる。この根と糸状菌の共生体を菌根（マイコライザmycorrhiza）と呼ぶ。菌根を形成する糸状菌を菌根菌といい，種類により根の表皮と中心部の間にある皮層への侵入形態が異なる。菌糸を皮層細胞内に侵入させ，菌糸を木の枝のように張り巡らせた樹枝状体（arbuscule）を形成する菌根菌をアーバスキュラー菌根菌（arbuscular mycorrhizal fungi），頭文字をとってAM菌という。本菌の多くは同時に菌糸の先が丸く膨らんだ嚢状体（vesicle）を形成することからVA菌根菌とも呼ばれる。

AM菌は宿主の作物からグルコースなどの供給を受け，土壌中に菌糸を伸ばし

リン酸をはじめ無機養分を吸収し，作物に供給する。このためAM菌に感染した作物の生育は促進され，とりわけ低リン酸土壌での効果が高い。またAM菌の感染を受けるヒマワリなどの緑肥作物の栽培にともない土壌中のAM菌密度が高まり，感受性の後作物では生育が良好となる。AM菌は宿主範囲は広く，ほとんどの作物に感染するが，アカザ科（ホウレンソウ，テンサイなど），タデ科（ソバなど），アブラナ科などには感染しない。VA菌根菌（AM菌）資材は土壌のリン酸供給能を改善する土壌改良材として地力増進法により政令指定を受け，市販されている。

リン溶解菌

土壌中のリンはカルシウム，鉄ないしアルミニウムと結合し不溶性の化合物を形成するため，土壌溶液中のリン濃度はきわめて低い。したがって，リンは植物にとって利用し難い要素となっている。

このような不溶性リンを可溶化する微生物をリン溶解菌といい，可溶化のプロセスの違いにより三つの菌群に大別される。

① 無機酸（硫酸など）で不溶性無機リンを溶かすタイプ：硫黄（S）を酸化して硫酸（H_2SO_4）を生成する硫黄酸化細菌（チオバチルス属）やアンモニアを酸化して硝酸（HNO_3）を生成する硝化菌などがこれにあたる。

② 有機酸が不溶性リン化合物の陽イオン（アルミニウムイオン，カルシウムイオンなど）とキレート結合するために，リンが可溶化するタイプ：有機酸としてはクエン酸，シュウ酸，乳酸，コハク酸などがあり，これらの有機酸を生成する微生物は，バチルス属，シュードモナス属などの細菌，ストレプトマイセス属の放線菌，アスペルギルス属，ペニシリウム属などの糸状菌である。

③ 硫化水素（H_2S）が不溶性のリン酸鉄（$FePO_4$）と反応して硫化鉄（FeS）が生成し，リンが遊離するタイプ：有機物の多い水田土壌で硫化水素を生成する硫酸還元菌がこれにあたる。

リグニン分解菌

リグニンは植物体の骨格をつくる難分解性の高分子物質である。土壌微生物の働きにより腐植に変化する。とくに木材には20〜30％と多く含まれている。リグニンを分解する菌類をリグニン分解菌といい，主に糸状菌（キノコ）である。シログサレ菌（白色腐朽菌）といわれる菌群は好気的にリグニンを二酸化炭素と水にまで分解する。アカグサレ菌（褐色腐朽菌）といわれる菌群はリグニンと同様，植物体の骨格を形成している多糖類（セルロースなど）を分解するとともに，リグニンをフェノールに変える。フェノールは酸化されると褐色となるためこの名がついている。細菌や放線菌のなかにもリグニン分解性のものが知られている

が，その力は弱い。

硫酸還元菌
　硫酸を還元して硫化水素（H_2S）に変えるデスルホビブリオ属などの偏性嫌気性細菌。未熟な有機物や硫酸根（SO_4）を含む硫安などの肥料は水田における硫化水素の発生を促進する。H_2Sはイネの根腐れを起こすので無硫酸根肥料の使用や鉄分の補給を行なう。H_2Sは鉄（第一鉄イオン）と結合して無毒の硫化鉄（FeS）に変わる。

硫黄細菌
　硫黄や無機硫黄化合物を酸化することで得られるエネルギーで二酸化炭素を固定する細菌の総称。チオバチルス属がその代表。水田などの嫌気条件下で光合成にともない硫化水素などを酸化する紅色，緑色硫黄細菌も含まれる。[→**光合成細菌**を参照]

鉄酸化菌
　強酸性下において二価の鉄イオン（Fe^{2+}）を三価（Fe^{3+}）に酸化し，そのとき発生するエネルギーを利用する独立栄養細菌。強酸性の鉱山廃水が赤褐色になるのはこの細菌の作用による。

鉄還元菌
　湛水下の水田は酸素の少ない状態にあり，有機物の施用にともないさらに酸素が減少する。このような条件下では微生物の作用により三価の鉄イオン（Fe^{3+}）が二価（Fe^{2+}）に還元される。この還元過程に関与する嫌気性細菌群を鉄還元菌という。

大腸菌群
　大腸菌属（エシェリキア属）や汚水大腸菌（クレブシエラ属，エンテロバクター属など）のうち，乳糖を分解して酸とガスを産生する好気性または通気性細菌をいう。グラム陰性の桿菌でヒトや哺乳類の大腸を主な生育場所としている。このため本菌群はふん便汚染の有無を知るための指標となっている。大腸に常在する大腸菌（エシェリキア・コリ）は非病原性であるが，なかにはO157のように強い毒素（Vero毒素）を生産し，食中毒を引き起こすものもある。

乳酸菌
　糖類（乳糖など）を発酵させて乳酸を生産するグラム陽性細菌（桿菌）の総称。ヒトや動物の腸管内，牛乳などに生息する。ヨーグルトなどの乳製品や漬物の製造にとって必要な発酵菌である。腸内環境を整え，人体によい影響を与える微生物（プロバイオティクスprobiotics）としても知られる。腸内を乳酸により酸性に保つことからほかの細菌による腸内腐敗を防ぎ，また病原菌の増殖を抑える。バクテリオシン（抗菌性のタンパク質やペプチド）をつくる。

微生物の作用

発酵と分解

　分解は、生物（分解者）がほかの生物群（生産者・消費者）の活動の結果生じた生物遺体や排せつ物を、破砕し、好気または無機呼吸の基質として利用して、より小さな物質に変化させて、物質循環をもたらす作用をいう。主として好気的微生物群の活動による、土壌中における有機物の変化は分解である。

　発酵は、微生物が行なう代謝のうち、分子状酸素を用いずに（嫌気的条件下で）有機物を不完全に酸化させてエネルギーを得る過程をいう。このとき代謝産物として有機酸やアルコールなどが生じる。生成される物質によって、それぞれエタノール発酵、乳酸発酵などと呼ばれている。しかし一般には、微生物が有機物を変化させる際、人間にとって有用な生産物が得られる過程を発酵といい、有害であるものや不快であるものができる過程を腐敗ということもある。

　堆肥化とはダイナミックに遷移する微生物群が、有機物を全体としては好気的に分解する過程のことであり、好気性菌が十分に働いている状態をいう。これを発酵と呼び、それに対して嫌気性菌が主に活動し、悪臭が発生して分解が遅延する状態を腐敗ということがある。また、ボカシ肥の製造において、分子状酸素の供給を制限する技術があり、その過程は嫌気発酵ということもある。このように堆肥化においては「発酵」が使われているが、厳密な意味では「分解」の語を使用することが望ましい。

有機物の分解

　有機物とは生物それ自体、ないし生物が合成した化合物などをいう。農耕地における有機物の最大の給源は植物遺体であり、主に落葉落枝、収穫残渣、緑肥および堆肥などの形態で供給される。これらの有機物の大部分は、土壌生物、とりわけ好気性の糸状菌や放線菌により分解され、最終的には二酸化炭素、水およびアンモニアへと変化する。

　最初、水溶性の糖・アミノ酸を利用する糸状菌が繁殖する。緑肥などをすき込んだ直後の作物で鞭毛菌類のピシウム属菌（糸状菌）による立枯れが発生するのはそのためである。ついで、糸状菌や放線菌（土壌酵素）によりタンパク質およびデンプンが分解され、やがてヘミセルロースおよびセルロースが分解される。植物の骨格を形成している高分子化合物のリグニン（木質）は微生物分解に対する抵抗性が強いため最後まで残り、難分解性の、土壌固有の有機物である暗色無定形の高分子化合物、いわゆる狭義の腐植の構成物質となる。土壌中の腐植は粘

土と結合（重縮合）し複合体を形成するため、その分解はきわめて緩慢である。その結果、腐植が土壌中に集積していく。しかし、無限に腐植が増加することはなく、一定期間後には蓄積量と微生物による分解量が等しくなり、平衡状態に達する。

これらの有機物の分解は窒素含量の多いものほど速いが、いずれも土壌微生物によって行なわれるため、土壌環境条件によっても左右される。有機物分解の一般的な最適条件はおおむねつぎのとおりである。①土壌水分：最大容水量60〜70％、②土壌pH：微酸性〜微アルカリ、③地温：30〜40℃、④十分な酸素（好気的条件）。なお、酸素の少ない嫌気状態の水田や堆肥製造時ではやや様相を異にする。[→**好気的分解・嫌気的分解**を参照]

▎窒素飢餓

新鮮な有機物を農耕地に施用すると急激な分解が起こり、有機物を分解する微生物と作物の間で土壌中の窒素の奪い合いが生じる。その結果、作物は一時的な窒素不足におちいり、葉色の黄化や生育の抑制が起こる。このように、急激な有機物の分解にともなう窒素不足状態を窒素飢餓という。とりわけ、炭素率（C/N比）の高い新鮮有機物（生の稲わらなど）を施用した場合にこの現象がしばしば観察される。

炭素率の高い有機物では、微生物の二大栄養源のうち炭素源（糖など）が多く、窒素源（窒素化合物）が相対的に少ない。そのため、豊富な炭素源により有機物の分解が急激に進み微生物がさかんに増殖している過程では、炭素源と窒素源を体内に取り込んでいる微生物は不足する窒素源を土壌中の窒素に求める。その結果、窒素飢餓が生じると解されている。したがって、炭素率が低い（20以下）有機物を施用した場合には窒素飢餓が起こりにくい。

▎好気的分解・嫌気的分解

有機物が微生物の作用を受けて分解される場合、酸素が十分に供給されたときと、そうでないときとでは、作用する微生物の種類および分解産物が異なる。前者を好気的分解、後者を嫌気的分解という。畑地では主に好気的分解が糸状菌や放線菌などの好気性細菌によって行なわれ、有機物は最終的には二酸化炭素と水にまで分解される。一方、水田では田面水のため土壌は酸素の少ない嫌気状態となっており、有機物の嫌気的分解が嫌気性細菌によって行なわれ、有機酸、メタンガスおよび硫化物（硫化鉄、硫化水素）などが生成する。落水後、水田土壌では好気性菌による分解が始まるが、すでに地温が低く、また通気性がわるいので有機物の分解は十分に進まず、未分解の有機物が集積する。堆肥製造時の有機物の分解は発酵期（高温期、65〜80℃）と熟成期（30〜40℃）に区分され、嫌気的な発酵期では高温細菌が、熟成期では好気性の糸状菌や放線菌がそれぞれ分

解に関与する。

共　生

　2種以上の異種生物が、その生存の全期間または一定期間、相互作用を持ちながら接近して生活することをいう。利益－不利益の関係から、相利共生（双方が利益を得る関係）、偏利共生（片方が利益を得る関係）、偏害共生、寄生の4タイプに分類されるが、農業分野では狭義である相利共生のことを指すことが多い。農業上重要で有名な共生としては、根粒菌、菌根菌、根部エンドファイトと植物の関係がある。[→**内生菌**，**共生菌**を参照]

寄　生

　異種生物間において一方の生物が他方の生物（宿主）の内部または外部で生活し、一方が栄養分を吸収して利益を得、他方が不利益を被り、場合によっては殺傷される関係をいう。片方が利益を得るものの他方も不利益は被らないものは偏利共生と呼ぶ。寄生はかつて広義の共生とは異なる概念とされたが、共生における相互作用の利害関係にはさまざまな程度の関係が存在するため、現在は相利共生（狭義の共生）、偏利共生と並んで、広義の共生の一形態であるとされている。生物界においてきわめて一般的な生活形態であり、微生物、植物、動物の間に、さまざまな寄生関係がある。

　農業上は、①トリコデルマ菌やタラロマイセス菌などの植物病原菌への寄生、②パスツーリア菌の有害線虫への寄生、③スタイナーネマのコガネムシやゾウムシなどへの寄生、④BT菌や核多角体病ウイルスなどの有害昆虫への寄生、などが生物農薬として利用されている。

バイオマス

　地球上には数多くの生物が存在し、それぞれの役割を担っている。バイオマスとは任意の環境下に生存する全生物（bio）量（mass）のことで、その量は環境条件下によって変化する。土壌学で用いられる「土壌バイオマス」は、土壌中に生活している多用な生物量の総量を示すが、複雑な土壌系ではその評価方法が困難であり、クロロホルムくん蒸法などの溶菌法が用いられている。

　通常の畑土壌1ha当たりのバイオマスは7t程度で、その重量の約75％が糸状菌、約20％が細菌や放線菌、残り5％が土壌動物であるといわれている。

　しかし、現在では、バイオマスは有機性廃棄物の代名詞のように用いられることがあり、バイオマス・ニッポン総合戦略（2002）においては「①再生可能な、生物由来の有機性資源で化石資源を除いたもの、②太陽のエネルギーを使って生物が合成したものであり、生命と太陽があるかぎり、枯渇しない資源、③焼却等しても大気中の二酸化炭素を増加させない、カーボンニュートラルな資源」と定義されている。

B/F値

　土壌中に存在する好気性細菌数（B）を糸状菌数（F）で除した値であり，微生物群集構造を示す指標の一つである。糸状菌にはフザリウムなどの重要な土壌病原菌が多く含まれていること，それに対する拮抗菌が細菌や放線菌には多いことなどにもとづいてつくられた指数である。B/F値は，酸性土壌においては低く，完熟堆肥の施用により高くなることが知られている。

土壌糖

　土壌中に存在する植物や微生物由来のいろいろな糖（炭水化物）をいい，土壌有機物の約10％を占める。その大部分はグルコースなどの単糖類が集まって（重合して）できた多糖類である。この土壌多糖類は土壌の団粒構造の形成に寄与する。植物中には見られない土壌糖を土壌微生物活性の指標として用いたり，埋没土層であることを決定する際に土壌糖の分析を参考にする試みもなされている。

土壌酵素

　土壌中では有機物や無機物が分解されたり，合成されたりしている。これらの物質交換はすべて細菌，糸状菌，藻類，原生動物などの土壌微生物や植物根系を起源とする生物の細胞内および細胞外の酵素によって営まれる。これを土壌酵素という。たとえば，窒素固定（ニトロゲナーゼ）は細胞内の酵素で行なわれ，一方，有機物の分解過程におけるタンパク質（プロテアーゼ）やセルロース（セルラーゼ）などの加水分解は細胞外の酵素で行なわれる。

微生物資材

　日本土壌肥料学会（1996年）の定義によれば「土壌などに施用された場合に，表示された特定含有微生物の活性により，用途に記載された効果をもたらし，最終的に植物栽培に資する効果を示す資材」とされている。しかし，含有されている微生物が明らかでない資材や，公的機関の追試によって効果がないとされた資材もある。

　肥料取締法では土壌改良材に含まれ，政令指定資材を含み，微生物農薬を含まない。使用目的は，①有機物の分解促進や悪臭抑制，②連作障害抑止，③団粒形成促進や窒素固定・硝化促進などによる土壌理化学性改善，④植物ホルモン形成やリン酸肥効促進による農作物生産性向上，⑤全身抵抗性誘導などによる植物健全生育促進または食味など作物品質の向上などである。

　VA菌根菌資材はダイズ，ネギ，ナスなどでリン吸収促進効果などが確認され，政令指定資材とされた。政令指定資材にはなっていないが，遺伝子マーカーにより使用場面での定着性が確認された資材として，セルロース分解菌を分解促進に用いた資材や，メタリジウム菌などを連作障害抑止に用いる資材などがある。シュードモナス・プチダやトリコデルマ菌を用いた資材による連作障害回避，カ

ニ殻分解産物（キチン・キトサン）の効果などには公的機関による検討が行なわれた事例がある。

近年，病害抑止効果や除草効果を持つ微生物の製品化が目覚ましいが，それらの多くは，人体，家畜および環境への影響を考慮する必要があるため，農薬取締法に準拠した登録を行なうことが義務付けられ，製品は農薬として取り扱われる。

PGPR（植物生育促進根圏細菌）

植物の根圏から分離される細菌のなかで，作物生育を促進する効果を持つ細菌をいう。Plant Growth Promoting Rhizobacteriaの略であり，植物生育促進根圏細菌と訳されている。この働きを持つ細菌として，蛍光性シュードモナスについての研究が進んでいる。この細菌は，蛍光性のシデロフォア（鉄とキレート化したペプチド）を産出し，生育促進だけでなく病原菌の抑止効果もある。同様な働きをする糸状菌はPGPF（Plant Growth Promoting Fungi）と呼ばれ，植物生育促進菌類と訳され，トリコデルマ属などが知られている。

バイオレメディエーション

生物の働きを利用して，汚染された環境を浄化（環境修復）する技術。土壌環境修復については，微生物を用いた油類や有機塩素化合物の汚染土壌修復と，植物を用いた重金属除去の事例がよく知られている。水系での試みも多く，原油タンカー事故による海洋汚染修復の事例がある。微生物による油類分解では石油やガソリンなど，数十種類から数百種類の物質の混合物の分解が行なわれ，有機塩素化合物としてはPCBやダイオキシンなどの分解が行なわれる。そのほかに，微生物を利用したクロムの無毒化や水銀やセレンの気化などの重金属汚染の修復があり，油類による汚染土壌の浄化にミミズを用いることも検討されている。

植物を用いる方法はとくにファイトレメディエーションと呼ばれ，国内ではカドミウム濃度の高い水田および畑地の修復のために，イネ品種IR8などが用いられている。

バイオレメディエーションには，微生物栄養素の添加などによる環境制御によってその環境にいる微生物の活動を高めて汚染物質を除去するバイオスティミュレーション（biostimulation）と，汚染環境に有害物質除去機能のある微生物を投入するバイオオーグメンテーション（bioaugmentation）がある。

拮抗作用

土壌中で，ある微生物がほかの微生物の活動を抑制する作用をいう。その場合，抑制する微生物を，抑制される微生物の拮抗菌という。拮抗作用には，病原菌にとって有害な物質を産生する抗生作用，病原菌の必要とする栄養や生存の場を奪い取る競合作用，病原菌への直接的な寄生などがある。放線菌を中心とする土壌微生物は抗生物質を産生する。奈良の春日神社の境内の土壌から分離された放線

菌は，イモチ病に用いられるカスガマイシンの生産菌として利用されている。蛍光性シュードモナス菌は抗生物質を産生すると同時にシュードバクシンと呼ばれる鉄キレート物質を産生し，シュードモナス菌が増殖した根面で，微生物に必要な鉄イオンを収奪し，病原菌の発育を抑制する。また病原菌に寄生する微生物としてトリコデルマ菌が同じ糸状菌に寄生する菌として広く知られている。

静菌作用

一般には微生物の増殖速度や生育を抑えることを静菌といい，微生物の個体数を減らす殺菌と区別している。現象としては,菌や細菌の胞子や菌核の発芽抑止，菌糸の生長阻止などが静菌作用である。

土壌静菌作用として，土壌粒子の帯電性などの物理的要因をも含んで上述の広義に使用されることもあるが，多くの場合は，生物間相互作用をいう。生物間相互作用は，土壌を滅菌すると失われ，少量の土壌の添加により復帰する。

自然土壌には微生物の増殖をほかの微生物の存在によって抑制する傾向があり，これを微生物的緩衝能という。この現象は栄養や空間をめぐる競争により起こるほか，ほかの微生物が生産する抗生物質による拮抗など土壌中での複雑な相互作用によって起こる。土壌中の微生物が多様であり，微生物相互作用が多元化しているほど，土壌微生物群集構造が安定的であり，病原菌などほかの菌を外部から添加しても増加しにくくなる。また微生物緩衝能の高い土壌では，そこに低密度に存在する休眠体の病原菌胞子が発芽しにくくなる。

溶菌作用

微生物の細胞壁が分解される現象をいい，その微生物の死亡をともなう。微生物が死亡したことによって，細胞壁が溶解する現象も含まれる。微生物，微小動物，ファージなどが微生物に寄生するか捕食を行なうことにより溶菌が起こるほか，微生物による抗生物質生産によりほかの微生物が殺傷されることによって溶菌が起こる。ガス状の気体毒性物質によりほかの微生物を遠隔的に殺傷する微生物もいる。

細胞膜成分であるキチンあるいはβ-(1-3)グルカンなどを土壌に加えると，フザリウム菌による病害が低下する場合がある。これは土壌中で溶菌作用を持つ酵素が増加したためと考えられる。ほかにトリコデルマ菌やタラロマイセス・フラバス菌がキチナーゼにより植物病原菌の細胞壁を分解して，侵入・寄生して死亡に至らせる作用などが生物農薬として利用されている。

微生物群集構造

ある地域において，そこに存在する生物の種数，個体数および種間の相互作用を表わすものを群集構造という。土壌生態系において菌類（糸状菌と酵母）と細菌類（放線菌を含む）は，有機物上や根圏などで群集を構成しており，群集内で

①消費者－犠牲者作用，②共生，③競争を行なっている。この群集の構造を表わすものを土壌微生物群集構造という。土壌微生物では多くの種が未記載であることや全種類の調査が事実上不可能であることから，グルーピングして調査することが多い。

調査手法として古くから行なわれてきたのは希釈平板法であるが，その後，バイオログ微生物分類・同定システムにより解析する方法や，呼吸鎖キノンやリン脂質脂肪酸などを計測するバイオマーカー分析法が用いられ，データ処理には通常の統計手法のほか，多様性を表わす指数などが用いられる。

近年は分子生物学的手法により，より簡便に群集構造を解析することができるようになった。現在頻繁に用いられる分子生物学的手法は，T－RFLP法とPCR－DGGE法である。これらの手法により，土壌から抽出したDNAの塩基配列を決定し，データベースと照合する。休眠状態の微生物を差し引くため，RNAの解析と平行して行なう場合もある。

生物的防除

土壌病害

病原が土壌中に生息していて，土壌を通じて第一次感染が起こる病害で，根や茎に寄生し，根腐れや，萎凋および立枯れなどを起こす病気の総称である。土壌伝染性病害ともいう。農業生産現場ではモノカルチャーが進行し，毎年同じ作物が同一の場所に栽培されることが多くなる。そのような状況が続くと，土壌中の微生物相が単純化し，微生物の多様性が減少することにより病原菌が増殖しやすい環境となる。土壌病害を起こす病原菌は，厚膜胞子，菌核および卵胞子などの耐久体を多数形成して土壌中に残り，同じ作物が栽培されると再び寄生する。同一の作物を栽培すると急速に病原の密度が高まり，被害を拡大させる。また，土壌病害に対し有効な薬剤が少なく難防除病害が多く，農業上きわめて重要な病害が含まれる。土壌病害の種類は，ウイルス，細菌，糸状菌など多岐にわたり，ウイルス病ではムギ類縞萎縮病，レタスビッグベイン病などがあり，細菌病ではトマト青枯病，ハクサイ軟腐病などがある。糸状菌病が最も多く，フザリウム (*Fusarium*)，リゾクトニア (*Rhizoctonia*)，バーティシリウム (*Verticillium*) などの寄生による萎凋病，つる割病，立枯病，根腐病，黄化病，半身萎凋病などがある。薬剤を使用しない防除対策として，輪作，太陽熱や熱水消毒などが有効である。

生物的防除

狭義には，生物の持つ機能を積極的に利用した防除技術をいう。現在利用されている方法には，つぎのものがある。

①拮抗微生物の利用，②内生微生物を用いた抵抗性誘導，③弱毒ウイルスの利用，④天敵の利用，⑤抵抗性品種の利用。

耕種的防除

農薬を用いず，抵抗性品種の導入や適正な栽培管理，主として栽培場面で病害虫の発生しにくい環境をつくり，発病を事前に防ぐ方法をいう。品種の病害抵抗性には真性抵抗性と圃場抵抗性がある。前者は少数の高度の抵抗性遺伝子に，後者は多数の微弱な抵抗性遺伝子に支配された抵抗性である。一般に抵抗性品種の導入にあたっては，できるだけ圃場抵抗性の強い品種を選択することが望ましい。

野菜や果樹では病害抵抗性台木による接ぎ木栽培が行なわれているが，利用にあたって，接ぎ木不親和性，接ぎ穂からの自根発生などに注意が必要である。気象環境の制御も病害の抑制に有効で，施設などでの湿度の上昇を防ぐための地面へのビニールマルチ，結露しにくい資材の利用などがあり，露地では高うねによる水はけ改善や，栽植本数の減少による風通し改善がある。

施肥改善としては窒素肥料の多施用を分施などにより避ける。栽培体系としては作期の移動，対抗植物の導入による輪作体系の改善などがある。

生態的防除

土壌中の病原菌を薬剤や熱で直接殺す土壌消毒に対して，生態的条件（作物－土壌－土壌微生物－病原菌）を総合的に配慮して病害を軽減する防除法である。実用技術として，輪作，湛水，土壌pHの調整，微生物の利用，対抗植物の利用，抵抗性品種の利用などがある。

輪作 畑作物を連作すると根面に特有な優占糸状菌（病原菌）が現われるなどの報告がある。これは作物の栽培がそれぞれ特有な土壌病原菌をふるい分け，増殖させる作用があるためと考えられている。そこで，輪作により，土壌微生物の多様化により，病原菌密度を低下させ，発病を減少させることができる。輪作は大きな被害が出る前に計画的に行なうのが効果的である。

湛水 水田に湛水すると酸素が欠乏し，還元状態となる。これにより好気性の病原菌はストレスを受け，耐久体の生存性が低下し，菌密度が低下するといわれている。代表的なものとして，ウリ類のフザリウム菌，白絹病菌などがある。しかし青枯病菌と根こぶ病菌などは，湛水中でも十分生息し，軽減効果は小さい。

土壌pH 酸性土壌で生息しやすい病原菌（アブラナ科の根こぶ病菌，フザリウム菌，白絹病菌）は土壌pHを上昇させることにより発生を減少させることができる。タマネギは炭の施用により，土壌pHを上昇させ，ハクサイの根こぶ病

を防いだ例が報告されている。根こぶ病ではpH7.0～7.5に調整して発病を抑制した多くの報告がある。一方，ジャガイモのそうか病，サツマイモの立枯病（放線菌）はアルカリ土壌で発生しやすいため，土壌pHを下げると病害は軽減される。

微生物利用　微生物による病害抑制には二つの考え方がある。①土壌中の土着の微生物の活性や多様性を全体に高め病原菌を抑制する方法で，微生物の活動を高める有機物など餌となる栄養分を添加する方法である。②特定の微生物の拮抗作用を利用するもので根頭がんしゅ病に対するアグロバクテリウム・ラジオバクター・ストレイン84菌株などが有名である。また最近注目を浴びている蛍光性シュードモナス菌は根の内部に定着し，植物の誘導抵抗を引き起こす。

土壌消毒

土壌中に生息している病原菌，害虫を死滅ないし密度を低下させ，被害を防止することをいう。薬剤を用いる化学的方法と蒸気，熱水および太陽熱などの物理的方法とがある。

化学的方法としては①粉剤の土壌混和（PCNB），②水和剤・液剤の灌注による消毒，③ガス剤のくん蒸による消毒（クロルピクリンなど）などがある。ガス剤はポリフィルム被覆を行なう。

物理的方法として代表的なものに施設園芸でさかんに行なわれている蒸気消毒および熱水消毒がある。消毒に要する時間と植付けまでの時間が短く，効果も確実などの利点があるが，土壌によってはマンガンが有効化し，過剰障害を生ずる場合もある。また，有効菌も死滅させるので，硝化菌などの働きも抑制され，土壌中にアンモニアの集積が起こり，根をいためたりすることがある。

土壌還元消毒

土壌病害や線虫の防除のため，微生物に利用されやすい有機物（米ぬか，フスマなど）を土壌中にすき込んだのち太陽熱消毒を行なう方法のことである。効果が報告されている病害虫は，イチゴ疫病，トマト褐色根腐病，サツマイモネコブセンチュウ，ネギ萎凋病，イチゴ萎凋病，ホウレンソウ萎凋病，トマト萎凋病，ナス半身萎凋病などがある。アブラナ科根こぶ病やトマトモザイク病（TMV）には効果は期待できない。

熱水土壌消毒

熱水（75～90℃）を土壌に直接注入し，熱で病害虫を死滅させる物理的防除の一つである。蒸気消毒と比較して熱の拡散性が優れ，自活性線虫や根粒菌などの土壌中の生物相に与える影響は比較的小さい。また，塩類集積土壌の除塩効果や雑草抑制効果も期待できる。消毒にあたっては，熱水注入前に圃場はできるだけ深く耕し，均平化したのち，散水管を土壌の表面に設置し，ポリフィルムで覆い熱水を注入（120～150L/m²）する。保温のためにポリフィルムは1～2日間

被覆したままとする。本消毒で効果が報告されている病害虫は，ホウレンソウ萎凋病，トマト萎凋病，褐色根腐病，ヨトウムシ類，サツマイモネコブセンチュウなどが報告されている。

太陽熱消毒

　土壌中のほとんどの病原菌は，45℃以上の地温が7日間も持続すると完全に死滅する。そこで高温となる夏季にハウスを密閉して土壌消毒する方法で，奈良農試を中心に開発された技術である。7〜8月の太陽エネルギーの多い時期に，小うねを立て，ポリフィルムで全面マルチし，うね間に湛水してハウスを密閉して20日間程度放置する。この間，地表面は70℃，下層20cmは50℃前後の高温に達する場合があり，非常に高い殺菌効果をもたらす。フザリウム菌によるキュウリのつる割病，イチゴの萎黄病など効果は広範囲にわたる。また最近では露地にもこの技術が応用されている。その処理法はハウスとほぼ同様であるが，地温の上昇はハウスほどでないため，30〜50日間の処理が必要となる。当初から肥料，有機物を施用後うね立てし，マルチ処理を継続して栽培すると，深い土層の病原菌が地表へ掘り上げられず，効果も非常に高い。

クリーニングクロップ

　連作などによって増えた土壌病原菌や線虫を減らして土壌を清浄にするため栽培する作物をいう。おとり植物や対抗植物が病原菌や線虫の防除に利用されている。おとり植物は根から分泌する物質で菌や線虫の発芽やふ化を促進するが，自ら感染を受けないためこれらの菌を飢えさせて殺す植物である。ダイコンをおとり作物としてアブラナ科の根こぶ病の発病軽減が報告されている。対抗植物は病原菌や線虫を殺す物質を分泌して，密度を低下させる植物で殺センチュウ能力のマリーゴールド，クロタラリア，ヘイオーツ，エビスグサなどが利用されている。なお，塩類の集積した土壌では，これら作物を系外に搬出すれば湛水に匹敵する除塩効果がある。

コンパニオンプランツ（共栄作物）

　野菜の間にはいろいろな相性があり，隣に何が植えられているかで生育に差が出ることがある。混植によって生育がよくなる作物をコンパニオンプランツという。栃木県においてユウガオのつる割病について調査したところ，病害の発生しない圃場では株元にネギが混植されていたことがわかった。この結果からネギ属の根圏を調査したところ，つる割病に抗菌活性を示すシュードモナス・グラジオリーやシュードモナス・セパシアという細菌が分離され，これらがつる割病を制御していると考えられた。ネギ，ニラとの混植は，キュウリ，ユウガオ，スイカ，メロン，トマト，ナスなどで良好で，ダイコン，レタスなどではかえってわるくなる。イチゴの母木1本にネギ2本を混植するとイチゴ萎黄病を抑制する。しか

しあまり混植の密度を高くするとイチゴの生育がわるくなる。

発病抑止型土壌

　薬剤，有機物など特別な防除手段を講じなくても，病気が発生しないか，あるいは被害が問題とならない土壌をいう。つぎの三つのタイプに分けられる。①土壌に病原菌が住みつけない。②住みついても病気を生じない。③当初激しく病気が出たのに連作で病気が少なくなる。衰退とも呼ばれる。

　三重県には活性アルミナが多く，酸性の有機物の集積した非火山性黒ボク土があり，この土壌では病原菌の厚膜胞子の形成が抑制されるために，ダイコンを連作しても萎黄病が出にくい。神奈川県三浦半島の火山性黒ボク土もダイコン萎黄病に対する抑止土壌といわれている。また，コムギの連作で集積したコムギ立枯病菌は後から集積してくる蛍光性シュードモナス菌によって衰退する。いずれにしてもこの土壌は，ある範囲の病原菌に対して特異的かつ継続的であり，土壌消毒によって抑止性が失われることから発病の抑止が微生物の作用にもとづくものと考えられ，その多くは蛍光性シュードモナスが関与すると考えられている。

環境保全編

環境の保全

自然生態系

自然を一つのシステムとして考えると，それを構成するすべての生物群集と，それらを取り巻く物理的・化学的環境，すなわち無機的環境を含めた一つのまとまりを生態系という。生物群集としては，生産者である緑色植物，消費者としての動物，分解者・還元者としての細菌や菌類があり，無機的環境の構成要素には，大気，水，土壌，光などがある。緑色植物は，太陽エネルギーを利用して環境中の無機物から有機物を合成する。そして，その植物は，動物によって被食され，動物もほかの動物に被食される。植物の遺体や動物の遺体，さらに排せつ物などは，微生物によって分解され無機物となり，再び環境中へ放出される。すなわち，このシステムは生産者，消費者，分解者および還元者から成り立ち，無機物と有機物の間に常に物質代謝が行なわれている。

このように自然は一定の枠のなかで絶えず変動しながらも，基本的には恒常的な系を保っている。このシステムに人為が加わらない状態を自然生態系という。自然環境を基準にして，陸地生態系と海洋生態系に区分され，生物群を基準にしては森林生態系，湖沼生態系などに区分される。

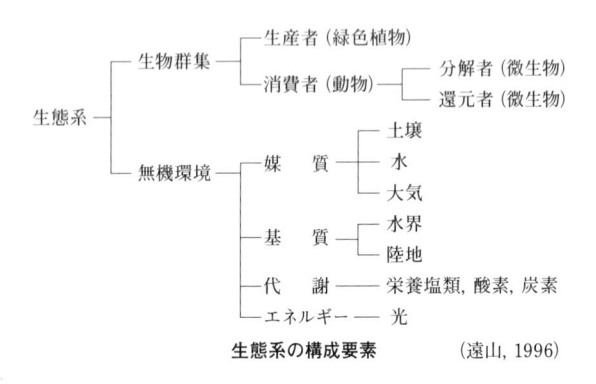

```
        ┌─ 生物群集 ┬─ 生産者(緑色植物)
        │          └─ 消費者(動物) ┬─ 分解者(微生物)
        │                          └─ 還元者(微生物)
生態系 ─┤
        │          ┌─ 媒  質 ┬─ 土壌
        │          │         ├─ 水
        │          │         └─ 大気
        └─ 無機環境┼─ 基  質 ┬─ 水界
                   │         └─ 陸地
                   ├─ 代  謝 ─── 栄養塩類，酸素，炭素
                   └─ エネルギー ─── 光
```

生態系の構成要素　　　　　(遠山, 1996)

ビオトープ

生物群集の生育空間を示す言葉で，周辺地域から明確に区分できる生育環境の地理的最小単位のこと。ビオトープという環境とそのなかに生息する生物群集によって生態系が構成される。もともとはドイツで生まれた概念である。ド

イツなどでは農業生態系の保全のため、湿地や生け垣といったビオトープを保全することが、環境行政の中心課題になっている。わが国でも自然修復、環境修復の目標としてビオトープが注目を浴びている。

生物多様性

生態系、生物群系のなかに多様な生物が豊富に存在していることを示す言葉。「生物の多様性に関する条約」（1993）のなかでは、すべての生物の間の変異性をいうものとし、種内の多様性、種間の多様性および生態系の多様性を含む、としている。日本では、野生生物や生息環境、生態系全体の保全を目的とした「生物多様性基本法」が2008年に成立した。

冬水田んぼ（冬季湛水水田）

冬の間も湛水状態で水田を管理すること。稲わらの分解、抑草効果、水鳥の餌場、生物の多様性などの利点はあるが、冬季間の水利の確保や湿田化、裏作ができないなどの問題もある。

地形連鎖

土地を標高の高いほうから低いほうに見ると、急峻な山岳から、次第に傾斜のゆるやかな山腹、山麓、段丘などを経て沖積地となり、河川、湖あるいは海に至る連なりと見ることができる。これを地形連鎖という。この地形により森林、樹園地、畑、水田と土地利用形態も連なっている。とくに、この場合を地形作目連鎖という場合もある。水の移動とそれにともなう養分の移動はこの連鎖系に沿っており、その間物質の流入、固定浄化、流出が反復している。国土全体あるいは集水域としての物質の流出量を把握するには、この概念を導入する必要がある。

物質循環

ある系のなかでの物質の動きであり、生物圏に限らず、地圏、水圏、気圏にまたがることが多い。物質は時間の経過とともに多くのステージを通過して、元のステージに戻るので循環という言葉が使われるが、その循環の一部だけを取り上げて物質循環（部分循環）と呼ぶ場合もある。

生態系における物質循環は、生物が生活するために摂取した元素が生態系の階層ごとに次から次へと利用され、再び最初の階層に戻るサイクルである。生態系における炭素、窒素、リンなどの生元素の循環では、生態系の階層ごとに物質の要求割合は異なり、その化学的動態も異なる。物質循環の経路には、生物の活動（摂食）に従って移動する部分と無生物の媒体（水、大気、土壌）間を無生物的に移動する部分がある。この両者をあわせて地球生化学的循環という。

食物連鎖

生物は互いに食うか食われるかの関係により成り立っている。生物群集において、ある種が別の種の食物となり、その種はまた別の種の食物となるという連鎖

的な食物関係を食物連鎖という。ただし，現実には複数種の餌を食べる動物も多く，複数種に食べられるものもあるため，食べる・食べられるの関係は網の目のように複雑に入り組んでいるので食物網ともいう。

食物連鎖には，生きている植物を動物が食べることから始まる生食連鎖と，植物遺体などの有機物がバクテリアや菌類によって分解されることから始まる腐食連鎖がある。食物連鎖を通して農薬や殺虫剤，重金属などの有害物質の生物濃縮が起こり，最終的に人体に影響する場合がある。公害病である水俣病も，高濃度の有機水銀がプランクトンを経て魚介類に蓄積し，それを人間が摂取したことによるものである。

生物濃縮

有害物質（水や土壌中の重金属や農薬など）が微量であっても，食物連鎖を通っていく間に，生物体内で次第に濃縮され，濃度が高まることをいう。

土壌中に蓄積されたカドミウムがイネに吸収され，高濃度のカドミウム汚染米が生産されたり，土壌中のDDT，BHCなどの有機塩素系農薬が飼料作物に吸収され，それを採食した牛の牛乳中に濃縮され，それを飲んだ人間の体内に蓄積したりすることがある。

バイオマス・ニッポン総合戦略

地球の温暖化防止，循環型社会の形成などを目的として，バイオマスを最大限に利活用することで持続的に発展可能な「バイオマス・ニッポン」を早期に実現することを目指して2002年に閣議決定された国家施策。

この総合戦略ではバイオマスの生産，収集・輸送および変換・利用などに関する行政的，技術的戦略を定めている。地域のバイオマスを効率的に活用するバイオマスタウン構想，バイオマス由来プラスチックの循環利用によるごみゼロ化，バイオマス由来燃料の導入による自動車の低公害化などがその例である。

＊バイオマス（再生可能な生物由来有機性資源で化石資源を除いたもの）

多面的機能（農業・農村の持つ）

農業・農村が果たしている機能のうち，農業生産には直接関わらないが，生産活動が行なわれることによって生じるさまざまな公益的機能を多面的機能という。当然のことながら，これには農業生産活動が持続的に行なわれていることが前提となっている。

多面的機能の内容としては，洪水調節，土壌侵食防止などの国土保全機能，水資源涵養，大気浄化，気候緩和などの環境保全機能，安らぎ空間となる景観の形成，快適環境の提供などの機能，生物多様性の保全機能，農村の持つ地域社会の維持や伝統文化の保全など人文社会的機能があげられる。

この多面的機能のうち，一部の機能について貨幣評価が検討されている。日本

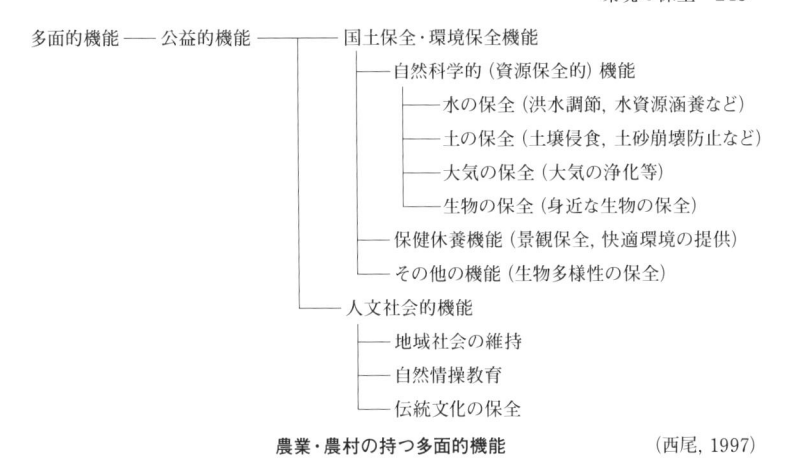

```
多面的機能 ── 公益的機能 ─┬─ 国土保全・環境保全機能
                          │    ├─ 自然科学的（資源保全的）機能
                          │    │    ├─ 水の保全（洪水調節，水資源涵養など）
                          │    │    ├─ 土の保全（土壌侵食，土砂崩壊防止など）
                          │    │    ├─ 大気の保全（大気の浄化等）
                          │    │    └─ 生物の保全（身近な生物の保全）
                          │    ├─ 保健休養機能（景観保全，快適環境の提供）
                          │    └─ その他の機能（生物多様性の保全）
                          └─ 人文社会的機能
                               ├─ 地域社会の維持
                               ├─ 自然情操教育
                               └─ 伝統文化の保全
```

農業・農村の持つ多面的機能 (西尾，1997)

学術会議の答申（2001）では，治水ダムの代わりとしての洪水防止機能は年間3兆4,988億円，土砂崩壊と土壌侵食の防止機能はあわせて年間8,100億円，地下水涵養機能は年間537億円の評価額になると試算されている。そのほかの多面的機能のなかには，農業的自然が人々に与える心のゆとりや癒しの働きなど，貨幣評価できない機能も多く含まれている。

農業環境三法

「食糧・農業・農村基本法」に明記されている「農業の自然循環機能の維持増進を図るため，農薬および肥料の適正な使用の確保，家畜排せつ物等の有効利用による地力の増進そのほか必要な施策を講ずること」を受けて，1999年に施行された「家畜排せつ物の管理の適正化および利用の促進に関する法律（家畜排せつ物法）」，「肥料取締法の一部を改正する法律（改正肥料取締法）」，「持続性の高い農業生産方式の導入の促進に関する法律（持続農業法）」を称して農業環境三法という。

これらの法律は，家畜排せつ物を堆肥化し，それの品質表示を明確にして流通を促進し，耕種農家が積極的に利用することにより，環境と調和した持続可能な農業を展開させることを目的としている。

環境保全型農業

森林の伐採や草原の過放牧による砂漠化，農耕地からのメタン，一酸化二窒素などの温室効果ガスの発生などに見られるように，農業生産は環境に対して大きなインパクトを与えている。また，肥料，農薬などの化学合成物質への過度の依存が，地下水汚染を始めとする環境に及ぼす影響も見逃すことはできない。人間

が生存するうえで食料，飼料の確保は必要不可欠であるが，今後は農業に対しても環境に配慮した生産方式が強く求められている。

環境保全型農業とは，環境と調和し，保全しながら持続的な生産を可能にする農法の総称である。その目指すものは，長期的な生産性の維持と資源の保全であって，現代農業の陥りがちな過大な資材の投入と，短期的な生産量の増大を図るものではない。

農水省（1994）は，環境保全型農業を「農業の持つ物質循環機能を生かし，生産性との調和等に留意しつつ，土づくりなどを通じて化学肥料，農薬の使用等による環境負荷の軽減に配慮した持続的な農業」と定義している。さらに，環境保全型農業の推進が，農業・農村の有する国土・環境の保全などの多面的かつ公益的機能の維持・増進につながるとともに，消費者・生産者の交流を通じた地域の活性化に役立つことを期待している。

環境保全型農業は，以下のような目標を追求する農業生産技術体系を指している。

1) 現在の生産水準を低下させることなく，持続可能な農業を進めるために，農地の持つ潜在的生産力や自然的特性に適合させるような作付体系を創出する。
2) 環境や生産者・消費者の健康を損なうような，危険性の高い生産資材の使用を減らす。
3) 農地管理の改善ならびに土壌，水，エネルギー，生物などの資源の保全を重視した，低投入で効率的な生産を目指す。
4) 空中窒素の固定や，害虫と捕食者の関係にみられるような自然のプロセスを農業生産の過程にできるだけ取り入れる。
5) 植物や動物の種が持っている生物的・遺伝的な潜在能力を積極的に農業生産に取り入れる。

有機農業

有機農業は，近代農業が化学肥料や農薬に依存しすぎたため，それらのもたらした弊害を憂い，その反省と見直しから発展した。一般的には，堆肥やきゅう肥などの有機質肥料によって地力を高め，病虫害に強い健康な作物を育てて，化学肥料や農薬を使用しないですむようにするものである。日本では1970年頃から，環境保全とヒトの健康管理の面から食料の安全性に関心が高まり，さかんに行なわれるようになった。国内では，有機農業の発展を図ることを目的として，2006年に「有機農業の推進に関する法律」が制定された。この法律では「有機農業とは，化学的に合成された肥料および農薬を使用しないことならびに遺伝子組換え技術を利用しないことを基本として，農業生産に由来する環境への負荷をできる

かぎり低減した農業生産の方法を用いて行なわれる農業をいう」としている。

　有機農産物とは，その生産過程において，化学合成農薬，化学肥料および化学合成土壌改良資材を使用しない栽培法，または，必要最少限の使用が認められた化学合成資材（たとえば，無機硫黄剤，無機銅剤，フェロモン剤，圃場に直接施用されない農薬，種子，種苗にあらかじめ処理された化学合成資材など）を使用して栽培された農産物であること，化学合成資材の使用を中止してから3年以上を経過し，堆肥などによる土づくりを行なった圃場において収穫されたものをいう。

　有機農産物の流通に関して，「有機JASマーク」のない農産物と農産物加工食品には，「有機」，「オーガニック」などの名称の表示や，これと紛らわしい表示を付すことは法律で禁止されている。「有機JASマーク」は，JAS規格に適合した生産方法がとられていることが，登録認定機関の検査によって認められたものだけが貼ることができる。

▍粗放化農業

　自然的土地生産性のみに依存した，焼き畑農業などを粗放農業という。したがって，その生産力は年数の経過とともに低下してしまい，新たに耕地を求めて移動して作物生産を始める必要がある。また，遊牧民のように小動物を家畜化して，草原などに放牧しながら飼育して，食物や毛皮を得て生活する畜産も一種の粗放農業である。

　しかし，最近のEU諸国に見られるように，生産過剰となっている作物の生産調整を目的として，農業の粗放化を進める政策がある。これには，休耕地を環境保全に使う方策，肥料・農薬の施用を中止または削減して有機農業への転換，家畜頭数の大幅な制限などが具体的に示されている。このような農業を粗放化農業といい，集約的な農業になる以前の粗放農業とは区別している。

▍代替農業

　アメリカの農業委員会は1984年に，従来の集約的で環境を損なうような方法に代わる，環境にやさしく農業の持続性を高めるような農法（代替農法）の役割を検討するように特別委員会に要請した。ここでいう代替農業とは，一つの農業体系を指すものではなく，養分循環や窒素固定のような自然のメカニズムを生産過程に取り入れる，環境および人間の健康を考慮して資材の投入を減らす，生産力を長期にわたって持続可能とするための作付け体系や管理技術を農地に適合させる，といった目標を総合的に追求する体系をいう。また，害虫の総合防除法（IPM），集約度の低い家畜生産方式，輪作体系，雑草防除を兼ねた耕うん方法といった一連の農業技術もそのなかに含まれる。

アグロフォレストリー

主に熱帯圏で樹木の間や木陰に野菜を栽培したり，家畜を放し飼いにする農法で農林複合経営ともいう。わが国では果樹栽培と少日照で生育のよいミョウガなどを組み合わせた事例がある。

環境ホルモン（外因性内分泌かく乱化学物質）

コルボーンの著書「奪われし未来」（1996）という本のなかで，DDT，クロルデン，ノニルフェノール（界面活性剤の原料）などの化学物質がヒトへの健康影響（精子数減少，乳ガン罹病率の上昇）や野生生物への影響（ワニの生殖器の奇形，ニジマスなどの魚類の雌化，鳥類の生殖行動異常など）をもたらしている可能性が指摘された。また，わが国においてはイボニシ（巻き貝の一種）の雌が雄性化する現象が見出され，船底塗料や漁網の防腐剤として使用されている有機スズ化合物が原因物質として疑われている。

WHO・国際化学物質安全計画では内分泌かく乱化学物質を「内分泌系の機能を変化させることにより，健全な生物個体やその子孫，あるいは集団の健康に有害な影響を及ぼす外因性化学物質または混合物」と定義している。

農業環境規範

農水省は2005年に環境と調和のとれた農業生産活動の確保を図るため，農業者自らが生産活動を点検し改善に努めるものとして，最低限取り組むべき規範を策定した。「作物の生産編」の基本的な取り組みとして土づくりの励行，適切で効果的・効率的な施肥および適正防除，廃棄物の適正な処理・利用，エネルギーの節減，新たな知見・情報の収集，生産情報の確保がある。「家畜の飼養・生産編」では家畜排せつ物法の遵守，悪臭・害虫の発生防止・低減の励行，家畜排せつ物の利活用の推進，環境関連法令への適切な対応などがある。これらに対する取り組みは各種支援策を実施する際の要件となっている。

GAP（適正農業規範，農業生産工程管理）

EurepGAPを例にとると，農業生産におけるさまざまな場面で，圃場・資材の安全性，生産工程での安全性，環境影響，衛生，作業者の安全性などについてのリスクを低減し，農産物の安全性と生産の持続性を確保することを目的とする基準である。これには法的な拘束力はなく，その遵守は認証制度によって推進される。わが国では「食品安全のためのGAP策定・普及マニュアル」を公表して食品安全GAPへの農業団体などの自主的な取り組みを推進している。

CODEX（コーデックス委員会）

消費者の健康の保護，食品の公正な貿易の確保などを目的として，1962年にFAO（国際食糧農業機関）およびWHO（世界保健機関）により設置された国際的な政府機関であり，国際食品規格（コーデックス規格）の作成などを行なって

いる。これまでに野菜や果物の残留農薬，玄米中のカドミウム濃度，食品添加物の安全基準などを定めている。

産業廃棄物

工場などが事業活動によって排出する廃棄物をいい，燃えがら，汚泥，廃油，廃酸，廃アルカリ，廃プラスチック，紙くず，食品産業廃棄物，金属くず，ガラスくず，鉱さいなどをいう。畜産業における家畜ふん尿，動物の死体もこれに含まれる。種類別では，汚泥，動物のふん尿，建設廃材の上位3品目で総排出量の8割を占める。

廃棄物の処理法としては，資源化，焼却，埋め立てがあるが，最近は資源保護，環境への配慮から，再利用や農業への有効利用が進められている。廃棄物中には有害物質や重金属が含まれていることが多いので，農業で利用する場合には注意が必要である。また，焼却処理の場合には大気汚染やダイオキシンの発生が，埋め立て処理の場合には地下水汚染や土壌汚染につながるおそれがある。

有機性廃棄物

一般および産業廃棄物のなかでも，主に有機物を主体とした廃棄物をいう。家畜ふん尿，農作物収穫残渣，樹皮，おがくず，下水汚泥，食品産業廃棄物，生ごみなどがある。このような有機性廃棄物のほか，農林系未利用資源や作物そのものなど，特定地域における生物総量をバイオマスといい，有効利用が求められている。有機性廃棄物はそのまま作物生産に利用すると，いろいろな障害が起こる場合があるため，農業利用にあたっては，肥料化したものや堆肥化（コンポスト化）して，発酵処理したものが望ましい。

炭素貯留

土壌は地球規模の炭素循環，炭素貯留の場として重要な役割を果たしている。表層1mに約2兆tの炭素を土壌有機物の形態で保持しており，これは大気中の炭素の2倍以上，植物体バイオマスの約4倍に相当する。これまでの土壌調査の結果から，わが国の農耕地土壌には表層約30cmに水田で1.9億t，畑で1.6億t，樹園地で0.3億t，合計3.8億tの炭素が貯留していると試算されている。こうした農耕地土壌が貯留している大量の炭素は営農活動によって増減することから，堆肥などの投入による適切な土壌管理を通じてこれを一定レベルに維持することが地球温暖化の防止にとって重要な課題である。

カーボンニュートラル

ライフサイクルのなかで二酸化炭素の排出と吸収がつり合っていることをいう。植物体を構成している炭素は，大気中の二酸化炭素が光合成によって同化・固定されたものであり，その植物体が刈り取られ消費され，最終的に酸化・燃焼されて二酸化炭素として大気中に放出されても，地表面付近の二酸化炭素量は

基本的には増減しない。これをカーボンニュートラルという。化石燃料の消費は地下に眠っている炭素を取り出して地表面付近の二酸化炭素量を増加させるのでカーボンニュートラルではない。

▎農薬使用基準

農薬は登録に際して、環境や人畜、作物への安全性などの試験を通して得られた知見から、安全に使用できる基準が設けられている。農薬使用者が遵守すべき基準項目は、適用作物、使用量、濃度（希釈倍数）、使用時期、総使用回数である。2003年の農薬取締法改正により、農薬使用基準に違反した場合には、罰則が適用される。

▎残留農薬

農作物の病害虫防除や除草のために使用された農薬のうち、目的とした作用を発揮した後も農作物や土壌に残留するもの。本来、病害虫防除の効力からすると、農薬そのものはある程度の期間、農作物や土壌中に残留する必要がある。そのため、多くの農薬は水に溶けにくく、土壌中の腐植物質や粘土鉱物に強く吸着する性質がある。有機塩素系（DDT, BHC, ディルドリン）や有機水銀剤などの農薬は、必要以上に長く残留し、環境を汚染するため、人間や動物にも影響を与えるおそれがある。農薬の消失経路としては、土壌微生物による分解が非常に重要である。

▎ポジティブリスト

食品中に残留する農薬など（農薬, 動物用医薬品および飼料添加物）について、一定量以上が残留する食品の販売などを禁止する制度。2003年の食品衛生法の改正によって定められた。従来のネガティブリスト制度では、残留基準の定められている283種類の農薬類のみがリスト化されており、基準の定められていないものについては原則規制されていなかった。ポジティブリスト制度では、日本で残留基準の設定されている約240種類の農薬などのほか、基準値が設定されていないものについては、ヒトの健康を損なうおそれがない量として0.01ppm以下の一律基準が適用される。

▎環境基準

環境基本法第十六条において、ヒトの健康を保護し、生活環境を保全するうえで維持されることが望ましいとして定められた基準。大気汚染、地下水を含む水質汚濁、土壌汚染、騒音について設定されている。水質の環境基準については、河川、湖沼、海域、地下水に分けてそれぞれ定められている。ダイオキシン類については、ダイオキシン類対策特別措置法によって、環境基準が別途定められている。

▎環境指標

桜の開花予想が例年より早いようだから、春の訪れも早いとか、サワガニがい

なくなったから水が汚れてきたようだというように、環境の状態や変化を認識できる目印となるものを環境指標という。一般的には生物を用いて指標とすることが多い。これには、気温、湿度、光、土壌のpHなど、個々の環境要因を指標する個別指標と、気候や地力など複合的要因を指標する複合的指標に分けられる。主に水の環境に対する指標には動物が、陸の環境に対する指標には植物が利用されている。

▍指標生物

環境の状態や変化を調査するときに、指標として用いる生物のこと。調査しようとする環境条件に敏感な生物を"ものさし"として選定して利用する。たとえば、河川の水が汚れるとトビケラ類やカゲロウ類の水生昆虫が姿を消すとか、光化学オキシダントによる大気汚染によってアサガオやホウレンソウの葉に壊死斑が現われるという事例では、水生昆虫や植物が指標生物となっている。

▍総量規制

各地域の汚染物質の総排出量を規制する制度をいう。工場排水や生活排水が大量に流れ込むところでは、従来の濃度規制だけでは水質の悪化を防止できないため、汚染物質の総量を規制して環境基準を確保しようとする規制方式である。閉鎖性水域の汚濁を防止するために、東京湾、伊勢湾、瀬戸内海を対象水域として、COD、窒素およびリンの3項目について総量規制が取り入れられており、効果を上げている。

▍環境容量

環境には、汚染物質が環境中へ放出されても、自然の自浄作用によって影響を緩和する能力が備わっている。しかし、それには自ずと限界があり、無限に有効ではない。環境に対して悪影響を生じることなく汚染物質を受け容れることができる収容力、もしくは限界量をいう。浄化容量や同化容量を意味する場合もある。土壌に関していえば、農耕地の生産力を維持しつつ、外部から負荷された物質（肥料や有機物）を消化し、系外（大気や水）の環境に悪影響を及ぼさない限界能力を量的にとらえたものをいう。

▍環境アセスメント（環境影響評価）

環境に影響を与えるような開発を行なうとき、環境破壊を未然に防ぐため、周辺環境へ及ぼす影響を事前に調査し、その影響評価をすること。環境診断や環境カルテなども広義の環境影響評価に属する。

▍環境汚染

環境とは一般に土壌、水、大気などヒトや動植物の周囲にあって影響を与える事物、事情、状態をいい、それが汚染されることを環境汚染という。汚染の程度がひどくなり、元に戻らない状態になった場合には環境破壊ともいう。環境汚染

は土壌汚染, 水質汚濁, 大気汚染などを総称しており, 従来言葉の意味が不明確な「公害」という用語よりも, 内容を的確に示すこの言葉が, 国際的に広く使用されている。残留農薬や重金属などの汚染物質が, ヒトの健康の維持や生活環境の保全上問題となる程度に存在する状態になった場合も環境汚染という。

ライフサイクル・アセスメント (LCA)

その製品に関わる資源の採取から製造, 使用, 廃棄, 輸送などすべての段階で投入された資源・エネルギーや, 排出された環境負荷およびそれらによる地球や生態系への環境影響を定量的かつ客観的に評価する手法のこと。

1997年国際標準化機構の規格ISO14040で原則および枠組みが発行されている。

地球環境問題

異常気象

猛暑, 干ばつ, 冷夏, 大雨, 日照不足, 大雪, 暖冬など, 通常とは異なる気象現象のこと。世界気象機関 (WMO) では, 一つの目安として, 25年以上に1回しか起こらないほどまれな気象現象としている。異常気象のきっかけや原因と考えられる因子としては, 火山の噴火, 太陽活動の変動, 地球温暖化, ヒートアイランド, 森林破壊, 砂漠化などがあげられる。

IPCC (気候変動に関する政府間パネル)

Intergovernmental Panel on Climate Changeの略称で, 世界気象機関 (WMO) と国連環境計画 (UNEP) との協力の下, 1988年に設立された。世界中の専門家が集まり, 地球温暖化についての科学的な研究の収集, 整理を行なうための学術的な機関。地球温暖化に関する最新の科学的知見の評価を行ない, 2007年には最新の第4次評価報告書(Assessment Report)を発行している。2007年にアル・ゴアとともに, ノーベル平和賞を受賞。

地球温暖化

人間の産業活動などによって, 二酸化炭素やメタンなどの温室効果ガスの濃度が上昇することにより地球表面の温度が高まり, 自然生態系や生活環境にさまざまな影響が生じる現象をいう。

地球に入る太陽エネルギー (可視光線や紫外線) は大気を素通りして地表面を加熱するが, 地表面からの放射エネルギー (赤外線) は大気中の温室効果ガスによって吸収され, 再び地表に放射されるため, 地表面の温度は大気上層に比べて高くなる。熱収支計算では, 地球に大気がない場合の地表面の平均気温はマイナス18℃と見積もられる。現在, 地球の地表面平均気温は約15℃に保たれてい

ることから，大気層の温室効果によって気温は約33℃上昇していることになる。この温室効果は，温室効果ガス濃度の上昇にともなって強まり，地球温暖化が促進される。

IPCCの第4次評価報告書(2007)では，21世紀末には現在よりも平均気温が1.8〜4℃上昇するとしている。また，気温上昇にともない，海水が温められて膨張したり，極地の氷がとけて，海面水位が平均で38.5cm高まるとしている。温暖化は，大雨や干ばつ，猛暑やハリケーンなどの異常気象を増加させる可能性がある。また，水循環や植生の変化をもたらし，農業生態系にも大きな影響を与えるおそれがある。

温室効果ガス

大気中にあって，地表面から放射された赤外線を吸収することによって温室効果をもたらす気体（ガス）のこと。水蒸気，二酸化炭素，メタン，一酸化二窒素，オゾンおよび各種フロンなどがあげられる。このうち，水蒸気以外は18世紀の産業革命以降（フロンは合成，利用された1930年以降）に濃度が急激に上昇した気体であり，地球温暖化への影響が大きいとされている。水蒸気は温室効果への寄与度が最も大きいが，大気中での濃度増加が見られないことなどから，地球温暖化に対する影響からは除外されている。水蒸気以外の温室効果ガスのなかで，濃度，影響ともに最も大きいのは二酸化炭素である。

各温室効果ガスの1分子当たりの温室効果を二酸化炭素を基準として比較すると，メタンは約21倍，一酸化二窒素は約200倍，オゾンや各種フロンに至っては1万倍以上と見積もられている。

二酸化炭素

化学式はCO_2。炭酸ガスともいう。動植物の呼吸，有機物の燃焼，分解などで発生する。一方，植物の光合成に利用されて，有機化合物として固定される。二酸化炭素は，赤外線を吸収する性質があるため，大気中で温室効果ガスとして働く。大気中の二酸化炭素濃度は，人間活動にともなう化石燃料の消費などにより，産業革命以降に急速に増加しており，近い将来，気候に深刻な影響を及ぼすと懸念されている。2007年の大気中二酸化炭素濃度は383ppmvで，産業革命以前の280ppmvに比べて37％増加している。現在の化石燃料の使用が続くと，21世紀半ばには600ppmvになると予想されている。

メタン

化学式はCH_4。天然ガスの主成分で，別名を沼気という。主たる発生源は湿地，水田，天然ガスなどの採掘，牛などの反すう動物やシロアリの腸内発酵で，人為起源の放出量が全体の70％を占める。メタンは強力な温室効果ガスで，二酸化炭素の21倍の温室効果をもたらすとされている。二酸化炭素と同様に，産業革

命以降に急速に増加した。2007年の大気中メタン濃度は1,789ppbvで，産業革命以前の700ppbvに比べて156％増加している。

一酸化二窒素（亜酸化窒素）

化学式はN_2O。主たる発生源は土壌，海洋，窒素施肥などで，対流圏ではきわめて安定なガスである。農業生態系においては，脱窒と硝化の二つの過程で発生する。施肥窒素由来の一酸化二窒素は，硝化の過程で発生することが多い。温室効果ガスの一つで，二酸化炭素の200倍の温室効果をもたらすとされている。二酸化炭素と同様に，産業革命以降に急速に増加した。2007年の大気中一酸化二窒素濃度は321ppbvで，産業革命以前の270ppbvに比べて19％増加している。

ハロカーボン類

ハロカーボン類とはハロゲン分子が結びついた炭素化合物の総称で，ハロゲンとしてフッ素と塩素を含むクロロフルオロカーボン（CFCs）やこれに水素が加わったハイドロフルオロカーボン（HCFCs），ハロゲンとして臭素が加わったハロンなどがある。不燃性，耐熱性，電気絶縁性，耐金属腐食性，低毒性などの優れた性質を有する。主な用途は冷却媒体，発泡剤，スプレーの噴射剤，洗浄溶剤，消火剤などである。ハロカーボン類は成層圏オゾンを破壊する物質として知られている。また，温室効果ガスとしても重要で，温室効果は二酸化炭素の1万倍以上と大きい。

オゾン層破壊

地球上のオゾン（O_3）量の約90％は高度10～50kmの成層圏に存在する。とくに，高度25km付近を中心としてオゾン濃度の高いオゾン層を形成している。このオゾン層は太陽光線に含まれる有害紫外線を吸収し，地上の動植物の生存を可能にするバリヤーとしての役割を持っている。

この成層圏オゾンが，大気中に放出されたフロンガスにより破壊され，地表に到達する有害な紫外線量が増加する。その結果，皮膚ガンや白内障が増加し，生態系への影響などが発生するというのがオゾン層破壊の問題である。フロンによるオゾン層破壊の証拠の一つが南極のオゾンホールの発見（1885）である。

紫外線は波長によって，UV-A（320～400nm），UV-B（280～320nm），UV-C（280nm以下）に区分されている。300nm以下の波長の有害紫外線は成層圏のオゾンによってほぼ完全に吸収されるため，地表面に到達する紫外線はUV-AとUV-Bの一部である。オゾン層破壊により，UV-Bの地上への到達量が増加する。

成層圏オゾン層を破壊する主要な物質としては，大気中でとくに分解しにくいクロロフルオロカーボン（CFCs，フロン）があげられる。また，ハロン，メチルクロロホルム，四塩化炭素，臭化メチル，一酸化二窒素などもオゾン層を破壊

する物質としてあげられている。

フロン

クロロフルオロカーボン（CFCs）のこと。フロンは日本における通称名。成層圏オゾンを破壊する能力の大きな15種類の特定フロン類が，1996年までに全廃されている［→ハロカーボン類を参照］。

臭化メチル

化学式はCH_3Br。常温で無色，無臭の気体。殺虫活性が認められることから土壌消毒剤や検疫くん蒸剤として用いられている。オゾン層を破壊する物質として指定され，一部の不可欠用途を除いて，2005年に全廃された。

熱帯雨林破壊

爆発的に増加する開発途上国の人口に対して，食料およびエネルギーを供給するために，耕地や燃料を求めて森林が大量に伐採されている。とくに，東南アジア，赤道アフリカ，中南米の熱帯雨林の破壊が急速に進んでおり，毎年1,130万ha（日本の本州の半分）が失われている。これらの地域から，主だった森林は30年以内に消失するであろうという警告も出ている。森林破壊の主な原因としては，前記のほかに，道路建設や放牧地確保のための大規模開発，焼き畑やそれに起因する森林火災などがあげられる。

砂漠化

生物の潜在的生産力が低下するか破壊され，最終的には土壌が砂漠のような状態になることをいう。すなわち，過度な土地利用や劣悪な土壌管理，あるいは自然的な乾燥化の進行が要因となり，植生の退行遷移が進行する過程を砂漠化といい，その土地はやがて砂漠になる。具体的には，過放牧により牧草の生産が不可能になったり，灌がい農地の塩類集積，土壌侵食などにより，土地が放棄される。世界各地で砂漠化が進行しており，その面積は，毎年600万haに及ぶと推定されている。

酸性雨

大気中に含まれる360ppmの二酸化炭素が蒸留水に溶けて平衡に達したときの水のpHはおよそ5.6を示す。しかし，雨水のなかに，化石燃料などの燃焼や火山活動で発生した硫黄酸化物や窒素酸化物が大気中で反応して生じる硫酸や硝酸が取り込まれると，雨水のpHは5.6よりも低くなることから，pH5.6以下の雨を酸性雨と呼んでいる。

酸性雨といっても，雨や雪，霧などの形で地表に降り注ぐ湿性沈着（酸性雨），大気中でのガス，エアロゾル，粒子状物質がそのまま直接地表に到達する乾性沈着とがある。この湿性沈着と乾性沈着をあわせて酸性降下物としている。乾性沈着の割合は全沈着量の40～50％になると推定される。

酸性雨の影響としては，湖沼の酸性化，土壌の酸性化とそれにともなう有害アルミニウムの溶出，建造物や石像などの溶解がある。なお，ヨーロッパや北米，中国などにおける森林衰退，日本国内におけるスギ，モミ，ブナなどの樹木衰退が酸性雨の影響といわれていたが，現在ではオゾンやエアロゾルを含む酸性降下物，要素欠乏，水ストレスなどの要因が複合的に影響した結果と推定されている。

土壌汚染

土壌汚染

水田，畑などの農耕地土壌にヒトの健康に対して有害な軽金属類および重金属類，PCB（ポリ塩化ビフェニル），ABS（アルキルベンゼンスルホン酸塩）などの化学物質が蓄積し，農作物の生育障害および収量が減少するなどの被害が発生することをいう。大気汚染，水質汚濁などとならぶ公害の一つである。

土壌汚染化学物質としては，軽金属類はバナジウム，ベリリウムなど，重金属類はカドミウム，銅，亜鉛，鉛，ニッケル，クロム，水銀など，非金属類はヒ素，セレン，アンチモンなど，有機塩素化合物は四塩化炭素，ジクロロメタン，PCBなど，農薬はシマジン，チウラム，一部の有機リンなど，そのほかの化合物はABS，シアン，ベンゼンなどがあげられる。

このうち，重金属類が農耕地土壌に蓄積し，農作物の生育障害や，農産物中に

農用地土壌汚染対策地域の指定条件

特定有害物質	対策地域の指定用件
カドミウムおよびその化合物（1971年制定）	①米中のカドミウムの濃度が1mg/kg以上であると認められる地域 ②①の地域の近傍であって，土壌中のカドミウムの量が①の地域と同程度以上であり，土性も①の地域とおおむね同一であり，米中のカドミウム濃度が1mg/kg以上となるおそれが著しいと認められる地域
銅およびその化合物（1972年制定）	土壌中の銅濃度が125mg/kg（0.1規定塩酸抽出）以上であると認められる地域（田に限る）
ヒ素およびその化合物（1975年制定）	土壌中のヒ素濃度が15mg/kg（1規定塩酸抽出，その地域の自然条件に特別の事情があり，この値によりがたい場合には都道府県知事が環境庁長官の承認を受けて10～20mg/kgの範囲内で定める別の値）以上であると認められる地域（田に限る）

過剰に含まれるなどの被害が発生することを，重金属汚染という。重金属類の汚染源は，鉱山，精錬所，メッキ工場，清掃工場の排水および排煙があげられる。また，一般に重金属汚染は，汚染源に近いほど汚染度は高く，汚染された重金属の大部分は，作土に含まれており，下層には少ない。水質汚濁が原因とされる重金属汚染では，水田土壌中の重金属濃度は，水口＞中央＞水尻の順に低くなる。汚染された重金属は，半永久的に土壌に残留するなどの特徴がある。

カドミウム汚染

カドミウムは電池，メッキ，顔料，合成樹脂安定剤，合金などに用いられている。化学的性質は，亜鉛に似ており，亜鉛鉱と一緒に産出されるため，亜鉛の鉱山や精錬所などが汚染源である。富山県の神通川流域に発生したイタイイタイ病はカドミウムが原因物質と考えられている。法的規制は，土壌汚染防止法の特定有害物質に指定されており，玄米中濃度が1.0mg/kg（食品衛生法基準）以上およびそのおそれがある地域は農用地土壌汚染対策地域に指定できる。さらに2006年7月に，コーデックス委員会で国際基準値が精米中0.4mg/kgと定められたことを受け，わが国でも食品衛生法基準値の変更が検討中であり，それにともなって土壌汚染防止法の改正も検討されている。また水質汚濁にかかる環境基準のうち，ヒトの健康の保護に関する環境基準は0.01mg/Lである。土壌汚染対策としては，土木的工法で排土，客土する方法や，最近ではファイトレメディエーション（植物浄化）や化学的土壌洗浄法などの技術が開発されている。吸収抑制技術として，水稲では出穂前後3週間を湛水して土壌を還元状態に保つなどの水管理方法や土壌pHを上げて溶出を抑制する技術があり，水稲以外では，品種による吸収抑制技術などがあげられる。

ヒ素汚染

ヒ素は，木材の防腐剤，半導体，農薬などに用いられ，土壌汚染は宮崎県土呂久鉱山，島根県笹が谷鉱山など，鉱山排水に由来するものが多い。ヒ素の法的規制は，土壌汚染防止法において特定有害物質に指定され，乾燥土壌で15mg/kg以上の水田については，農用地土壌汚染対策地域に指定できる。水質汚濁に係る環境基準においては，ヒトの健康の保護に関する環境基準が0.01mg/Lとされている。

ヒ素の物理化学的性質はリンと似ており，植物体内でヒ素が過剰になるとATPの生成を阻害し，根におけるカリウムの吸収を抑制する。ヒ素は，還元状態の水田では，亜ヒ酸となって溶け出すため被害が大きくなる。この対策には，節水栽培や排土，客土がある。

鉛汚染

鉛は，鉛蓄電池の極板，各種の鉛顔料，染色助剤，ゴムの耐熱増強剤，塩化ビ

土壌の汚染に係る環境基準

平成3年8月23日環境庁告示第46号
最終改正 平成20年5月9日環境省告示第46号

項目	
カドミウム	検液1Lにつき0.01mg以下であり,かつ,農用地においては,米1kgにつき1mg未満であること。
全シアン	検液中に検出されないこと。
有機燐	検液中に検出されないこと。
鉛	検液1Lにつき0.01mg以下であること。
六価クロム	検液1Lにつき0.05mg以下であること。
ヒ素	検液1Lにつき0.01mg以下であり,かつ,農用地(田に限る)においては,土壌1kgにつき15mg未満であること。
総水銀	検液1Lにつき0.0005mg以下であること。
アルキル水銀	検液中に検出されないこと。
PCB	検液中に検出されないこと。
銅	農用地(田に限る)において,土壌1kgにつき125mg未満であること。
ジクロメタン	検液1Lにつき0.02mgであること。
四塩化炭素	検液1Lにつき0.002mg以下であること。
1,2・ジクロロエタン	検液1Lにつき0.004mg以下であること。
1,1・ジクロロエチレン	検液1Lにつき0.02mg以下であること。
シス・1,2・ジクロロエチレン	検液1Lにつき0.04mg以下であること。
1,1,1・トリクロロエタン	検液1Lにつき1mg以下であること。
1,1,2・トリクロロエタン	検液1Lにつき0.006mg以下であること。
トリクロロエチレン	検液1Lにつき0.03mg以下であること。
テトラクロロエチレン	検液1Lにつき0.01mg以下であること。
1,3・ジクロロプロペン	検液1Lにつき0.002mg以下であること。
チウラム	検液1Lにつき0.006mg以下であること。
シマジン	検液1Lにつき0.003mg以下であること。
チオベンカルブ	検液1Lにつき0.02mg以下であること。
ベンゼン	検液1Lにつき0.01mg以下であること。
セレン	検液1Lにつき0.01mg以下であること。
フッ素	検液1Lにつき0.8mg以下であること。
ホウ素	検液1Lにつき1mg以下であること。

ニル安定剤,農薬などに広く用いられている。汚染源としては,鉱山,製錬所,メッキ工場,ガソリン中の四エチル鉛などがある。地殻中の濃度は16mg/kg,一般土壌中2～200mg/kg,都市部の地表面では300mg/kgである。鉛についての法規制は,水質汚濁に係る環境基準のうち,ヒトの健康の保護に関する環境基準

が0.01mg/L以下，水質汚濁防止法における排出基準は1mg/L，水道法にもとづく水道水の水質基準は0.01mg/L以下，大気汚染防止法における排出基準は，ばい煙発生施設の種類ごとに10〜30mg/m3N（Nは標準状態），と定められている。イネの水耕栽培では，50〜150mg/Lで被害が出始めるが，吸収量は少ない。根からの吸収による可食部への集積は，根菜類を除いてほとんど心配ない。

▎銅汚染

　銅は，電線，合金，鋳物，農薬，医療品などの原料として広く用いられ，汚染源は，鉱山，製錬所などである。足尾銅山の排水による渡良瀬川流域の水稲被害は有名である。銅の法的規制は，土壌汚染防止法による特定有害物質に指定され，乾燥土壌で125mg/kg以上の水田は，農用地土壌汚染対策地域に指定できる。水道法における水道水の水質基準では1.0mg/L以下とされている。

　銅は植物にとって必須元素であるため，土壌中の含有量が低いと欠乏症を起こすことがある。一方，過剰であると酸性土壌では根の生育不良や養水分の吸収阻害を起こす。クローバー，ウマゴヤシは銅に対して感受性が高く指標植物となっている。

▎亜鉛汚染

　亜鉛は，トタン板や真鍮（黄銅）の材料として広く用いられている。環境省は，1984年に土壌中の有害重金属濃度を推定する指標物質として亜鉛を選定し，土壌汚染の未然防止に係る環境省の管理基準値として，土壌中の全亜鉛濃度を120mg/kgと定めている。

▎クロム汚染

　クロムはステンレス鋼の重要な成分となっているほか，メッキ，皮なめし，顔料，合金などに広く用いられている。法的規制は，水質汚濁に係る環境基準のうち，ヒトの健康の保護に関する環境基準が六価クロムとして0.05mg/L以下と定められている。水稲の水耕栽培では，5mg/Lから障害が発生するが，穂への移行は少ない。

▎鉱毒害

　鉱山，製錬所などから排出される有害物質による被害であって，排水害と煙害に大別される。排水害は，硫酸性の坑内水によってもたらされる亜鉛，銅，カドミウム，ヒ素などの重金属汚染である。煙害は亜硫酸ガスや硫酸ミストなどのほか，排水害と同様の重金属類を含み，人間や植物に対する直接の被害や土壌の酸性化および土壌汚染を引き起こす。

▎水　銀

　水銀化合物には，無機水銀化合物と有機水銀化合物があり，人間の腸管からの無機水銀化合物の吸収率は10％以下と低い。一方，メチル水銀やアルキル水銀

のような有機水銀化合物は，無機水銀化合物に比べて腸管からの吸収率が高い。とくにメチル水銀は，魚介類中の含有量が高く，暫定的規制値として0.3mg/kg，総水銀として0.4mg/kgとされている。水質汚濁に係る環境基準のうちヒトの健康に関する環境基準値が，総水銀として0.0005mg/L以下と定められている。作物は40～500mg/Lで障害を受けるといわれているが，水田などの還元状態では，不溶性の硫化水銀に変化し，水稲などの作物には吸収されにくくなる。

環境修復（土壌修復）

　破壊や汚染などによって環境が損なわれた状況から，元の状態に戻すことをいう。このうち土壌が汚染された場合の修復手法としては，土木的工法の排土，客土のほかに，土壌中の有害物質のみを除去する生物浄化（バイオレメディエーション）および化学的土壌洗浄技術などがある。バイオレメディエーションは，微生物などが有害物質を分解して除去する能力や，植物が重金属類などの有害物質を吸収して蓄積する能力を利用する技術である。また塩化第二鉄を使用した土壌洗浄技術は，水田のカドミウム除去法として実用化されている。

ファイトレメディエーション（植物浄化）

　バイオレメディエーションのうち植物を用いた有害物質の除去技術のことで，有害物質を吸収して蓄積する植物を栽培して圃場から持ち出すことなどによって土壌修復を図る。土壌修復手法のなかでは低コストで行なえる技術である。水田のカドミウム汚染では，水稲の高吸収品種を用いた土壌浄化技術がある。

水質汚濁

水質基準

　水質汚濁に係る環境基準は，環境基本法第十六条により規定されている。ヒトの健康を保護し，および生活環境を保全するうえで維持されることが望ましい基準として定められており，法的な規制をともなわない行政上の諸施策の目標値として位置づけられている。公共用水域を対象として「人の健康の保護に関する環境基準」と「生活環境の保全に関する環境基準」に分けられている。地下水については1997年に基準が定められた。項目と基準値は公共用水域の「人の健康の保護に関する環境基準」と同じである。
　「人の健康の保護に関する環境基準」は，ただちに達成し，維持すべきものとされている。当初カドミウムなど7項目について定められたが，順次追加され，1999年に「硝酸性窒素および亜硝酸性窒素」はじめ3項目が加わるなどして，2009年現在27項目となっている。

「生活環境の保全に関する環境基準」は，海域，湖沼，河川をそれぞれ利用目的に応じた類型に分け，類型ごとに設定されるもので，著しく汚濁を生じている（生じつつある）水域については原則5年以内の達成が目途とされる。pHと有機汚濁指標（BOD（河川），COD（湖沼・海域），SS，DO，大腸菌群数）のほか，海域に油汚染指標としてn-ヘキサン抽出物質が，湖沼と海域に富栄養化関連物質の窒素とリンの基準値が設けられている。さらに，2003年には，新たに水生生物保護の観点から，河川，湖沼，海域のすべてに，全亜鉛が項目として追加された。

水質の規制は，水俣病やイタイイタイ病の発生を契機として1958年に制定された水質保全法と工場排水規制法によって個別の水域，業種を指定して行なわれていたが，この二法を束ねて1970年に制定された水質汚濁防止法では，環境基準を達成・維持するための措置として，全国一律の排水基準が定められるとともに，事業者責任の明確化，地方自治体の権限強化などが行なわれている。

環境基準は，今後も科学的知見の集積により，基準値の変更や項目の追加などの改定が行なわれるものである。

pH

pHは，集水域の地質や植生の影響を受ける。たとえば石灰岩地帯の陸水はアルカリ性を，腐植の流れ込む水域では酸性を示す。富栄養湖沼では，光合成がさかんな表水層で高くなり，深水層では呼吸による二酸化炭素の増大にともない低下する。地下水は一般には二酸化炭素濃度が高いためpHは低くなっているが，汲み上げて溶存二酸化炭素が大気平衡濃度に達すると，より高いpH値を示すことが多い。

EC（電気伝導度）

電気伝導率，導電率ともいう。水溶液のECは溶けているイオン量とそれぞれのイオン種の電気を運ぶ早さによって決まる。単位はS m^{-1}で示す。温度により変化するので，通常，25℃の値に換算して表わす。イオン総量の簡易指標として有効である。

SS（懸濁物質，浮遊物質）

水中に溶解せずに懸濁している粒径2mm以下の物質の総称。ろ紙でろ過して捕捉される物質をいう。ろ紙は目的に応じて使い分けられるが，孔径1μmのものが利用されることが多い。SSには，プランクトンやバクテリアなどの生物，デトリタス，土壌粒子などが含まれる。ろ紙上に集めたSSの成分を分析することにより，その由来を推定する試みもなされている。

富栄養化によるプランクトン増殖の場合，100mg/Lを超えることはまれであるが，降雨時の畑地からの表面流出や水田の代かき排水では1,000mg/Lを超え

ることもめずらしくない。

BOD（生物化学的酸素要求量）

水中の有機物など生物学的に酸素を消費する物質の量、すなわち有機汚濁を示す指標である。通常、5日間、20℃、暗条件で試水を培養し、有機物が微生物によって酸化分解される過程で減少した溶存酸素量を測定して求める。BODの高い水には、生物学的に易分解性の有機物が多く含まれ、その分解にともなう溶存酸素の消費により好気性生物の生存が脅かされる。このような理由から、河川や排水の水質評価のうえで重要な有機汚濁指標として用いられている。

COD（化学的酸素要求量）

BODとともに主に水中の有機物量を示す指標としてよく用いられる。BODが有機物の微生物分解による酸素消費量を示すのに対し、CODは強力な酸化剤（たとえば過マンガン酸カリウム）を加えて一定条件で反応させたときの酸化剤の消費量を酸素量に換算したもので、微生物に難分解性の有機物も含まれる。環境基準では、BODが河川に用いられているのに対して、CODは、湖沼、海域に適用される。このことは、河川では有機物の分解による短期間の酸素消費が生態系に大きな影響を与えるのに対し、湖沼、海域では短期間の酸素消費を問題とするよりも、富栄養化にともなう有機物生産の増大を評価するほうが汚濁程度をよく表わせる点で理にかなっている。

DO（溶存酸素）

水中に溶けている酸素のことをいう。大気の酸素濃度と平衡状態のときの溶存酸素濃度を100％として飽和度で示す場合もある。DOは水生生物の生存と深く関わるので、生態系保全の観点から重要な項目である。水に溶け込む酸素の量は少なく、1気圧、20℃における飽和量は9.17mg/Lであり、温度、塩分が高くなるにつれて低下する。また、標高の高い水域では気圧が低いため飽和量は小さくなる。

大腸菌群数

し尿による汚染の程度を簡便に知るための指標である。大腸菌群は、グラム陰性の無芽胞の桿菌で、乳糖を分解して酸と気体を産生する好気性または通性嫌気性菌と定義されており、大腸菌以外の細菌も若干含まれる。

n-ヘキサン抽出物

主に不揮発性の油分などを表わす指標として用いられる。n-ヘキサンによって抽出され80℃ 30分の乾燥で揮散しない物質の総称であり、抽出物には、石油系炭化水素、動植物油脂、脂肪酸類、エステル類、アミン類、界面活性剤などが含まれる。

湖沼水質保全特別措置法（湖沼法）

1984年に制定された法律で、一般に略して湖沼法とも呼ばれる。閉鎖性水域である湖沼は、水の交換速度が遅く汚濁が進みやすい。このため、富栄養化に関する水質基準値の達成状況が、海域、河川に比べて低く、水質改善のための総合的、多面的取り組みが必要となったことから制定された。

本法にもとづき、総理府告示により湖沼水質保全基本方針が定められ、水質改善の緊急に必要な湖沼（指定湖沼）と地域（指定地域）が指定されている。指定地域においては、湖沼水質保全計画を都道府県知事が策定し、水質保全施策を実施する。計画期間は原則5年間とし、指定湖沼水質の把握、汚濁負荷量の算定とそれらの将来予測、水質基準達成に有効な水質保全対策が検討されたうえで、各種水質保全施策の推進が図られる。

指定湖沼は、2009年現在で、釜房ダム、霞ヶ浦、印旛沼、手賀沼、諏訪湖、野尻湖、琵琶湖、中海、宍道湖、児島湖、八郎湖の11湖沼が指定されている。

水質保全計画のなかで農地からの負荷削減対策としては、環境保全型農業の推進があげられるが、琵琶湖や八郎湖では、面源対策に水田からの濁水流出防止が盛り込まれ、先に指定湖沼となった琵琶湖では流入河川の透視度向上などに効果が現われている。

富栄養化

窒素やリンなどの栄養塩の増加にともない、水域の生物生産力が高まり有機物が蓄積していく状況をいう。本来は湖沼学で、湖沼の自然遷移の過程を表わす用語であるが、近年は、自然遷移における富栄養化とは一線を画した、人間活動に由来する集水域の各種排水、余剰肥料分の流入などから高濃度で恒常的にもたらされる栄養塩による富栄養化、いわゆる「人為的富栄養化」が問題となっている。

人為的富栄養化が進むと、淡水赤潮、アオコ現象、水草の大増殖、貧酸素水塊の発生が頻発し、各種用水、生物資源の利用の面で、また生物多様性の保全や景観的価値の観点からも、著しい支障を生ずる。

人為的富栄養化の原因は、植物の栄養となる窒素やリンの流入負荷と、それらの水域内部での蓄積と循環による内部負荷である。

赤潮（青潮）

赤潮とは、海域で大増殖したプランクトンが水表面に集積して赤色や茶褐色などを呈する現象のことである。湖沼やダム湖、ため池で起きる場合は、淡水赤潮と呼ばれることもある。発生原因は、栄養塩の増加による富栄養化が主なものとされている。

赤潮の発生する海域では、深層に有機物が蓄積しバクテリアが増殖して酸素が枯渇する貧酸素水塊が形成されることがある。貧酸素水塊が、陸からの強風によ

る表面水の動きに連動して湧昇すると，水の色はコロイド化した硫黄により乳青色や乳白色となる。この現象を青潮また苦潮という。

TOC（全有機炭素）

　水中に含まれる有機物中の炭素量。TOCは，溶存有機炭素（DOC）と懸濁有機炭素（POC）を総じたものである。DOCは，適当なろ紙（一般には孔径$1\mu m$のものがよく使われる）でろ過した水に含まれる有機物中の炭素を指す。POCは懸濁物質に含まれる有機物中の炭素である。DOCの内容は，炭水化物，タンパク質，脂質，アミノ酸，腐植などであるが，これらを個別，正確に測定することは難しく，総量としてDOCが測定されることが多い。POCは一般にプランクトン，デトリタスに由来する炭水化物，タンパク質，脂質が主とされる。

　これらの指標は，人為的に負荷される有機汚濁物質としての重要性と有機物が生物の代謝の諸過程に深く関わる点で，有意義な指標である。

クロロフィル濃度

　クロロフィルにはa，b，c，dの4種類があり，プランクトンの種類によって含まれるクロロフィルは若干異なる。しかし，通常は，光合成の主体を成し，すべての植物プランクトンに含まれるクロロフィルaの量を，植物プランクトン現存量の指標として用いる。クロロフィルaと全窒素，全リン，SS，COD，透明度などの水質指標との間には一定の関係があることが知られている。

透明度

　直径30cmの白色のセッキー円盤を上げ下げして，それが見えなくなる，あるいは見え始める水深のことをいう。類似の指標に透視度がある。これは，透明の円筒に試水を入れたとき，底面の標識板の二重十字が判別できる深さで示される。

面源負荷

　汚濁物質の排出源が特定できる工場，下水処理場，家庭，畜産などの点源（特定発生源）と異なり，発生源の特定しにくい山林，農地，市街地，降水，地下水などを面源（非特定発生源）と呼び，そこからもたらされる負荷を面源負荷という。一般に面源負荷は降雨時に大きくなる特徴を有する。排出源が特定できないことと面源からの排出の態様がさまざまであるため負荷量の算定には困難をともなうが，個別ケースでは採水・観測の自動化などにより，降雨時も含めた実測データの集積が進みつつある。

集水域

　河川，湖沼などに降水が流入する全地域をいう。流域と同義語である。河川，湖沼の水質は，降った雨が集水域の複雑な経路を通ってきた結果ということもできる。集水域の土地利用は水質に影響する一因である。たとえば集水域に占める畑の割合が高いと，河川の硝酸性窒素濃度が高くなることが知られている。その

程度は，投入された窒素量から収穫物として系外に持ち出された窒素量，すなわち余剰窒素量と一定の関係があるとされる。このように集水域のそれぞれの土地利用の面積率のほか，地形，人口密度，家畜飼養密度，水資源の利用形態，水処理状況などが水質に大きく影響するため，湖沼や内湾の水質保全にあたっては集水域管理のあり方が問われている。

汚濁負荷量

　汚濁負荷とは水系に流入する陸域から排出された汚濁物質の量をいうが，流出の過程によって発生負荷，排出負荷，流達負荷に分けられる。すなわち，発生負荷は，点源，面源において発生した汚濁負荷（肥料，家畜ふん尿，廃棄物など）のことをいい，このうち，点源における排水処理や，面源における土壌や生態系での自浄作用，貯留プロセスなどを経て，河川などに流出する負荷を排出負荷という。さらに排出負荷のうち対象水域まで到達したものを流達負荷という。

　汚濁物質の濃度が低くても排水量が大きければ流入水系に与える影響は大きくなるので，水質保全対策は，濃度と汚濁負荷量の両面から検討する必要がある。とくに重金属や栄養塩などが蓄積する湖沼や内湾など閉鎖性水域では，汚濁負荷量での規制が重要である。ある水域において汚濁負荷量を削減するということは，流達負荷量を減らすということであり，そのためには，発生負荷量を減らすことに加えて，水処理効率や浄化率を高めて単位発生負荷量あたりの排出負荷量を低減し，流達過程において自浄作用を活用した負荷低減を図るなど，総合的な対策が重要である。

　汚濁負荷量は，濃度に流量を乗じて求められるが，広範囲な流域の汚濁負荷量を求める場合には，実測することが不可能なので，原単位を利用して算出される。原単位は，点源では水処理方法などによる変動幅があり，面源では，気象，地形，土壌などの立地条件や農地における土壌・栽培管理方法によって異なるので，対象とする流域の実態を勘案した原単位を適用する必要がある。

流出率（流達率）

　流出と流達の定義は必ずしも定まっていないが，流出率は，通常，流域からの流出量の流域全体の降水量に対する比をいう。短期的な水収支計算では直接流出率が，長期的には地下水流出を含めた全流出率が求められる。汚濁物質について「流出率」が用いられる場合，一般には，発生源からの排出負荷量に対する河川などへの流出量の比として表わされる。肥料成分や農薬については，投入量（発生負荷量）に対する流出量の比の意味で用いられることも多い。

　河川などへ排出された汚濁負荷は移流・拡散過程において自浄作用や貯留により減少する。これを考慮し，河川などへの排出負荷量のうち，下流のある地点まで達した負荷量（流達負荷量）の割合を流達率という。正確な流達率の算定に

は，到達までの時間の遅れを考慮する必要がある。

自浄作用

河川や湖沼に流入した汚濁物質が水中の物理的，化学的および生物学的作用を受けて，次第に減少していくこと。狭義には，汚濁物質はBODやCODで表わされる有機物に限定される。浄化の過程には，沈澱，吸着，生物的分解があるが，このうち沈澱や吸着による浄化は，水中からは除去されるが底質などへの蓄積が起きるので，生物的分解による浄化のみを真の自浄作用とすることもある。自浄作用の大きさは，汚濁物質を吸着できる容量や水への酸素の供給量に依存するため，限界がある。

バイオジオフィルター

有用植物と天然鉱物ろ材を組み合わせて，植物の養分吸収機能，ろ材の吸着・ろ過機能および付着微生物の浄化機能を利用する水質浄化方法。ろ材には栄養塩吸着能の高いゼオライトや鹿沼土がよく用いられる。ろ材上に資源植物，花き，水生植物などの植生を加えることにより，資源・作物生産，景観形成や人工的ビオトープの機能などを合わせ持つ。

排水基準

環境基準を達成・維持するために，水質汚濁防止法により，一定排水量（50m³/日）以上の特定工場・事業場を対象に定められた排水濃度の基準。2009年現在，健康項目27項目，生活項目15項目が全国一律の排水基準として設定されている。この排水基準では環境基準の達成・維持に十分でないと認められた場合には，都道府県知事に，より厳しい上乗せ基準を設ける権限が与えられており，実際に，総量規制がかかる地域などで設定されている。

排水原単位

ある対象施設，流域からの汚濁物質の負荷量は，それらが実測されていない場合には，既存の資料から求めた標準的な単位当たりの汚濁負荷量を用いて算出する。この単位当たりの汚濁負荷量を原単位と呼び，たとえば，畜産業については，家畜1頭（羽），1日当たりの汚濁負荷量，農地などの面源では，1ha，1年間当たりの汚濁負荷量（kg）として示される。

これまで各地で農地に関して用いられている原単位は，水田では，全窒素10kg/ha/年前後，全リン1kg/ha/年前後，畑では全窒素数十kg/ha/年，全リン0.5kg/ha/年程度のことが多いが，項目によっては対象地域間で数倍〜10倍程度と相当の幅が見られる。

農業（水稲）用水基準

1950年代からの高度経済成長期に全国各地で工業排水，生活排水による水質汚濁がもたらした農業被害に対応するため，1970年に農林省公害研究会により

定められた水稲栽培用の用水基準である。法的効力はないが、水稲の正常な生育のために望ましい基準として用いられている。9項目について基準が設定されており、基準値は、水稲の被害が発生しないための許容限界濃度を検討して定めたものである。

基準値は、pH：6.0〜7.5、EC：0.3dS m^{-1}以下、COD：6mg/L以下、SS：100mg/L以下、DO：5mg/L以上、全窒素：1mg/L以下、ヒ素：0.05mg/L以下、亜鉛：0.5mg/L以下、銅：0.02mg/L以下である。なお、公共用水域の生活環境の保全に関する環境基準にも農業用水目的とされる類型が設けられており、農業用水利水点においては、河川D類型と湖沼B類型でpHとDO、および湖沼V類型で全窒素の農業用水基準値が適用されている。

地下水汚染

地下水は地表水と比べて流れが非常に遅いため、いったん汚染されると長期にわたって汚染が継続し、汚染物質は移流・拡散によって最終的には湧出する河川などの地表水も含めた下流方向に広範囲に広がる。

地下水汚染を防止する措置として、1989年の水質汚濁防止法の改正では、有害物質を含む排水の地下浸透の禁止、都道府県知事による施設の改善命令などの規定の整備、地下水水質の常時監視の義務づけなどの条項が追加された。また、1997年に地下水の水質汚濁に係る環境基準が定められ、2009年現在では、28項目の健康項目について、地下水水質の常時監視が行なわれている。この間、1994年からは、汚染源が農業とも関連の深い「硝酸性窒素および亜硝酸性窒素」など3項目が環境基準の要監視項目となり、1999年には、正式に環境基準項目に追加された。さらに、1999年には、ダイオキシン類対策特別措置法により、ダイオキシンについて地下水を含む水質基準が定められている。

環境省がとりまとめる水質汚濁防止法にもとづく全国の地下水調査結果によると、1989年以来、環境基準超過事例のまったく認められない項目があるのに対して、有機塩素系溶剤による汚染と砒素、ふっ素、鉛、硝酸性窒素および亜硝酸性窒素に関しては依然として基準超過率が高い。とくに硝酸性窒素および亜硝酸性窒素は、常時監視開始以来、毎年、26項目中最大の超過率であり、改善割合も低いまま推移している。

硝酸汚染

1970年代以降、世界各地で地下水や湧水中の硝酸性窒素濃度の上昇が報告されている。硝酸性窒素は、人体内で亜硝酸性窒素に還元されヘモグロビンと結合しメトヘモグロビンを生成し、酸素欠乏症（メトヘモグロビン血症）の原因となることから、日本では、水道水基準と環境基準で10mg N/L（亜硝酸性窒素も含む）の基準値が設けられている。

水質汚濁防止法にもとづく全国の地下水調査では、調査を開始した1999年以来、毎年新たな調査地点から地点数の4～6%程度の基準超過井戸が見つかり、汚染井戸の継続調査でも改善傾向の見られる井戸の割合は2007年現在で12%と低い。特定あるいは推定される汚染源は、施肥由来が最も多く、ついで家畜排せつ物、生活排水となっている。

農耕地での硝酸汚染は広範囲に及ぶことも多く、施肥量の低減・適正化、家畜排せつ物の適正管理による窒素負荷低減対策が重要であるが、地下水汚染の性格上、効果はただちには現われにくい。しかしながら、比較的単一の作目が栽培され、施肥の大幅削減が可能なケース、たとえば、岐阜県のニンジン産地や静岡県のチャ園地帯では、適正施肥の実践により地下水や河川の硝酸性窒素濃度が顕著に低下した例も報告されている。

窒素安定同位体比（$δ^{15}N$値）

窒素には^{14}Nと^{15}Nの二つの安定同位体が存在するが、大気中の両者の存在比を標準として、それぞれの試料の安定同位体組成が、標準からどのくらいずれているかを千分率（パーミル）で示したもの。$δ^{15}N$値は窒素化合物の種類によって異なり、また窒素循環における諸反応によって変動することから、窒素の起源推定や、アンモニア揮散、脱窒などを含む窒素循環研究で応用される。

トリハロメタン

メタンを構成する4個の水素原子のうち3個がハロゲンの塩素または臭素に置換した化合物の総称。水道水基準では各化合物に基準値が設定されているほか、総トリハロメタンで0.1mg/Lとされる。フミン質と塩素の反応により生じ、水中のフミン質濃度の上昇がトリハロメタン生成能を増大させることが明らかとなっている。

農薬汚染

散布された農薬が河川などの水系に至るパターンには、主として水に溶解あるいは土壌粒子などに吸着した形での流出のほか、散布時のドリフト、揮散した農薬の雨による降下がある。水田で使用された農薬は田面水に溶存するため、水管理や降雨のタイミングによっては流出して河川などを汚染する危険性がある。1950～1960年代には、DDT、BHC、ディルドリンなど、毒性と残留性の高い農薬の流出が水生生物に深刻な被害を与えた。これらの農薬は、使用が禁止された現在でも水中や水生生物から未だに検出される。とくに、生物濃縮によって食物連鎖高次の大型動物に高濃度の蓄積が認められる。また、農薬のなかには内分泌かく乱作用の疑われるものがあり、その一部は環境基準の要監視項目に準じて測定が実施されている。

炭酸物質

炭酸物質は淡水の主成分で，各炭酸物質間には下式の平衡が成立している。この平衡はCO_2やH^+の増減に応じて移動し，各炭酸物質の存在比が変わる。生物活動にともなう有機物動態や水のpHに関わる点で重要である。

$$CO_2 + H_2O \Leftrightarrow H_2CO_3 \Leftrightarrow HCO_3^- + H^+ \Leftrightarrow CO_3^{2-} + 2H^+$$

大気汚染

大気汚染

一般に事業活動や人間活動により，人為的につくり出された物質が，本来の大気組成を乱した結果，作物の生育および収量に影響が認められたり，人間の健康にとって好ましくない状態になる現象をいう。大気汚染の発生機構は，主として燃焼であり，石炭および石油の燃焼産物の大気への拡散による。

最近は，自動車の排気ガスが汚染物質に加えられるなど大気汚染の様相が変化している。すなわち，降下ばいじんが主体の時代から，大気汚染物質の光化学反応によって二次的に発生した光化学オキシダントの時代へと変化している。また，発生地域も，工場周辺など限られた狭い地域から，自動車などの移動発生源が原因となって，広域化する様相に変化してきた。

大気汚染物質

大気汚染物質には，気体状物質と，液体状または固体状物質がある。気体状物質は，二酸化硫黄（亜硫酸ガス）を主体とした硫黄酸化物，二酸化窒素などを主体とした窒素酸化物，一酸化炭素，炭化水素類，塩素およびフッ素などのハロゲン化合物，オゾンなどのオキシダント（二次汚染物質）などである。液体状または固体状物質は粒子直径の大きさから降下ばいじんと粒子の直径が$10 \mu m$以下の浮遊粒子状物質がある。

植物に対して毒性の強い気体状汚染物質は，二酸化硫黄，フッ化水素，二酸化窒素，光化学オキシダントであり，浮遊粒子状物質としては硫酸ミスト，硝酸ミスト，海塩ミストなどがある。植物は一般に大気汚染物質に感受性が高い種類が多く，とくに農作物の多くの種類は高い感受性があるため，生育および収量に被害が発生しやすい。

二酸化硫黄（亜硫酸ガス）

分子式SO_2で表わされる，無色で腐敗した卵に似た刺激臭の気体。硫黄を含む化石燃料の燃焼や火山の噴火により発生する大気汚染物質の一つである。かつてはこれによる障害を煙害と表現していた。現在では，排煙施設に脱硫装置が付け

られているため排出量は減少している。大気中の二酸化硫黄の濃度が高いと葉肉細胞が破壊され，可視被害が発生する。感受性の高いアルファルファ，オオムギ，ワタなどの植物では，0.1～0.3ppmの数時間暴露で障害が発生する。

フッ化水素

フッ素は化学的に活性が高いため単体のガスとして発生することはまれで，大気中には主としてフッ化水素（HF）の形で存在する。フッ化水素の発生源としては，瓦製造，陶磁器製造工場などがあげられる。また，自然発生源としては火山の噴煙がある。

フッ化水素は植物にとって最も毒性の強い大気汚染物質で，二酸化硫黄の数十倍～数百倍の毒性を持っている。フッ化水素に被曝した植物は体内にフッ素を蓄積する。正常な植物の成熟葉中フッ素含有率は，ツバキ科など一部植物を除いて，乾物あたり20mg/kg以下である。

光化学オキシダント

光化学オキシダントは，工場や自動車などから排出された窒素酸化物および炭化水素が，太陽光の紫外線下で光化学反応を起こして，二次的に生成した酸化性の大気汚染物質である。光化学オキシダント中の主要な酸化性物質は，オゾンとPANであり，これらは人間および植物に有害である。光化学オキシダントは，大気汚染物質のなかでも，とくに植物に対する毒性が強く，感受性の高い植物では，0.1ppm程度のオゾン，0.03ppm程度のPANに数時間さらされると，可視被害を生じる。植物のなかでも農作物は光化学オキシダントに対する感受性が高く，イネ，ムギ類，マメ科牧草，葉菜類，果菜類などの多くの種に影響が認められる。

オゾン

化学式はO_3。強い酸化作用を持った気体で，殺菌，脱臭などに利用される。対流圏に0.03ppm程度，上空25kmを中心とする成層圏オゾン層に0.2～10ppm程度存在する。光化学反応によって対流圏のオゾン濃度が0.1～0.2ppmに高まると，人体や植物に被害が発生する。一方，成層圏オゾンは有害紫外線を吸収するバリヤーとしての役割を有する［→**光化学オキシダント，オゾン層破壊**を参照］。

浮遊粉じん

空気中に浮遊しているばいじん（工場などから排出されるもの）と粉じん（物の粉砕などによって発生するもの）の両者をあわせたもの。そのうち，粒径が$10\mu m$以下の小さいものを浮遊粒子状物質（SPM）という。

降下ばいじん

空気中に浮遊しているばいじんや粉じんのうち，自重や雨の作用で地上に落下した総混合物をいう。この落下量は，ある地点における汚染の目安となる。

窒素酸化物

物が高い温度で燃えたときに，空気中の窒素と酸素が結びついて発生する一酸化窒素（NO）や二酸化窒素（NO_2）などのこと。光化学オキシダントや酸性雨の原因となる。

ダイオキシン類

ダイオキシン類は，①ポリ塩化ジベンゾーパラージオキシン（PCDD），②ポリ塩化ジベンゾフラン（PCDF）および③コプラナーポリ塩化ビフェニル（Co-PCB）と定義されている。塩素の結合数や結合位置によって，200種類以上の異性体が存在する。このうち，毒性を持つものは29種類である。PCDDのうちの2,3,7,8－TCDDが最も毒性が強い。

ダイオキシン類は，通常は無色の固体で，水に難溶性で蒸発しにくいが，脂肪などに溶けやすいため，生体内に蓄積しやすい。ごみなど廃棄物の焼却での発生が最も多い。

情報編

農地情報

地理情報システム

　位置に関する情報を持ったデータを総合的に管理・加工し，視覚的に表示し，高度の分析や迅速な判断を可能にする技術。略称GIS（Geographic Information Systems）。GISでは，既存の地図，現地踏査，空中写真，衛星画像などから得られたさまざまなデジタル空間データ（地理空間情報）を層（レイヤー）に分けて管理し，これらのデータを空間的位置にもとづいて統合し，重ねあわせて分析・表示することが可能となる。

　GISの実用化はおおむね1970年代に始まり，その利用場面は多岐にわたる。道路や河川などの社会資本に関するデータや地形・地質，土地利用などの国土の状況を示すデータなどを一度に効率的に管理できることから，政府系の機関における国土の利用，整備および保全に関する計画の策定や，地方公共団体における情報提供サービス，公共施設の維持・管理，税務，防災，都市計画などに利用され，民間分野においては，市場調査，施設管理，物流などさまざまな分野での状況把握，分析，意思決定などに利用されている。農業分野では，農地の利用調整や集落営農での農作業効率化，農地や水利施設などの管理，圃場管理などへの利用が進められている。

　GISで使われるデータは，地図や空中写真などの図形情報，地物に関連する属性情報，投影法・縮尺などそのほかの情報に大別することができる。さらに2次元の図形情報は，ラスターデータとベクターデータに区分できる。ラスターデータは，空間を一定間隔の格子点に分割して各格子点に値を与えたもので，空中写真や衛星画像，既存の地図をイメージスキャナに入力した画像，国土数値情報におけるメッシュデータなどである。ベクターデータは，点座標と，それらから構成されるポリゴン（多角形）やポイント，ラインなどによって表現される。

　GISの利用形態は，単独のコンピュータで運用するもの，組織内のネットワークで利用するもの，インターネットで不特定多数に情報を提供するものなど多様であり，それぞれの利用形態，利用目的，規模に応じて汎用ソフトウェアや用途別のアプリケーションが市販・開発されている。

国土数値情報

　国土交通省によって整備・管理されている日本国土のデジタル地理データ。2001年から国土交通省のWebサイトで一般に公開されている。内容としては，地形，土地利用，公共施設，道路，鉄道など国土に関するさまざまな地理的情報

を含む。地点の標高や公共施設の配置などは点情報，河川や道路などは線情報，平均標高，土地利用などは面情報として表わされる。面情報に対しては，単位区域としてメッシュ（方眼）形式が用いられ，全国土を連続的に覆うものとして，標準地域メッシュとそのコードが定められている。このうち，2万5000分の1の地形図の縦・横を各10等分する経緯線網（1区画は約1km^2）を標準地域メッシュ（3次メッシュ）と呼ぶ。標高，地形分類，表層地質，土壌などの情報が，標準地域メッシュごとに記録されている。また，標準地域メッシュ区画を緯線方向および経線方向に10等分した区画を1/10細分メッシュと呼ぶ。

デジタル土壌図

地理情報システムで利用可能な形式に変換した土壌図および属性情報。各種土壌属性の表示や複数の属性の組み合わせによる作物適地・土壌機能などの評価，新規調査データとの結合による土壌情報の更新，異なる土壌分類体系への読み替えなどへの利活用が容易となる。世界の土壌に関しては国連食糧農業機関（FAO）などによるデータベースがインターネットで公開されており，土地生産性の変化，土壌劣化の危険性や炭素貯留機能の評価などの用途が想定されている。日本の農耕地については，地力保全基本調査の成果である5万分の1農耕地土壌図（土壌生産力可能性分級図）データが整備されており，国土調査による20万分の1土地分類基本調査の土壌図データが3次メッシュデータとして国土数値情報に収録されている。また，県レベルで独自の農地土壌情報システムを整備している事例もある。

GPS

全地球測位システム（Global Positioning System）の略称。人工衛星から発射される信号を用いて位置や時刻情報を取得したり，これらを利用して移動の経路などの情報を取得することができる。米国が軍事用に1978年に打上げを開始し，その後，民生分野の利用を認める政策をとったことから，航空や船舶の航法支援，測量，カーナビゲーション，GPS機能付き携帯電話などとして，幅広い分野で活用されている。農業分野では圃場計測，農作業履歴の記録，農作業機器と連動した運転支援や作物情報の収集，資材散布の効率化などへの応用が実用化されつつある。

リモートセンシング

地形や地物，物体などの情報を，遠隔から取得する技術。一般には，人工衛星や航空機などから電磁波（光）によって地表を観測する技術を指すことが多い。地上で比較的近距離から対象物を観測することを近接リモートセンシングという。

電磁波は，波長（周波数）によって，伝播の性質や，物質との相互作用の特性

が異なるので,各波長帯によって適する用途がある。電磁波を観測するセンサには,主に可視域から赤外域の間の波長を用いて太陽の光の反射や放射を測る光学センサ,センサから発射するマイクロ波を使って,対象物が反射するマイクロ波を測る能動型マイクロ波センサ(レーダー)などがある。農業分野では,光学センサを主体に作付け状況の把握,水田面積の推定,作物のバイオマス量・栄養状態の把握,気象災害などの把握,土壌腐植含量・水分の推定などの分野でリモートセンシングが利用されている。

地球観測衛星によるリモートセンシングは,広域を定期的に観測できるという特徴がある。光学センサを持つ代表的な衛星としては米国のランドサット,フランスのスポット,日本の「だいち」などがある。スポット5号衛星の例では,可視から中間赤外域までの4つの観測波長帯を持ち,観測幅は60km,地上分解能(画像を構成する最小単位である画素のサイズ)は10mとなっている。スポット衛星は26日周期で同一地点上空を通過し,センサの観測方向を変えることによって2～3日間隔で同一地点を観測することができる。近年では1m程度の分解能を持つイコノスやクイックバードなどの商業衛星も登場している。

光学センサデータの解析は,主に各画素における波長帯ごとの輝度値(電磁波の強度)にもとづいて行なわれる。植物の緑葉は赤波長域の光を吸収し,近赤外域の光を強く反射するため,両波長域の輝度値の差や比で表わされる植生指数は植物の地上部バイオマス量や葉面積の指標としてしばしば用いられる。

近接リモートセンシングは群落～圃場スケールでの作物診断の支援技術として草丈,茎数,葉色などに関わる情報を迅速に得ることを目的に,携帯型あるいは車載型の分光放射計などを用いて行なわれることが多い。

精密農業

精密農法ともいう。作物が生育する圃場環境の変化や,作物自体の生育変化などを数値情報として把握して,適切な情報処理を行ない,日々の営農に活用する一連の技術的取り組みのこと。圃場環境の観測手段としては,リモートセンシングや収穫機に搭載した収量センサなどがあり,GPSによる位置情報と組み合わせることで,詳細な圃場マップ情報を作成することができる。圃場マップ情報と作業機の位置情報にもとづいて肥料や農薬などの散布量を自動的に制御する可変散布技術によって,圃場のばらつきに対応した最適管理が実現され,生産性を維持・向上しつつ環境負荷を低減することが可能となる。また,品質のばらつきの低減や生産履歴の明確化によって農産物の付加価値向上に寄与することも期待されている。

診断システム

■ 土壌診断システム

　土壌分析にもとづいて土壌の養分レベルなどの化学的性質に診断をくだし，施肥量などの処方箋を作成する作業は，比較的簡単な演算過程を骨格としているが，電卓による計算では手順が多すぎ，間違う確率も高くなる。このため，個々の研究者のアイデアによるものから全国レベルで多くの研究者が参画して検討されたものまで，種々のコンピュータシステムが開発されている。

　これらのシステムどれもが持っている基本的機能はデータ入力，処方箋作成，ファイル保存の三つである。入力データにはアドレス項目（農家名，作物名，土壌分類など）と土壌分析項目（pH，EC，可給態リン酸，交換性石灰，苦土，カリなど）がある。

　処方箋作成は，土壌分析データを土壌診断基準値と比較して過不足を明らかにし，不足があれば土壌改良資材の適正施用量が算出される。分析データが基準値より高い場合は，資材施用量の節減や中止のコメントが出力される。さらに近年は作物別の施肥基準が組み込まれ，分析結果にもとづいた施肥（基肥）量が算出できるシステムが開発されている。

　入力データは電子ファイルとして保存され，この保存データファイルから処方箋の表示および印刷ができる。

　以上が基本機能であるが，多数のユーザーを想定して作成されたプログラムは，土壌診断基準値や土壌改良資材の種類などの各種条件をユーザーが設定できるようになっている。また，地理情報システムと結合して地図上に分析結果を表示することにより，地域的な傾向を視覚的に把握できるようにしたもの，データの統計的集計やグラフ作成機能を備えたもの，pHメーターや総合分析器から直接データを取り込むことができるものなど，さまざまな付加機能を備えたシステムも開発されている。

■ 施肥設計システム

　施肥設計とは，農作物の種類や作型さらに土壌中の養分量に対応して，施用する肥料の種類，施用時期，施用量および施用方法を決めることである。

　環境保全型農業や特別栽培を推進するために，被覆肥料，有機質肥料および家畜ふん堆肥を利用した施肥体系が広まりつつある。しかし，これらの資材は速効性の化学肥料と肥効が異なるため，その資材を組み入れて新たに施肥設計を行なう必要がある。

この施肥設計を簡単に行なうことを目的に全農や県で開発されたものが，パソコン上で稼働する施肥設計システムである。システムの基本機能は，被覆肥料の窒素溶出率や有機質肥料および家畜ふん堆肥の窒素無機化率を地温から経時的に予測する部分である。資材の施用量に窒素溶出率や窒素無機化率を掛けて窒素供給量が算出される。複数の資材を設定した場合，経時的に増加するそれぞれの資材の窒素供給量が色分けされて表示される。窒素供給量が農作物の窒素吸収パターンと合うように資材を選択したり施用量を設定する。この資材選択や施用量計算を自動で行なう機能が付加されたシステムもある。

　土壌診断システムと一体化したシステムも開発されており，窒素以外の成分については，土壌中の養分量に対応した資材施用量が表示される。

▍堆肥施用システム

　平成11年に家畜排せつ物法が施行され，それまで一部で行なわれていた家畜排せつ物の野積みが禁止されるとともに，堆肥化と耕畜連携による家畜ふん堆肥の農地での利用促進がうたわれた。

　家畜ふん堆肥は従来から重要な有機質資材として農地で利用されてきた。また，稲わら堆肥に比べて肥料成分を多く含んでいるため，化学肥料の代替資材としての利用も可能である。しかし，多量に施用すると土壌中の養分が過剰となり，農作物の生育に悪影響を及ぼす可能性があるため，施用量を適正にする必要がある。

　適正な施用量は，①化学肥料として農作物に施用する肥料成分量，②その肥料施肥分の何割を堆肥で代替するか（代替率），③堆肥に含まれる肥料成分の含有率，④堆肥に含まれる肥料成分のうち農作物に供給可能な養分の割合（肥効率），の四つを，①×②÷③÷④で計算する。この計算を窒素，リン酸，カリといった養分ごとに行ない，それぞれで算出された施用量のうち最も少ないものが適正な施用量と判断できる。

　これらの計算は非常に煩雑であるため，パソコンを利用した堆肥施用システムが県などで開発されている。多くのシステムは表計算ソフトエクセルで作られたものであるが，インターネット上で稼働するものもある。

▍栄養診断システム

　農作物に養分が過不足なく吸収されているかどうか，また今後どのような肥培管理が必要かを正確に診断することは容易なことではない。この診断技術をシステム化したものが栄養診断システムであり，大別すると水稲などを対象とした窒素栄養診断システムと，野菜の生理障害を対象としたものがある。

　水稲を対象としたものは，水稲の生育状況（葉色，草丈，茎数など）が主な診断項目であり，さらに過去および将来の気象条件から水稲の生育ステージや土壌からの窒素無機化量を予測する機能と一体化したものもある。いずれのシステム

でも診断・予測結果から追肥の時期や量を判断できる。

　生理障害を対象としたものは，障害事例がデータベース化されたもので，写真とともに，作物名，作型，障害の名称，症状，発生部位，発生原因，対応策などが登録されている。検索キーに作物名，症状を入力することで事例を検索できる。

　上記のようにシステム化されていないものの，多くの作物で栄養診断技術が開発され，インターネットで公開されている各都道府県の施肥基準に掲載されている。

本書で使われている単位について

単位は,従来CGS単位が多く使われていたが,1960年の国際度量衡総会において,採択された新しい国際単位系であるSI単位に切り替えが始まり,JISや学会などではすでに切り替えられている。しかし,農業生産現場では,まだまだ浸透してないのが現状であり,農業現場で使われることを前提に,本書では一部にSI単位を採用しつつ,大部分は従来のCGS単位で記載している。

また本書では「$mg \cdot kg^{-1}$」という表現は使わず,「mg/kg」とする。以下にSI単位と読みかえるための資料を示した。

国際単位系(SI)の説明

7個の基本単位(第1表)と10の整数倍乗を示す接頭語(第2表)および固有の名称をもつ組立単位(第3表)から構成されている。

JISでは,さらに時間を表わす日・時・分,平面角を表わす度・分・秒,体積を表わすリットル(L),質量を表わすトン(t)はSI単位と併用してよいとされている。土壌肥料関係でよく使われる単位について慣用単位との関連を第4表に示した。

第1表 SI基本単位

物理量	SI単位の名称	単位記号
長さ	メートル	m
質量	キログラム	kg
時間	秒	s
電流	アンペア	A
熱力学温度	ケルビン	K
光度	カンデラ	cd
物質の量	モル	mol

第2表　SI接頭語とその記号

大きさ	接頭語	記号	大きさ	接頭語	記号
10^{-1}	デシ	d	10	デカ	da
10^{-2}	センチ	c	10^2	ヘクト	h
10^{-3}	ミリ	m	10^3	キロ	k
10^{-6}	マイクロ	μ	10^6	メガ	M
10^{-9}	ナノ	n	10^9	ギガ	G
10^{-12}	ピコ	p	10^{12}	テラ	T
10^{-15}	フェムト	f	10^{15}	ペタ	P
10^{-18}	アト	a	10^{18}	エクサ	E

第3表　固有の名称をもつ組立単位

物理量	SI単位の名称	単位記号	SI単位の定義
力	ニュートン	N	$m \cdot kg \cdot s^{-2}$
圧力, 応力	パスカル	Pa	$m^{-1} \cdot kg \cdot s^{-2}\ (= N \cdot m^{-2})$
エネルギー	ジュール	J	$m^2 \cdot kg \cdot s^{-2}$
仕事率	ワット	W	$m^2 \cdot kg \cdot s^{-3}\ (= J \cdot s^{-1})$
電荷, 電気量	クーロン	C	$s \cdot A$
電位差 (電圧)	ボルト	V	$m^2 \cdot kg \cdot s^{-3} \cdot A^{-1}\ (= J \cdot A^{-1} \cdot s^{-1})$
電気抵抗	オーム	Ω	$m^2 \cdot kg \cdot s^{-3} \cdot A^{-2}\ (= V \cdot A^{-1})$
電導度	ジーメンス	S	$m^{-2} \cdot kg^{-1} \cdot s^3 \cdot A^2\ (= A \cdot V^{-1} = \Omega^{-1})$
電気容量	ファラド	F	$m^{-2} \cdot kg^{-1} \cdot s^4 \cdot A^2\ (= A \cdot s \cdot V^{-1})$
磁束	ウェーバ	Wb	$m^2 \cdot kg \cdot s^{-2} \cdot A^{-1}\ (= V \cdot s)$
インダクタンス	ヘンリー	H	$m^2 \cdot kg \cdot s^{-2} \cdot A^{-2}\ (= V \cdot A^{-1} \cdot s)$
磁束密度	テスラ	T	$kg \cdot s^{-2} \cdot A^{-1}\ (= V \cdot s \cdot m^{-2})$
光束	ルーメン	lm	$cd \cdot sr$
照度	ルクス	lx	$m^{-2} \cdot cd \cdot sr$
振動数	ヘルツ	Hz	s^{-1}
線源の放射能	ベクレル	Bq	s^{-1}
放射線吸収量	グレイ	Gy	$m^2 \cdot s^{-2}\ (= J \cdot kg^{-1})$

第4表 主なSI単位と慣用単位の換算例

量	基本となるSI単位	SI単位の整数乗倍およびSI単位と併用してよい非SI単位[注]	慣用単位換算例
長さ	m	nm, μm, mm, cm, km	$1\text{Å} = 0.1\text{nm}$
面積	m^2	cm^2, km^2	
体積	m^3	cm^3, L, mL	
時間	s	d, h, min, y	
質量	kg	ng, μg, mg, Mg	
速度	ms^{-1}		
力	N	mN, kN	$1\text{dyn} = 10^{-5}\text{N}$
			$1\text{kgf} = 9.80665\text{N}$
圧力	Pa	kPa, MPa	$1\text{bar} = 10^5\text{Pa}$
			$1\text{kg f cm}^{-2} = 98066.5\text{Pa}$
			$1\text{atm} = 101325\text{Pa}$
			$1\text{cmH}_2\text{O} = 98.0665\text{Pa}$
仕事,エネルギー	J	mJ, kJ, MJ	$1\text{erg} = 10^{-7}\text{J}$, $1\text{cal} = 4.18605\text{J}$
導電率	Sm^{-1}		$1\text{mmho/cm} = 1\text{dSm}^{-1}$
物質量	mol		
陽イオン交換容量	mol(+) kg^{-1}	cmol(+) kg^{-1}	$1\text{m eq}/100\text{g} = 1\text{cmol}(+)\text{kg}^{-1}$
体積分率	$m^3 m^{-3}$		$1\% = 10^{-2} m^3 m^{-3}$
	$kg\ kg^{-1}$		$1\% = 10^{-2} kg\ kg^{-1}$
質量分率・含水率	kgm^{-3}	Mgm^{-3}, gL^{-1}, mgL^{-1}	$1\text{ppm} = 10^{-6} kg\ kg^{-1} = 1\text{mg kg}^{-1}$
質量濃度	mol m^{-3}		$1\text{gcm}^{-3} = 1\text{Mgm}^{-3}$
			$1\text{ppm} = 1\text{mgL}^{-1}$
モル濃度	Pa	kmol m^{-3}, $molL^{-1}$	
水分ポテンシャル		kpa, Mpa	$1\text{cmH}_2\text{0} = 98.0665\text{Pa}$
			水分ポテンシャルの表示にPFは用いない
透水係数	ms^{-1}		
施肥量	kgm^{-2}	kg ha^{-1}	$1\text{kg}/10\text{a} = 10\text{kg ha}^{-1}$
収量	kgm^{-2}	kg ha^{-1}, Mg ha^{-1}	$1\text{kg}/10\text{a} = 10\text{kg ha}^{-1}$

注) JISにより併用してもよいとされる単位

索　引

■あ

アーバスキュラー菌根菌 ……… 227
R層 …………………………………… 25
IPCC ……………………………… 252
IB窒素 …………………………… 189
亜鉛 ……………………………… 106
亜鉛汚染 ………………………… 259
亜鉛過剰症 ……………………… 121
亜鉛欠乏症 ……………………… 121
青枯れ …………………………… 127
アオコ …………………………… 263
青潮 ……………………………… 263
赤枯れ …………………………… 127
赤潮 ……………………………… 263
赤玉土 …………………………… 211
赤土 ……………………………… 211
アカホヤ ………………………… 17
秋落ち ………………………… 141, 224
秋肥 ……………………………… 162
アグロフォレストリー ………… 248
亜酸化窒素 ……………………… 254
亜酸化鉄化合物 ………………… 143
亜硝酸化成菌 …………………… 225
亜硝酸酸化細菌 ………………… 226
亜硝酸性窒素 ………………… 260, 267
亜硝酸態窒素 ………………… 87, 112
アセトアルデヒド縮合尿素 …… 189
アゾトバクター ……………… 224, 226
アッターベルグ限界 …………… 23
圧密層 …………………………… 157
アブシジン酸 …………………… 130
油かす類 ………………………… 198
アミノ酸 ………………………… 136
アミロース ……………………… 136
荒木田土 ………………………… 212
亜硫酸ガス ……………………… 269
アルカリ効果 …………………… 83
アルカリ性 ……………………… 68
アルカリ性肥料 ………………… 195
アルカリ度 ……………………… 196
アルカリ土壌 …………………… 14
アルミニウム …………………… 106
アルミニウム型リン酸 ………… 88
アレニウス表換算法 …………… 156
アレロパシー …………………… 131
アロフェン ……………………… 36
暗渠 ……………………………… 146
暗渠排水 ………………………… 146
安山岩質土壌 …………………… 4
暗赤色土 ………………………… 9
安定同位体 ……………………… 268
暗反応 …………………………… 114
アンモニア化成菌 ……………… 225
アンモニア化成作用 …………… 86
アンモニア酸化細菌 …………… 225
アンモニア性窒素
　…… 152, 173, 174, 182, 187, 189, 225
アンモニア態窒素
　…… 82, 83, 84, 86, 87, 112, 147, 152, 177, 182, 225
アンモニアの固定 ……………… 87

■い

語	頁
Eh	74
EC	66, 261
硫黄	105
硫黄欠乏症	121
硫黄細菌	229
イオン	61
イオン交換	62
育苗箱全量基肥施肥技術	154
易効性有効水	55
移行率	110
異常還元	74
異常気象	252
異常穂	128
移植床	163
イソブチルアルデヒド縮合尿素	189
イタイイタイ病	257, 261
一次鉱物	33
一酸化二窒素	254
稲わら施用	155
水稲用水基準	266
易分解性有機物	92
イモゴライト	36
いや地	91
易有効水分	55
イライト	35
陰イオン	62
陰イオン交換容量	36, 63
インテクレート	58

■う

語	頁
植え代施肥	153
ウラホルム窒素	189
上乗せ基準	266

■え

語	頁
AM菌	227
AM菌根菌	227
永久しおれ点	50
永久転換畑	149
HCFCs	254
H層	25
栄養塩類	242
栄養診断システム	278
栄養腐植	95
AEC	63
A層	25, 26
ATP	104, 108, 114
ABS	256
ABC層位	25
液状複合肥料	176, 180
液性限界	23, 24
液相	41
液肥	180
液肥灌水	167
SS	261
SPM	270
エスレル	131
エチレン	130
NFT	164
NK化成	152, 178, 179, 181
N_2O	44, 226, 254
NP化成	181
n-ヘキサン抽出物	262
FTE	194
MAP	184
LCA（ライフサイクル・アセスメント）	252

LPS	154
LP肥料	190
塩安	187
塩加	192
塩化アンモニア	187
塩害	122, 147
煙害	259, 269
塩化カリ	192
塩基	61
塩基性肥料	195
塩基組成	64, 146
塩基置換	62
塩基置換容量	63
塩基バランス	64
塩基飽和度	63, 64, 146
園試処方	165
塩素	105
塩素過剰症	122
塩素欠乏症	121
塩類除去	166
塩類濃度障害	66
塩類(の)集積	65, 162, 167

■お

黄化現象	126
黄色土	9, 141
O157	229
オーキシン	130
O層	25
オートトロフ	224
おがくず	92, 97, 155, 164, 200, 201
置き肥	160
オキサミド	190
オゾン	270
オゾン層破壊	254
オゾンホール	254
汚濁負荷量	265, 266
汚濁物質	265
汚泥肥料	199
オンジ	17
温室効果	253
温室効果ガス	252, 253, 254
温暖化	244, 249, 252

■か

カーボンニュートラル	249, 250
外因性内分泌かく乱化学物質	248
貝化石	206
貝殻粉末	206
塊状構造	46
改正肥料取締法	245
快適環境の提供	244
開畑地	156
海洋生態系	242
改良山成工法	99
カオリナイト	35
化学的酸素要求量	262
可給態リン酸	88
隔離床栽培	163
加工家きんふん肥料	198
花崗岩質土壌	4
火山砂礫	215
火山灰土壌	5
火山放出物未熟土	10
可視被害	270
過剰水	48, 53
過剰養分の除去	167
加水酸度	69
加水分解	196

ガス障害	126		34, 92, 95, 113, 147
火成岩	3, 4	川砂	215
化成肥料	178	簡易検定器	31
過石	190	灌がい水	151
家畜排せつ物法	245	環境アセスメント	251
活酸性	70	環境影響評価	251
褐色森林土	9	環境汚染	251
褐色低地土	9, 140, 141, 143	環境カルテ	251
活性アルミニウム	37	環境基準	250
活性アルミニウム反応	31	環境基本法	250, 260
活性汚泥法	198	環境指標	250
活着期追肥	153	環境修復	260
荷電	61	環境診断	251
カドミウム汚染	257	環境の保全	242
カドミウム汚染米	244	環境破壊	251
カニ殻	207	環境保全型農業	245, 246
鹿沼土	212	環境保全機能	244
カビ	222	環境ホルモン	248
かべ状構造	47	環境容量	251
可溶性リン酸	184	還元状態	140
カリウム	104	還元鉄	75
カリウム過剰症	118	緩効性肥料	177
カリウム欠乏症	118	間作	159
カリウムの形態	89	緩衝曲線	71
カリウムの固定	89	灌水開始点	51
カリ質肥料	185	灌水処理	167
仮比重	45	灌水同時施肥方式	168
過リン酸石灰	190	含水比	57
軽石	215	含水率	57
カルシウム	104	含水量	56
カルシウム過剰症	119	乾性沈着	255
カルシウム型リン酸	88	岩屑(せつ)土	9
カルシウム欠乏症	119	乾燥菌体肥料	198
カルビン—ベンソン回路	115, 116	干拓	15, 36, 147
カルボキシル基		干拓地除塩	147

干拓地土壌……………………… 15
含鉄資材………………………… 186
乾田……………………………… 142
乾田型の土壌…………………… 141
乾田直播………………………… 148
乾田直播栽培…………………… 148
乾土……………………………… 56
関東ローム………………… 16, 211
乾土効果………………………… 83
貫入式土壌硬度計……………… 22
貫入抵抗………………………… 23
寒肥……………………………… 161
管理基準値……………………… 259
簡略分級式……………………… 77

■き

気候緩和………………………… 244
気候変動に関する政府間パネル
　………………………………… 252
希釈平板法……………………… 236
寄生……………………………… 232
気相……………………………… 41
拮抗作用（イオン）…………… 90
拮抗作用（養分）……………… 111
拮抗作用（微生物）…………… 234
希土類元素……………………… 107
機能性成分……………………… 138
機能性肥料……………………… 181
基盤整備………………………… 144
忌避効果………………………… 159
ギブサイト……………………… 36
基本用土………………………… 211
客土……………………………… 145
休耕田…………………………… 150
吸湿水…………………………… 55

吸湿性…………………………… 196
吸収阻害………………………… 111
キュータン……………………… 24
吸着水…………………………… 55
牛ふん堆肥……………………… 200
共栄作物………………………… 239
強グライ土壌…………………… 143
強酸性害………………………… 147
共生……………………………… 232
共生菌…………………………… 223
魚かす…………………………… 197
局所施肥…………………… 153, 160
許容限界濃度…………………… 267
切土部…………………………… 145
キレート………………………… 96
キレート鉄……………………… 96
菌根……………… 88, 227, 232, 233
近接リモートセンシング
　………………………… 275, 276

■く

グアノ…………………………… 183
空間データ……………………… 274
空気率…………………… 40, 44, 53
空中窒素固定…………………… 151
苦土過リン酸………………183, 191
苦土質肥料……………………… 185
苦土重焼リン………………183, 192
く溶性リン酸…………………… 184
グライ層………………………… 26
グライ台地土…………………… 9
グライ低地土…………………… 11
グライ土…………………… 9, 140
グライ土壌……………………… 5
グラステタニー………………… 125

クラスト	47	けと土	213
グラム陰性菌	224	嫌気性菌	223
グラム陽性菌	224	嫌気的分解	231
クリーニングクロップ	159, 167, 239	健康項目	266, 267
クレブスサイクル	113	減水深	59
クロートヴィナ	19	減数分裂期	152
黒土	211	懸濁物質	261
黒ニガ	16	懸濁有機炭素（POC）	264
黒ボク	16	原単位	265
黒ボクグライ土	9, 140, 143	原土	56
黒ボク水田	141	検土杖	22
黒ボク土	9, 143	玄武岩質土壌	5

■こ

好アンモニア性植物	129
高位泥炭	4, 210
公益的機能	244, 245, 246
公害	252
光化学オキシダント	269, 270
光化学反応	269
降下ばいじん	269, 270
交換性陰イオン	63
交換性陽イオン	62
好気性菌	223
好気性細菌	226, 231
好気的分解	231
高機能肥料	181
公共用水域	260, 267
孔隙	42
孔隙の吸引圧	43
孔隙率	43
光合成	114
光合成細菌	224
鉱さい	186
耕作放棄地	150

（続き）

クロム汚染	259
クロライト	36
クロロシス	125
クロロフィル	116
クロロフィル a	264
クロロフィル濃度	264
クロロフルオロカーボン	254
くん蒸剤	255

■け

景観（の）形成	244, 266
軽金属類	256
ケイ酸カリ	193
ケイ酸質肥料	185
ケイ酸植物	128
ケイ素	106
畦内施肥	161
ケイバン比	37
鶏ふん堆肥	201
下水汚泥	97, 196, 199
結核	76
結合水	55

抗酸化物質	112	ココピート	214
好酸性植物	129	湖沼水質保全特別措置法	263
鉱質土壌	16	湖沼法	263
膠質粘土	34	古生層土壌	6
耕種の防除	237	固相	41
好硝酸性植物	129	骨粉	197
洪水調節	244	個別指標	251
洪水防止機能	245	米ぬか	198
合成高分子系土壌改良資材	206	コラ	17
洪積層土壌	6	コロイド	34
高設栽培	167	根域制御栽培	161
高度化成	178	根域制限栽培	161
鉱毒害	259	根圏微生物	220
硬度計	22	混合石灰肥料	195, 196, 208
耕土層	28	混合層鉱物	34
耕盤	143, 150	混作	159
耕盤破砕	157	根酸	184
鉱物質土壌改良資材	206, 207	コンシステンシー	23
高分子系土壌改良資材	207	混植	159
コーティング肥料	176	混層耕	156, 157
CODEX（コーデックス委員会）	248	コンテナ栽培	161
コーン指数	23	コンパニオンプランツ	239
国際食品規格	248	コンポスト	199
国際標準化機構	252	根粒菌	227
黒色土	11, 12		
黒泥水田	141		
黒泥土	9, 141, 143		

■さ

黒泥土壌	5
国土数値情報	274
国土調査	20
国土保全・環境保全機能	245
国土保全機能	244
固型培地耕	164
固形肥料	180

細菌	222
最少養分律	170
最大日蒸発散量	49
最大容水量	50
サイトカイニン	130
採土管	22
砂丘未熟土	9
作付け体系	158
作土層	28

作溝	146	GIS	274
作物栄養診断	131	CEC	63
作物好適pH	72	GAP	248
砂耕栽培	166	C/N比	93
砂壌土	39	CFCs	254
雑草防除	149, 151, 247	CO_2	253
砂土	39	COD	262
砂漠化	255	C_3植物	115
ザル田	142	C層	19, 25, 26, 28
砂礫性用土	215	G層	25
砂礫層	27	CDU尿素	189
沢田	142	シート栽培	161
酸化還元	73	GPS	275
酸化還元電位	74, 117, 120	GUP尿素	189
酸化層	73, 143, 152, 226	C_4植物	116
三価鉄	75	紫外線	252, 254, 270
産業廃棄物	249	色素	116, 133, 137
3次メッシュ	275	自給肥料	181
酸性	66	敷わら	157
酸性雨	255	試坑調査	20
酸性化	37, 62, 67, 120, 155, 195, 256	ジシアンジアミド	177, 183, 188
酸性改良	155	糸状菌	222
酸性きょう正	70	自浄作用	265, 266
酸性降下物	255	示性分級式	77, 80
酸性肥料	195	施設土壌	162
酸性硫酸塩土壌	15	施設の施肥と管理	162
三相組成	40	自然修復	243
三相分布	40	自然生態系	242
酸度	68	試穿(しせん)調査	22
散播	148	自然肥沃度	81
残留農薬	250	持続可能な農業	246
		持続的な生産	140, 246

■し

		持続的な農業	246
		持続農業法	245
シアナミド性窒素	183	湿潤土	56

湿性沈着	255	熟畑化	156
湿田	143	受動輸送	108
湿田型の土壌	141	受動的吸収	108
湿土	32, 56, 57	硝安	187
実容積	42	硝化菌	225
指定湖沼	263	浄化容量	251
指標植物	129	沼気	253
指標生物	251	蒸気消毒	163
指標物質	259	硝酸	137
ジピルジル反応	31	硝酸アンモニア	187
ジベレリン	130	硝酸塩中毒	125
脂肪酸	136	硝酸汚染	267
ジャーガル	18	硝酸化成菌	226
遮根シート	165	硝酸化成作用	87
汁液診断	133	硝酸化成抑制材	177
臭化メチル	255	硝酸カリ	188
重過リン酸石灰	191	硝酸性窒素	
重金属汚染	257	……174, 182, 187, 188, 260, 267	
重金属類	256, 259, 260	硝酸石灰	188
秋耕	151	硝酸ソーダ	188
15バール水分量	50	硝酸態窒素……60, 66, 82, 84, 86,	
シュウ酸	137	104, 112, 125, 162,	
重焼リン	192	171, 177, 182, 225,	
重埴土	38	蒸散抑制剤	110
集水域	243, 264	消石灰	83, 194, 201, 208
集積層	26	条施肥	160
従属栄養細菌	224	壌土	39
充足濃度	103	条播	148
自由地下水面	53	蒸発散量	49
シュードモナス菌	235, 238, 240	除塩法	147
重粘土壌	15	初期萎凋点	50
収量漸減の法則	170	初期しおれ点	50
重力水	53	埴壌土	39
樹園地の改良と管理	155	埴土	39
樹園地の施肥	159	食品かす	203

植物色素	137
植物質肥料	197
植物生育促進根圏細菌（PGPR）	234
植物生理	128
植物ホルモン	130
食味計	137
食味試験	137
食物繊維	135
食物網	244
食物連鎖	243, 244
初生腐植物質	95
シラス	17
シルト	38
代かき	148
深耕	145, 167
人工ミズゴケ	217
人工用土	216
真正腐植酸	96
新鮮有機物	92
深層施肥	153
シンダーサンド	186
診断システム	277
心土	5, 28, 58, 146, 156, 163
浸透圧	110
浸透除塩	147
浸透水	60
心土層	28
心土破砕	156
真比重	45
人文社会的機能	244
森林黒ボク土	10
森林生態系	242

■す

水銀	259
水酸化マグネシウム	194
水質汚濁	250, 260
水質汚濁防止法	259, 261, 266, 267, 268
水質基準	260
水質浄化	266
水食	98
水田	140
水田裏作	151
水田転換畑	149
水田土壌	140
水田土壌化作用	140
水田の改良	144
水田の管理	147
水田の施肥	151
水田の施肥法	152
水分恒数	49
水分ストレス	110, 166
水分張力	52
水分当量	50
水分保持	55
水分保持力	55
水分率	57
水マグ	194
水溶性リン酸	184
すき床層	28
ストークスの式	38
SPAD（スパッド）	31, 133
スメクタイト	35, 87
スラグ	165, 186, 191

■せ

- 生育量……………………… 133
- 静菌作用…………………… 235
- 成型堆肥…………………… 204
- 制限因子………… 133, 170, 176
- 清耕栽培…………………… 158
- 生食連鎖…………………… 244
- 生石灰………………… 195, 208
- 生態系……………………… 242
- 生態的防除………………… 237
- ぜいたく吸収……………… 110
- 生長阻害水分点…………… 50
- 生長調整剤………………… 130
- 生物化学的酸素要求量(BOD)… 262
- 植物浄化…………………… 260
- 生物多様性………………… 243
- 生物的防除………………… 237
- 生物濃縮……………… 244, 268
- 成分調整堆肥……………… 204
- 精密農業…………………… 276
- 生理障害…………………… 122
- 生理的アルカリ性肥料…… 195
- 生理的酸性肥料…………… 195
- 生理的中性肥料…………… 195
- ゼオライト………………… 207
- 世界の土壌分類…………… 12
- 赤色土………………………   9
- 石灰質資材………………… 156
- 石灰質肥料………………… 208
- 石灰植物…………………… 128
- 石灰窒素……………… 155, 188
- 石灰飽和度………………… 64
- 積極的吸収………………108, 109
- 石こう……………………… 208
- 節水栽培…………………… 166
- 施肥位置…………………… 171
- 施肥改善土壌調査………… 19
- 施肥改善土壌分類…………   7
- 施肥残効…………………… 171
- 施肥設計システム………… 277
- 施肥の原理………………… 170
- 遷移元素…………………… 106
- 漸移層……………………… 28
- 潜在的生産力…………246, 255
- 潜酸性……………………… 70
- 全酸度……………………… 69
- 選択吸収…………………… 109
- 洗脱……………………… 24, 90
- 線虫………………………… 221
- 剪定くず堆肥……………… 202
- 千枚田……………………… 142
- 全面全層施肥…………152, 159
- 全面マルチ栽培…………… 157
- 全有機炭素………………… 264
- 全量基肥…………………… 154

■そ

- 騒音………………………… 250
- 相助(乗)作用 ………… 90, 111
- 草生栽培…………………… 158
- 造成土……………………… 10
- 草炭加工物………………… 204
- 総量規制…………………… 251
- 藻類………………………… 225
- 側条施肥…………………… 153
- 速成堆肥…………………… 201
- 粗孔隙………… 42, 53, 145, 166
- 塑性………………………… 24
- 塑性限界………………… 23, 24

塑性指数	24	耐肥性	129
粗大有機物	92	堆肥施用システム	278
速効性肥料	176	太陽熱消毒	239
粗放農業	247	田越し	142
粗放化農業	247	多湿黒ボク土	9, 140, 141
ソロネッツ	14	田土	212
		脱窒	87

■た

		脱窒菌	226
耐アルミ性	123	棚田	142
第一マンガン化合物	143	WHO	248
耐塩性	123	玉肥	161
ダイオキシン類	250, 271	多面的機能（農業・農村の持つ）	
耐乾性	124		244
大気汚染	250, 269	多面的機能	245
大気汚染物質	269	多量要素	102
大気汚染防止法	259	湛液型循環式水耕	163
大気浄化	244	炭化物	203
大規模農業	145	炭酸塩反応	31
堆きゅう肥	200	炭酸ガス	253
耐久腐植	95	炭酸カルシウム	
大区画水田	145	13, 19, 31, 70, 156,	
大区画田	148	195, 206, 208	
退行遷移	255	炭酸物質	269
第三紀層土壌	6	淡色黒ボク土	5
耐酸性	73, 123	炭水化物	113
耐水性団粒	46	湛水除塩	147, 167
堆積岩	3, 4	湛水直播栽培	148
体積含水率	57	炭素源	159, 222, 231
堆積様式	3	炭素貯留	249
代替農業	247	炭素率	93
代替率	278	タンパク質	113, 136
大腸菌群	229	単肥	175
大腸菌群数	262	単粒構造	45
堆肥	199	団粒構造	46
堆肥化資材	199		

■ち

チェルノーゼム 19
地温上昇効果 83
地下水位 53
地下水汚染 267
地下排水 145
置換酸度 16, 68, 70
地球温暖化 249, 252
地球環境問題 252
地形 21
地形作目連鎖 243
地形連鎖 243
遅効性肥料 177
窒素 104
窒素安定同位体比(δ^{15}N値) ... 268
窒素過剰症 118
窒素過多 111, 119
窒素飢餓 231
窒素欠乏症 117
窒素源 102, 122, 159, 200, 231
窒素固定
　...77, 84, 102, 151, 222, 226, 247
窒素固定菌 226
窒素酸化物 271
窒素質肥料 182
窒素収支 84
窒素代謝 112
窒素同化産物 112
窒素の形態変化 86
窒素の循環 84
窒素の無機化 84
窒素の無機化率 84
地表排水 145
ち密層 29
ち密度 23
中間鉱物 34
中間種鉱物 34
中間泥炭 4
柱状構造 46
宙水 53
中生層土壌 6
中性肥料 195
沖積層土壌 7
沖積土壌 140
注入施肥 161
中和石灰量 70
中和石灰量曲線法 156
潮解性 196
超深耕 157
直播 148
直播栽培 148
地理情報システム 274
地力 77, 147
地力増進基本指針 77
地力増進作物 156, 159
地力増進法 209
地力窒素 82
地力保全基本調査 8, 19

■つ

追肥 152
通気性 41, 42

■て

DO 262
TOC 264
TCAサイクル 113
低位泥炭 4
泥炭 209

泥炭水田	141
泥炭層	6, 8, 141
泥炭・草炭加工物	204
泥炭地帯	141
泥炭土	9, 141, 143
泥炭土壌	6
低地水田土	11
底泥	18
低投入	246
適正農業規範	248
滴定酸度	70
デジタル土壌図	275
鉄	105
鉄過剰症	121
鉄型リン酸	88
鉄還元菌	229
鉄欠乏症	121
鉄酸化菌	229
テトラクロロエチレン	258
テラス工法	100
δ(デルタ)^{15}N値	268
転換畑	27, 149
電気伝導度	261
電気伝導率	261
点源	264
テンシオメーター	52
天水田	142
天地返し	156, 167
天然供給量	82
天然養分供給量	151
田畑輪換	149

■と

糖	136
銅	106
同位元素	107
銅汚染	259
同化	107
同化容量	251
冬季湛水水田	243
銅欠乏症	122
等高線栽培	99
糖質	113
透視度	264
動植物土壌改良資材	205
透水係数	58
透水性	57
導電率	261
動物質肥料	197
透明度	264
特殊な土壌	14
特殊肥料	173
特定有害物質	256, 257, 259
独立栄養細菌	224
床土	163
土壌汚染	250, 256
土壌汚染防止法	257
土壌改良	144
土壌改良資材	205
土壌改良法	156
土壌環境基礎調査	19
土壌還元消毒	238
土壌機能実態モニタリング調査	20
土壌空気	44
土壌酵素	233
土壌構造	45
土壌酸性	66
土壌三相	40
土壌修復	260

土壌消毒	238
土壌消毒剤	255
土壌侵食	98, 244
土壌診断	29
土壌診断システム	277
土壌図	21
土壌水分	47
土壌水分計	49
土壌生産性分級図	21
土壌生産力可能性分級	77
土壌生成因子	2
土壌生成作用	140
土壌生物の種類	220
土壌層位	25
土壌断面	20
土壌調査	19
土壌統	21
土壌糖	233
土壌動物	220
土壌のイオン	61
土壌(の)生成	2
土壌(の)分類	7
土壌反応試験	31
土壌微生物	220
土壌病害	236
土壌肥沃度	82
土壌有機物	91
土壌溶液	65
土色	31
土色帖	32
土性	37
土性三角図表	37, 39
土層	25
土層改良	156
土地改良	144
土地分類基本調査	14
土地利用形態	243
トマト青枯病	165
トリクロロエチレン	258
トリハロメタン	268
ドレインベット	163
トレーサー法	111
豚ぷん堆肥	200

■な

内生菌	223
苗箱施肥	154
中干し	150
夏肥	161
生ごみ類	203
生土	30, 56
鉛汚染	257

■に

ニガ土	16
二価鉄	75
肉かす	197
二酸化硫黄	269
二酸化炭素	253
二次汚染物質	269
二次鉱物	33
二成分化成肥料	181
二段施肥	153, 161
ニッケル	107
ニトロフミン酸	206
乳酸菌	229
尿素	187

■ね

ネガティブリスト制度	250

根腐れ	127
ネクロシス	126
熱水土壌消毒	238
熱帯雨林破壊	255
根の活力	124
根の交換容量	124
根の酸化力	124
ネマトーダ	221
粘土	32
粘土鉱物	32
粘土被膜	24
粘土腐植複合体	96

■の

農業環境三法	245
農業環境規範	248
農業(水稲)用水基準	266
農業生産工程管理	248
農耕地土壌分類第2次案	7, 8
農耕地土壌分類第3次案	10
農産物の品質	134
農地情報	274
能動輸送	108
濃度規制	251
濃度障害	66, 153, 172
農薬入り肥料	181
農薬汚染	268
農薬使用基準	250
農林複合経営	248

■は

バーク	214
バーク堆肥	202
バーミキュライト	35, 163, 216
パーライト	163, 216

灰色台地土	9
灰色低地土	9, 140, 143
バイオジオフィルター	266
バイオマス	232, 244, 249
バイオマス・ニッポン総合戦略	244
バイオレメディエーション	234, 260
配合肥料	179
排出負荷	265
排水	145
排水害	259
排水基準	266
排水原単位	266
培地	91, 102, 164, 215
培土	211, 213, 217
ハイドロフルオロカーボン	254
培養液	111, 163, 166
培養土	217
パイライト	15
灰類	193
バクテリア	222
播種床	163
パスカル	53
畑・樹園地の改良と管理	155
畑・樹園地の施肥	159
畑地灌がい	49, 60, 158
鉢土	163
発酵処理	199, 249
発酵と分解	230
発生負荷	265
ハッチ―スラック回路	116
発病抑止型土壌	240
発泡煉石	217
馬ふん堆肥	201

バルクブレンディング肥料
　（BB肥料）……………… 179
春肥………………………… 161
ハロイサイト………… 17, 32, 35
ハロカーボン類…………… 254
ハロン……………………… 254
PAN ……………………… 270
板状構造…………………… 47
盤層………………………… 29
斑鉄………………………… 76
バン土性…………………… 37
搬入客土…………………… 145
販売肥料…………………… 181
斑紋…………………… 75, 76
汎用化水田………………… 143

■ひ

被圧地下水………………… 53
非アロフェン質……… 11, 16, 141
非アロフェン質黒ボク土……… 11
pH ……………………… 69, 261
pF ………………………… 51
pF―水分曲線 …………… 56
B/F値 …………………… 233
BM苦土重焼リン ………… 192
BM熔リン ………… 183, 191
BOD（生物化学的酸素要求量）
　………………………… 262
PK化成 …………………… 181
PCB ……………… 234, 256, 271
PGPR（植物生育促進根圏細菌）
　………………………… 234
PGPF……………………… 234
B層……………………… 25, 26, 28
ピート……………………… 209
ピートモス…………… 163, 213
Bナイン…………………… 131
BB肥料（バルクブレンディング
　肥料）…………………… 179
ビオトープ………………… 242
光飽和点…………………… 115
非金属類…………………… 256
肥効調節型肥料……… 154, 176
肥効率……………………… 278
微生物群集構造…………… 235
微生物資材………………… 233
微生物の作用……………… 230
ヒ素汚染…………………… 257
ビタミン…………………… 134
必須元素…………………… 102
被覆窒素肥料……………… 190
被覆肥料…………………… 176
非腐植物質………………… 94
微粉炭燃焼灰……………… 186
非毛管孔隙………………… 42
ヒューミン………………… 95
表層施肥…………………… 153
微量元素…………………… 103
肥料公定分析法…………… 184
肥料取締法………………… 208
肥料の主成分……………… 182
肥料の種類………………… 172
肥料の性質………………… 194
肥料の分類………………… 172
微量要素…………………… 103
微量要素入り肥料………… 181
微量要素肥料……………… 186
肥料利用率………………… 171
品質………………………… 134

■ふ

ファイトレメディエーション ……………………257, 260
FAO …… 248
V字型施肥 …… 154
風乾土 …… 56
風食 …… 99
富栄養化 …… 263
富栄養化防止 …… 153
フォアス（FOEAS）…… 147
負荷 …… 263, 264, 265
深水管理 …… 151
腐朽物質 …… 95
複合汚染 …… 117
複合的指標 …… 251
複合肥料 …… 175
副産石灰 …… 195, 196, 208
副成分 …… 175
不耕起栽培 …… 143
不耕起水田 …… 143
フザリウム …… 222, 236, 239
腐熟度判定法 …… 155
腐植 …… 93
腐植化度 …… 93, 96
腐植酸 …… 95
腐植酸アンモニア …… 189
腐植酸カリ …… 193
腐植酸質資材 …… 206
腐植層 …… 27
腐植土 …… 40
腐植物質 …… 41, 63, 91, 92, 94, 96, 147, 250
腐植リン …… 192
腐食連鎖 …… 244

普通化成 …… 178
普通肥料 …… 173
フッ化水素 …… 270
物質循環 …… 243
物質循環機能 …… 246
物質代謝 …… 242
フッ素 …… 254, 258, 269, 270
不透水層 …… 145
浮遊物質 …… 261
浮遊粉じん …… 270
浮遊粒子状物質 …… 269, 270
冬肥 …… 161
冬水田んぼ …… 243
腐葉土 …… 163, 212
フライアッシュ …… 186, 207
プリンサイト …… 18
フルオロカーボン …… 254
フルボ酸 …… 95
フロン …… 254, 255
分解腐熟 …… 151
分施 …… 152

■へ

閉鎖性水域 …… 88, 251, 263, 265
ペースト肥料 …… 180
ヘゴ …… 215
ヘテロトロフ …… 224
ヘドロ …… 18
ペレット堆肥 …… 204
ベントナイト …… 142, 207

■ほ

膨潤水 …… 55
飽水度 …… 57
放線菌 …… 222

ホウ素	105	マルチ内施肥	160
ホウ素過剰症	120	マルチング	157
ホウ素欠乏症	120	マンガン	105
飽和容水量	50	マンガン過剰症	120
ボーリングステッキ	22	マンガン欠乏症	120
ボカシ肥	205	マンガン反応	31
母岩	3	マンセル方式	32
穂肥	152		
母材	3	■み	
ポジティブリスト	250	実肥	152, 161
補助暗渠	146	未熟低地土	11
圃場区画	144, 145	ミズゴケ	213
保証成分	174	水資源涵養	244
補償点	115	水ストレス	110, 124, 256
圃場容水量	50	ミスト	259, 269
保水性	56	水ポテンシャル	48
保水力	53, 56, 65, 98	溝施肥	160
ポドゾル	10, 18	みそ土	16
ボラ	17	水俣病	261
ポリエステル	165	ミミズ	221
ホルムアルデヒド加工尿素	189	ミミズふん肥料	198
本暗渠	146	ミリグラム当量	64

■ま

マージ	18	■む	
マイコライザ	227	無機イオン吸収	108
埋没層	27	無機水銀化合物	259
マグネシウム	104	無機的環境	242
マグネシウム過剰症	120	無機物系・鉱物質土壌改良資材	206
マグネシウム欠乏症	119	無効水	55
マサ	17	無硫酸根肥料	194
まつち	17		
マリーゴールド	167	■め	
マルチ	157	明渠	146
マルチ資材	157	明反応	114

芽出し肥	161	有機塩素化合物	234, 256
メタハロイサイト	35	有機汚濁	261, 262, 264
メタン	253	有機化成	178
メタン発酵消化液	203	有機系用土	212
メトヘモグロビン血症	267	有機膠質物	34
面源負荷	264	有機酸	74, 113

■も

- 毛管孔隙 …… 42
- 毛管水 …… 55
- 毛管連絡切断点 …… 50
- 木酢液 …… 204
- 木質混合堆肥 …… 201
- 基肥 …… 152
- モノリス …… 25
- モミ殻 …… 213
- モミ殻くん炭 …… 214
- 盛土 …… 156
- 盛土部 …… 145
- モリブデン …… 106
- モリブデン欠乏症 …… 122
- モンモリロナイト …… 35

■や

- 焼赤玉土 …… 216
- 焼き畑農業 …… 247
- ヤシ殻 …… 214
- 谷地田 …… 142
- 谷津田 …… 142
- 山崎処方 …… 165
- 山成工法 …… 99

■ゆ

- 有害紫外線 …… 254
- 有害成分規制 …… 173

- 有機酸サイクル …… 113
- 有機酸（酸化還元） …… 74
- 有機酸（養分吸収・同化） …… 113
- 有機質資材 …… 199
- 有機質肥料 …… 196
- 有機JASマーク …… 247
- 有機水銀化合物 …… 259
- 有機性廃棄物 …… 249
- 有機態窒素の有効化 …… 83
- 有機農業 …… 246
- 有機農業の推進に関する法律 …… 246
- 有機農産物 …… 247
- 有機物吸収 …… 109
- 有機物系 …… 205
- 有機物施用 …… 96, 147, 155
- 有機物の分解 …… 230
- 有機物被膜 …… 24
- 有効根群域 …… 24
- 有効水 …… 53
- 融合堆肥 …… 205
- 有効態リン酸 …… 88, 141, 146
- 有効土層 …… 28
- 遊離酸化鉄 …… 75
- 遊離酸化鉄含量 …… 79

■よ

- 陽イオン …… 61
- 陽イオン交換容量 …… 63, 147, 206
- 陽イオン飽和度 …… 63

養液栽培································ 163
養液土耕栽培·························· 165
熔過リン································ 192
容気度··································· 44
溶菌作用································ 235
葉色診断································ 132
葉色板··································· 132
養水分管理···························· 165
用水量······························ 59, 148
熔成ホウ素肥料······················ 194
熔成リン肥···························· 191
容積重··································· 44
要素······································ 102
溶存酸素································ 262
溶存有機炭素（DOC）············· 264
溶脱······································· 90
溶脱層··································· 26
溶脱防止··························· 77, 157
用土······································ 211
養分吸収································ 107
養分供給量···························· 151
養分の欠乏と過剰··················· 117
養分輸送································ 108
葉面吸収································ 111
葉面散布肥料························· 180
葉緑素計································ 133
熔リン··································· 191

■ら

ライシメーター························ 60
ライフサイクル・アセスメント
　（LCA）······························ 252
ラスターデータ······················ 274
ラテライト······························ 18
ラン藻（藍藻）······················· 225

■り

リアルタイム診断··················· 165
リアルタイム土壌診断··············· 30
陸生未熟土······························ 11
陸地生態系···························· 242
リグニン分解菌······················ 228
リモートセンシング················ 275
硫安······································ 187
流域······································ 264
硫加······································ 192
硫化水素································· 75
粒径組成································· 37
硫酸アンモニア······················ 187
硫酸カリ································ 192
硫酸還元菌···························· 229
硫酸苦土································ 194
硫酸苦土カリ························· 193
硫酸根··································· 75
硫酸根肥料···························· 194
流出率··································· 265
粒状構造································· 47
粒状配合肥料··················· 179, 192
粒状肥料····························· 167, 179
流水客土································ 145
流達負荷································ 265
流達率··································· 265
流入施肥································ 153
硫マグ··································· 194
緑泥石··································· 36
緑肥······································ 151
緑肥作物································ 159
リン······································ 104
リン過剰症···························· 118
輪換周期································ 149

輪換畑	149
リン欠乏症	118
輪作	158
輪作体系	158, 247
リン酸吸収係数	89
リン酸グアニル尿素	189
リン酸資源の枯欠	184
リン酸質肥料	183
リン酸収支	88
リン酸の形態	88
リン酸の固定	89
リン酸の循環	87
林野土壌の分類	11
リン溶解菌	228

■れ

レアメタル	107
礼肥	162
れき耕	165
礫耕栽培	166
礫質土壌	16
礫土	40
レンゲ栽培	151
連作	158
連作障害軽減	149
連作障害	91

■ろ

老朽化水田	141
漏水過多田	142
ローム	16
ロックウール	165, 217

■わ

y_1（法）	68, 70, 156
わら堆肥	200

執筆者（所属）▶執筆担当項目

土壌編

小野剛志（岩手県立農業大学校）▶土壌の生成，土壌の分類，粘土
安西徹郎（全農営農・技術センター）▶特殊な土壌，土壌診断
池羽正晴（茨城県農業総合センター）▶土壌調査，土層
松浦里江（東京都農林総合研究センター）▶土性，土壌三相，土壌の構造
金子文宜（千葉県農林水産部農林水産政策課）▶土壌水分，水分保持
亀和田國彦（栃木県農業環境指導センター）▶土壌のイオン，土壌酸性，酸化還元
柴原藤善（滋賀県東近江農業農村振興事務所）▶地力，土壌有機物，土壌侵食

植物栄養編

塚本崇志（千葉県農林総合研究センター）▶要素，養分吸収・同化，養分の欠乏と過剰
牧　浩之（兵庫県立農林水産技術総合センター）▶生理障害，植物生理，作物栄養
小河　甲（兵庫県立農林水産技術総合センター）▶品質

土壌改良・施肥編

石橋英二（岡山県農業総合センター）▶水田，水田の改良，水田の管理，水田の施肥
郡司掛則昭（熊本県農業研究センター）▶畑・樹園地の改良と管理，畑・樹園地の施肥
折本善之（茨城県農業総合センター）▶畑・樹園地の施肥（一部），施設の施肥と管理

肥料・用土編

藤原俊六郎（明治大学）▶施肥の原理
藤澤英司（全農営農・技術センター）
　　　　▶肥料の種類，肥料の主成分，特性と使い方，肥料の性質
村上圭一（三重県農業研究所）▶有機質肥料，有機質資材
相崎万裕美（埼玉県農林総合研究センター）▶土壌改良資材，用土

土壌微生物編

赤司和隆（北海道立道南農業試験場）▶土壌生物の種類
武田　甲（神奈川県農業技術センター）▶微生物の作用
相野公孝（兵庫県立農林水産技術総合センター）▶生物的防除

環境保全編

小川吉雄（鯉淵学園農業栄養専門学校），松丸恒夫（千葉県農林総合研究センター）
　　　　▶環境の保全
松丸恒夫（千葉県農林総合研究センター）▶地球環境問題，大気汚染
近藤和子（長野県農業試験場）▶土壌汚染
糟谷真宏（愛知県農業総合試験場）▶水質汚染

情報編

志賀弘行（北海道立中央農業試験場）▶農地情報
斎藤研二（千葉県農林総合研究センター）▶診断システム

■ 編者略歴 ■

藤原俊六郎（ふじわら　しゅんろくろう）　　▶肥料・用土編／土壌微生物編
明治大学客員教授。農学博士。技術士。
著書『堆肥のつくり方・使い方』（農文協）,『肥料便覧 第6版』（農文協,共著）,『ベランダ・庭先でコンパクト堆肥』（農文協,共著）,『家庭でつくる生ごみ堆肥』（農文協,監修）,『土壌診断の方法と活用』（農文協,共著）ほか。

安西徹郎（あんざい　てつを）　　▶土壌編／情報編
全農 営農・技術センター技術主管。農学博士。
著書『土壌診断の方法と活用』（農文協,共著）,『肥料便覧 第6版』（農文協,共著）,『土壌学概論』（朝倉書店,編著）,『土壌調査ハンドブック改訂版』（博友社,共著）ほか。

小川吉雄（おがわ　よしお）　　▶土壌改良・施肥編／環境保全編
鯉淵学園農業栄養専門学校教授,東京農業大学客員教授。農学博士。
著書『地下水の硝酸汚染と農法転換』（農文協）,『肥料便覧 第6版』（農文協,共著）,『土壌環境分析法』（博友社,共著）,『環境保全と農林業』（朝倉書店,共著）ほか。

加藤哲郎（かとう　てつお）　　▶植物栄養編
元金沢学院短期大学教授。博士（農学）。
著書『図解家庭園芸　用土と肥料の選び方』（農文協）,『肥料便覧 第6版』（農文協,共著）,『土壌診断の方法と活用』（農文協,共著）,『ベランダ・庭先でコンパクト堆肥』（農文協,共著）ほか。

新版　土壌肥料用語事典　第2版
～土壌編, 植物栄養編, 土壌改良・施肥編, 肥料・用土編,
土壌微生物編, 環境保全編, 情報編～

2010年3月25日　第1刷発行
2025年3月25日　第7刷発行

　　　　編者　藤原俊六郎　　安西徹郎
　　　　　　　小川吉雄　　加藤哲郎

発 行 所　一般社団法人　農山漁村文化協会
郵便番号　335-0022 埼玉県戸田市上戸田2-2-2
電　話　048（233）9351（営業）　048（233）9355（編集）
FAX　048（299）2812　　振替　00120-3-144478
URL https://www.ruralnet.or.jp/

ISBN978-4-540-08220-7　　　　　製作／㈱新制作社
＜検印廃止＞　　　　　　　　　印刷／藤原印刷㈱
©2010　　　　　　　　　　　　 製本／㈱渋谷文泉閣
Printed in Japan　　　　　　　定価はカバーに表示
乱丁・落丁本はお取り替えいたします